兰州大学“双一流”拔尖创新人才培养建设项目资助

数值天气预报基础

杨 毅　张飞民　王澄海　编著

内 容 简 介

本书讲述数值天气预报的基本概念、基本理论和基本技能，旨在培养学生掌握数值天气预报的数值计算和大气建模基础，具备分析问题和解决问题的基本能力。本书的内容包括：大气运动方程组，数值计算方案，初、边界条件，原始方程模式，谱模式，模式物理过程参数化，最后介绍了中尺度气象模式 WRF 以及雷达资料同化在一次降水事件中的模拟试验分析。

本书可作为高等院校大气科学及相关专业的本科生教材，也可作为大气科学专业及相关领域的科研与业务人员的参考书。

图书在版编目(CIP)数据

数值天气预报基础/杨毅，张飞民，王澄海编著
.--北京：气象出版社，2020.1（2023.11重印）
ISBN 978-7-5029-7136-6

Ⅰ.①数…　Ⅱ.①杨…②张…③王…　Ⅲ.①数值天气预报　Ⅳ.①P456.7

中国版本图书馆 CIP 数据核字(2019)第 295245 号

数值天气预报基础

出版发行：气象出版社
地　　址：北京市海淀区中关村南大街 46 号　**邮政编码**：100081
电　　话：010-68407112(总编室)　010-68408042(发行部)
网　　址：http://www.qxcbs.com　**E-mail**：qxcbs@cma.gov.cn
责任编辑：黄红丽　**终　　审**：吴晓鹏
责任校对：王丽梅　**责任技编**：赵相宁
封面设计：博雅思企划
印　　刷：三河市百盛印装有限公司
开　　本：787 mm×1092 mm　1/16　**印　　张**：12
字　　数：288 千字
版　　次：2020 年 1 月第 1 版　**印　　次**：2023 年11月第 2 次印刷
定　　价：45.00 元

本书如存在文字不清、漏印以及缺页、倒页、脱页等，请与本社发行部联系调换。

序

预测未来是人类永恒的追求之一，能否对未来发生的事件做出有价值的预报，是衡量一门科学是否成熟的重要标志。在评价 20 世纪的气象预报时，世界气象组织认为数值天气预报的成功，是 20 世纪最重大的科技和社会进步之一。

数值天气预报指在给定初始和边界条件下，通过数值方法求解大气运动方程组，由已知初始时刻的大气状态预报未来时刻大气状态的方法和理论的科学。随着计算机技术的快速发展，大规模计算能力显著提高，卫星和雷达等遥感资料、加密的非常规观测资料日益增多，利用数值模式对 1~5 天的天气预报和短期气候预测取得了成功。而大气化学、陆面、生态等过程模型的建立及其与大气模式的耦合，使大气数值模式逐渐成为人们认识并预测天气、气候系统的不可替代的工具。

“数值天气预报”是大气科学类专业本科生的主干课和专业课，是大气科学专业本科学生必须掌握的知识和技能。及时将数值天气预报的新知识、新技术的基本概念、基本知识、基本技能传授给学生，根据新时代学生的认知能力，取得最佳的教学效果，一本能反映新知识的教材是重要的前提条件。

基于上述理念，杨毅教授、张飞民博士和王澄海教授等编著了《数值天气预报基础》。本书把数值天气预报的重、难点知识进行了重新梳理和归纳，精简并删除了一些过时的内容，增加了近年来在模式中发展研发的物理参数化方案，充实了大气资料同化的内容，介绍了当前流行的中尺度气象模式 WRF 的基本框架、编译和运行的基本步骤和方法，增加了雷达资料同化在一次降水事件中的模拟试验和模式运行的基本知识。

本教材兼顾数值模式基本思想、基本概念和基本技能的有益尝试，将有助于对大气数值模式的学习和掌握。本书不仅可供大气科学专业的学生使用，也可作为物理海洋、地理科学等学科需要学习大气数值模式师生的参考书。很高兴为该书作序，并郑重推荐给大家。

中国科学院院士

（穆穆）

2019年11月

前　言

数值天气预报是大气科学类本科生的专业课程，为适应信息化时代背景下业务和科研需要，对课程内容进行适时调整，形成能够促进对数值天气预报课程“基本概念、基本知识、基本技能”的掌握的教材是很有必要的。

本书是在2011年气象出版社出版的《大气数值模式及模拟》（王澄海等编著）基础上，吸收了同行们的建议和意见，对课程知识点进行了梳理，增删了部分内容后重新整编而成的。全书共分为7章，主要内容有：大气运动方程组，包括不同坐标系下的大气运动基本方程和地图投影的相关内容；数值计算方案，介绍时间积分方案、空间差分格式、守恒差分格式的构造、差分方程的稳定性和误差分析方法、非线性方程的计算稳定性等；初始条件和边界条件，介绍模式初边界条件构造中的主要方法；原始方程模式，介绍正压和斜压大气模式、斜压模式方程组的空间离散化和数值解法；谱模式，介绍谱模式设计的基本思想和时空离散化方案；模式物理过程参数化，介绍不同物理过程的参数化方案及其基本思想；最后介绍目前流行的中尺度气象模式WRF的基本框架、编译和运行基本步骤和方法，并给出了雷达资料同化在一次降水事件中的模拟试验分析。

全书旨在培养学生掌握数值天气预报的数值计算和大气建模基础。通过本书的学习，使学生熟练掌握大气数值模式的基础理论和基本方法，具备利用数值天气预报模型分析问题和解决问题的基本能力，为学生从事气象业务、继续学习大气科学和相关专业知识提供必需的理论基础和技能。

编者组织有关老师，对本书中的重、难点知识进行了线上授课。相关资源可在慕课平台学银在线（http://www.xueyinonline.com/detail/204896311）上注册学习，以实现学生汲取知识途径的多样化，提高学习效率。

本书在编写过程中，得到了兰州大学大气科学学院各级领导和气象出版社的大力支持。在此一并致谢。

由于编写时间仓促，书中难免有错误和疏漏之处，恳请读者批评指正。

编者

2019年11月

目 录

第1章　大气运动方程组

数值天气预报是在给定的初始条件和边界条件下，通过数值方法求解描述大气运动的方程组，由已知初始时刻的大气状态预报未来时刻的大气状态的方法。数值预报的核心之一是针对研究和预报的对象，构建能够相对准确描述相应尺度的大气运动的控制方程组。

地球以一定的角速度自西向东旋转，大气相对于地球表面做非匀速运动。因此，建立在地球上的坐标系是非惯性系，需要在旋转坐标系（非惯性系）下给出描述大气运动的方程组。另外，由于地球近似为正球体，采用球坐标并使用球坐标系中的大气运动方程组研究大气运动最为合适。然而，球坐标系中的运动方程和连续方程形式复杂，在研究或预报局部大气时，常使用局地直角坐标系，略去地球曲率对大气的影响，从而可简化大气运动方程组。考虑到实际天气分析是在经过地图投影后的天气图上进行的，因此还需要给出地图投影坐标系中的大气运动方程组。研究和预报大气运动时，一般需要根据研究或预报的对象，选取不同的物理量（如气压、位温等）建立垂直坐标；此外，大气运动受地球表面复杂地形的影响，为简化下边界的处理，还需要设计便于研究地形对大气运动影响的垂直坐标系。

本章在介绍旋转坐标系中描述大气运动的方程组基础上，给出不同坐标系中大气运动方程组的形式，介绍数值预报模式的若干概念和分类。

§ 1.1　旋转坐标系中的大气运动基本方程

我们知道，地球一方面围绕太阳做公转运动，同时也以一常值角速度 Ω 自西向东绕地轴做自转运动，故而固定在地球上的坐标系是一个非惯性系，由于地球对恒星的加速度主要是由地球自转引起的，因此可以把地球看成一个对惯性系做纯粹旋转运动的物体。实际上我们对大气的观测是以地球作为参照系来进行的，所以观测到的大气运动是相对于地球的运动。因此通常在构建大气控制方程组时，需要把运动方程转换到旋转坐标系。有关旋转坐标系中大气控制方程组的构建在大气动力学中已有详细的讨论，这里不再赘述。我们在此直接给出相应的方程组。

1.1.1 运动方程

大气运动遵循牛顿第二定律，其表达式为：

$$\frac{\mathrm{d}\boldsymbol{V}}{\mathrm{d}t}=\sum_i f_i \tag{1.1}$$

式中 $\frac{\mathrm{d}}{\mathrm{d}t}$ 表示个别变化，$\sum\limits_i f_i$ 表示作用于大气中的各种力的合力，包括气压梯度力、科氏力、重力和摩擦力，它们的表达式分别为：$-\frac{1}{\rho}\nabla p$、$-2\Omega\times\boldsymbol{V}$、$\boldsymbol{g}$ 和$\boldsymbol{F}$。代入上式则有：

$$\frac{\mathrm{d}\boldsymbol{V}}{\mathrm{d}t}=-\frac{1}{\rho}\nabla p-2\Omega\times\boldsymbol{V}+\boldsymbol{g}+\boldsymbol{F} \tag{1.2}$$

1.1.2 连续方程

大气运动遵循质量守恒定律，其表达式为：

$$\frac{\mathrm{d}\,(\delta M)}{\mathrm{d}t}=0 \tag{1.3}$$

式中 δM 为空气微团的质量，$\delta M=\rho\delta\tau$，$\delta\tau$ 为空气微团的体积。利用微分算子的运算，则有：

$$\frac{\mathrm{d}\rho}{\mathrm{d}t}+\rho\frac{1}{\delta\tau}\frac{\mathrm{d}\delta\tau}{\mathrm{d}t}=0 \tag{1.4}$$

式中 $\frac{1}{\delta\tau}\frac{\mathrm{d}\delta\tau}{\mathrm{d}t}$ 是体积的相对变化率，也即速度散度 $\nabla\cdot\boldsymbol{V}$，因此方程可以写成：

$$\frac{\mathrm{d}\rho}{\mathrm{d}t}+\rho\nabla\cdot\boldsymbol{V}=0 \tag{1.5}$$

该方程称为连续方程，表示空气微团密度的变化是由速度的辐散辐合引起的。

1.1.3 热力学方程

大气动力学过程与热力学过程是相互联系相互制约的。热力学定律是控制大气运动的基本定律。能量转化与守恒定律是自然科学中最普遍的定律之一，把它应用到与热现象有关的宏观过程就表述为热力学第一定律。假设空气为理想气体，对单位质量的空气而言，热力学方程可以写成如下形式：

$$\frac{\mathrm{d}E}{\mathrm{d}t}+W=\dot{Q} \tag{1.6}$$

式中 $\frac{\mathrm{d}E}{\mathrm{d}t}$ 表示空气微团内能的变化，W 表示空气膨胀对外界所做的功，$\dot{Q}$ 为外界对空气微团的加热率。

对于理想气体而言，其内能表达式为：$E=c_vT$（c_v为干空气比定容热容）。对于可逆过程而言，单位时间单位质量空气膨胀所做的功为：$W=p\frac{\mathrm{d}\alpha}{\mathrm{d}t}$（$\alpha=\frac{1}{\rho}$为比容），因此热力学方程可以写成：

$$c_v\frac{\mathrm{d}T}{\mathrm{d}t}+p\frac{\mathrm{d}\alpha}{\mathrm{d}t}=\dot{Q}\qquad \text{或} \qquad c_p\frac{\mathrm{d}T}{\mathrm{d}t}-\alpha\frac{\mathrm{d}p}{\mathrm{d}t}=\dot{Q} \tag{1.7}$$

式中 $c_p=c_v+R$ 表示干空气比定压热容。在实际的应用过程中还可以利用位温（$\theta=T\left(\frac{1000}{P}\right)^{\frac{R}{c_p}}$）把热力学方程改写为：

$$\frac{\mathrm{d}\ln\theta}{\mathrm{d}t}=\frac{\dot{Q}}{c_pT} \tag{1.8}$$

对于绝热过程而言，位温守恒。

1.1.4　状态方程

大气可以看成一种理想气体，它满足气体的实验定律，其状态方程的具体形式如下：

$$p=\rho RT \tag{1.9}$$

如果考虑大气中的水汽的话，则温度需要利用虚温 $T_v=(1+0.608q)T$ 来代替。R 为干空气比气体常数。

1.1.5　水汽方程

大气中的水汽含量虽然比较少，但是它的输送及水的相变潜热变化却与大气中很多的天气现象有着非常密切的关系，因此在进行大气的数值模拟和预报时必须考虑大气中的水汽过程。大气中的水汽守恒方程可以表达成如下形式：

$$\frac{\mathrm{d}\left(\rho_v\delta\tau\right)}{\mathrm{d}t}=\dot{S}\delta\tau \tag{1.10}$$

式中 $\rho_v=\rho q$，再利用连续方程，则可以得到如下的方程：

$$\frac{\mathrm{d}q}{\mathrm{d}t}=\frac{\dot{S}}{\rho} \tag{1.11}$$

式中 $\dfrac{\dot{S}}{\rho}$ 表示水汽的源汇项。实际数值预报过程中，需要对水汽的源汇项进行相应处理。

§ 1.2　几种坐标系中的大气基本方程组

前面给出的大气动量方程是以矢量的形式给出的，在实际的数值预报过程中，需要把这种矢量形式的方程展开成相应的标量形式的方程组。在实际的气象学研究和数值模拟及预报中，物理量个别变化首先是以 Lagrange 形式表示的，这样的表示主要是针对气体微团来进行的。然而在实际的应用中并不方便，主要是由于通常我们对于大气中各种物理量的观测是固定在观测点上的，并不是针对气体微团来进行的，因此需要把各种预报方程放在相应的坐标系中展开。

与其他学科通常采用笛卡尔坐标系不同，在大气科学中，通常采用球坐标系、柱坐标系以及局地直角坐标系等曲面正交坐标系来进行理论研究和数值天气预报。

1.2.1　球坐标系中的基本方程组

球坐标系的坐标原点在地球的球心，三个坐标轴(λ,φ,r) 分别是在球面上点 P 的经度、纬度和地心指向 P 点的长度，相对应的单位矢量$(\boldsymbol{i},\boldsymbol{j},\boldsymbol{k})$ 分别为与纬圈相切指向东、与经圈相切指向北以及和地表面相垂直指向天顶。需要注意的是，这三个单位矢量随着在地球面上的位置不同而方向不同。

动量方程在球坐标系中的分量形式为：

$$\frac{\mathrm{d}u}{\mathrm{d}t}=-\frac{1}{\rho r\cos\varphi}\frac{\partial p}{\partial\lambda}+fv-\widetilde{f}w+\frac{uv\tan\varphi}{r}-\frac{uw}{r}+F_\lambda \tag{1.12}$$

$$\frac{\mathrm{d}v}{\mathrm{d}t}=-\frac{1}{\rho r}\frac{\partial p}{\partial\varphi}-fu-\frac{u^2\tan\varphi}{r}-\frac{vw}{r}+F_\varphi \tag{1.13}$$

$$\frac{\mathrm{d}w}{\mathrm{d}t}=-\frac{1}{\rho}\frac{\partial p}{\partial r}+\widetilde{f}u-g+\frac{u^2+v^2}{r}+F_r \tag{1.14}$$

式中

$$\begin{cases}\dfrac{\mathrm{d}}{\mathrm{d}t}=\dfrac{\partial}{\partial t}+\dfrac{u}{r\cos\varphi}\dfrac{\partial}{\partial\lambda}+\dfrac{v}{r}\dfrac{\partial}{\partial\varphi}+w\dfrac{\partial}{\partial r}\\ f=2\Omega\sin\varphi,\quad \widetilde{f}=2\Omega\cos\varphi\end{cases} \tag{1.15}$$

连续方程的表达式为：

$$\frac{\mathrm{d}\rho}{\mathrm{d}t}+\rho\left(\frac{1}{r\cos\varphi}\frac{\partial u}{\partial\lambda}+\frac{1}{r\cos\varphi}\frac{\partial v\cos\varphi}{\partial\varphi}+\frac{1}{r^2}\frac{\partial wr^2}{\partial r}\right)=0 \tag{1.16}$$

状态方程为：

$$p=\rho RT \tag{1.17}$$

热力学方程为：

$$c_p\frac{\mathrm{d}T}{\mathrm{d}t}-\alpha\frac{\mathrm{d}p}{\mathrm{d}t}=\dot{Q} \tag{1.18}$$

1.2.2　局地直角坐标系中的基本方程组

在做全球数值预报和模拟的时候采用球坐标是非常适合的，但是，我们常常需要针对某些局地的天气现象进行数值模拟和预报，这时候如果采用球坐标来进行模拟和预测，不仅浪费计算机资源，而且由于球坐标系中方程组非常复杂，在实际使用的时候并不方便。通常在研究区域的天气现象时，由于在有限的区域上，地球的曲率项可以忽略，因此可采用忽略了球面曲率效应的局地直角坐标系，从而使方程组得到简化。

局地直角坐标系的原点选取在地球表面的 P 点，其相应的三个坐标分量为(x,y,z)，对应的单位矢量的方向与球坐标系相同，但是忽略了球面的曲率效应，这两个坐标系的变元有如下的关系：

$$\mathrm{d}x=r\cos\varphi\mathrm{d}\lambda\simeq a\cos\varphi\mathrm{d}\lambda,\quad a\text{表示地球半径} \tag{1.19}$$

$$\mathrm{d}y=r\mathrm{d}\varphi\simeq a\mathrm{d}\varphi \tag{1.20}$$

$$\mathrm{d}z=\mathrm{d}r \tag{1.21}$$

显然局地直角坐标系既具有球坐标系的特点，即单位矢量随空间变化，也具有笛卡尔坐标系的特点。相应的方程为：

$$\frac{\mathrm{d}u}{\mathrm{d}t} = -\frac{1}{\rho}\frac{\partial p}{\partial x} + fv - \widetilde{f}w + F_x \tag{1.22}$$

$$\frac{\mathrm{d}v}{\mathrm{d}t} = -\frac{1}{\rho}\frac{\partial p}{\partial y} - fu + F_y \tag{1.23}$$

$$\frac{\mathrm{d}w}{\mathrm{d}t} = -\frac{1}{\rho}\frac{\partial p}{\partial z} + \widetilde{f}u - g + F_z \tag{1.24}$$

式中

$$\begin{cases} \dfrac{\mathrm{d}}{\mathrm{d}t} = \dfrac{\partial}{\partial t} + u\dfrac{\partial}{\partial x} + v\dfrac{\partial}{\partial y} + w\dfrac{\partial}{\partial z} \\ f = 2\Omega\sin\varphi,\ \widetilde{f} = 2\Omega\cos\varphi \end{cases} \tag{1.25}$$

连续方程的表达式为：

$$\frac{\mathrm{d}\rho}{\mathrm{d}t} + \rho\left(\frac{\partial u}{\partial x} + \frac{\partial v}{\partial y} + \frac{\partial w}{\partial z}\right) = 0 \tag{1.26}$$

状态方程为：

$$p = \rho RT \tag{1.27}$$

热力学方程为：

$$c_p\frac{\mathrm{d}T}{\mathrm{d}t} - \alpha\frac{\mathrm{d}p}{\mathrm{d}t} = \dot{Q} \tag{1.28}$$

需要注意的是，局地直角坐标系与笛卡尔坐标系有明显的不同：

（1）笛卡尔坐标系中三个坐标轴的方向是固定不变的，而在局地直角坐标系中随地点变化；

（2）笛卡尔坐标系中的三个自变量完全独立，而局地直角坐标系中则近似独立，因此局地直角坐标系在高纬度地区并不适用；

（3）重力在局地直角坐标系中水平方向没有分量，但是在笛卡尔坐标系中则必须考虑重力在水平方向的分量。

1.2.3 地图投影

一般在有限区域数值求解大气控制方程组时，需要根据预报的对象和范围来把方程组转换到地图投影坐标系中。地图投影坐标系是一种曲线坐标系。这里简要地介绍地图投影的有关知识。

所谓地图投影就是根据一定的数学条件，把球形的地球表面展绘成平面图。由于球面是不可展面，因此进行投影之后地球表面上的地理区域的距离、面积和角度等几何特征都要发生相应的改变，因而产生投影误差。在大气科学中常用的投影实际是正形投影，即经过投影之后地球表面上任意两条交线的夹角保持不变，从而使得地球表面上无限小的图形可以以相似的形式展绘于投影面上，并且在投影面上任意一点的各个方向上长度的放大或者缩小倍数均相等。

1.正形投影的基本关系式

正形投影的映像面为圆锥，映像面圆锥角为 $\alpha\,(0° < \alpha < 180°)$，标准纬度为 $\varphi_0(0° < \varphi_0 < 90°)$。将映像面沿某一经线展开后得到映像平面。在地球表面纬度 φ 处的纬圈长度为：

$$L_s = 2\pi R_s = 2\pi a\cos\varphi \tag{1.29}$$

式中 $a = 6371$ km 为地球平均半径。设单位经度圆锥面所张开的平面角为 $k\,(k \leqslant 1)$，则整个圆锥面所张开的平面角为 $2\pi k$，因此映像平面上纬度 φ 处的纬圈长度为：

$$L = 2\pi kl \tag{1.30}$$

式中 l 为映像面上该纬度任意一点 P 到北极的距离。这样得到放大因子为：

$$m = \frac{L}{L_s} = \frac{kl}{a\cos\varphi} = \frac{kl}{a\sin\theta} \tag{1.31}$$

式中 $\theta = \dfrac{\pi}{2} - \varphi$，为余纬。要确定放大因子 m 需要先确定 k 和 l。

在标准纬度上 $m = 1$，则有：

$$k = \frac{a\sin\theta_0}{l_0} \tag{1.32}$$

对于给定的投影，θ_0 和 l_0 均为常数，那么可以确定 k。下面来确定 l 的表达式。对于正形投影来说，其放大系数在各个方向相同，因此有如下关系：

$$\frac{\mathrm{d}l}{a\mathrm{d}\theta} = \frac{kl}{a\sin\theta} \tag{1.33}$$

对上式进行积分则有：

$$\int \frac{1}{\sin\theta} = \ln\tan\frac{\theta}{2} \Longrightarrow$$

$$l = l_0 \left(\frac{\tan\dfrac{\theta}{2}}{\tan\dfrac{\theta_0}{2}}\right)^k \Longrightarrow$$

$$l = \frac{a\sin\theta_0}{k}\left(\frac{\tan\dfrac{\theta}{2}}{\tan\dfrac{\theta_0}{2}}\right)^k \tag{1.34}$$

那么可以得到放大因子为：

$$m = \frac{\sin\theta_0}{\sin\theta}\left(\frac{\tan\dfrac{\theta}{2}}{\tan\dfrac{\theta_0}{2}}\right)^k \tag{1.35}$$

2.极射赤面（polar steregraphic）投影

极射赤面投影的投影光源在南极（图 1.1），其映像面是一个与地球表面 60°N 相割的平面，标准纬度为 $\varphi_0 = 60°\mathrm{N}\,(\theta_0 = 30°)$。这种投影在高纬度地区的变形较小，因此经常用作极地地区天气图的底图。

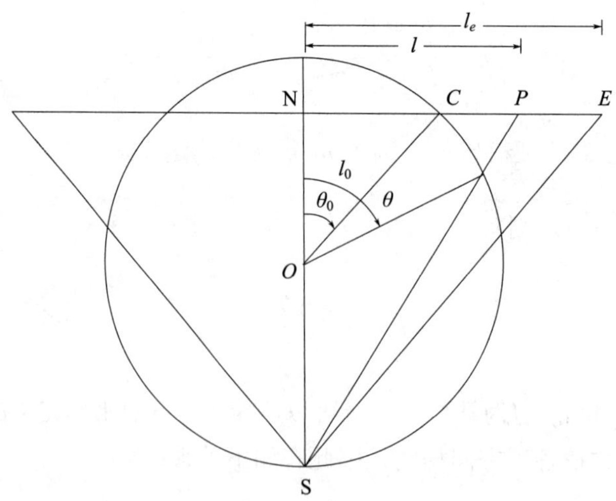

图 1.1 极射赤面（割）投影剖面图

在极射赤面投影中，圆锥常数 $k=1$，把 $k=1$ 和 $\theta_0=30^\circ$ 代入式 (1.34)，利用三角公式 $\tan\dfrac{\theta}{2}=\dfrac{\sin\theta}{1+\cos\theta}=\dfrac{\cos\varphi}{1+\sin\varphi}$，可以得到：

$$\begin{cases} l=\dfrac{\left(2+\sqrt{3}\right)a}{2}\dfrac{\cos\varphi}{1+\sin\varphi} \\ m=\dfrac{2+\sqrt{3}}{2}\dfrac{1}{1+\sin\varphi} \end{cases} \tag{1.36}$$

我们知道，准确定位每一个格点的经纬度是一件十分复杂的事情，因此在实际计算应用中地图放大系数采用如下的方法：

$$l=l_e\frac{\cos\varphi}{1+\sin\varphi} \tag{1.37}$$

式中 l_e 表示极射赤面投影映像面上赤道到北极点的距离，$l_e=\dfrac{\left(2+\sqrt{3}\right)a}{2}=11888.45\ \text{km}$，利用上式可以解出：

$$\sin\varphi=\frac{l_e^2-l^2}{l_e^2+l^2} \tag{1.38}$$

这样可以得到：

$$m=\frac{2+\sqrt{3}}{2}\frac{1}{1+\dfrac{l_e^2-l^2}{l_e^2+l^2}} \tag{1.39}$$

式中 l 为网格点到北极点的距离，采用如下公式计算：

$$l=\sqrt{\left(I_n^2+J_n^2\right)d^2} \tag{1.40}$$

式中 d 为格距，I_nd, J_nd 分别为网格点相对于北极点的坐标。利用 $\sin\varphi$ 的表达式，可以得到如下科氏参数的公式：

$$f=2\Omega\frac{l_e^2-l^2}{l_e^2+l^2} \tag{1.41}$$

3.兰勃特（Lambert）投影

Lambert 投影的光源在地球的球心（图 1.2），映像面为一个与地球表面 60°N 和 30°N 相割的平面圆锥面。标准纬度分别为 $\varphi_1=60^\circ\ (\theta_1=30^\circ)$ 和 $\varphi_2=30^\circ\ (\theta_2=60^\circ)$。这种投影

在中纬度地区变形比较小，气象上常用的亚欧高空图和地面图都是采用这种投影图制成的。

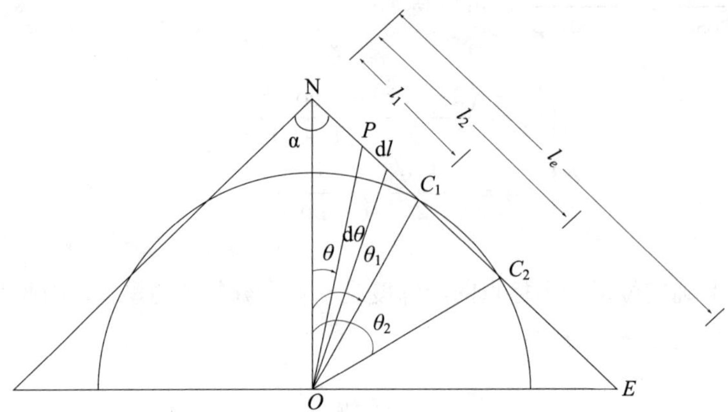

图 1.2 Lambert（割）投影剖面图

利用标准余纬则有：

$$\begin{cases} l = \dfrac{a\sin\theta_1}{k}\left(\dfrac{\tan\dfrac{\theta}{2}}{\tan\dfrac{\theta_1}{2}}\right)^k \\ l = \dfrac{a\sin\theta_2}{k}\left(\dfrac{\tan\dfrac{\theta}{2}}{\tan\dfrac{\theta_2}{2}}\right)^k \end{cases} \tag{1.42}$$

可以得到投影地图放大系数为：

$$\begin{cases} m = \dfrac{\sin\theta_1}{\sin\theta}\left(\dfrac{\tan\dfrac{\theta}{2}}{\tan\dfrac{\theta_1}{2}}\right)^k \\ m = \dfrac{\sin\theta_2}{\sin\theta}\left(\dfrac{\tan\dfrac{\theta}{2}}{\tan\dfrac{\theta_2}{2}}\right)^k \end{cases} \tag{1.43}$$

由于在标准纬度 $m = 1$，根据上式则有：

$$\frac{\sin\theta_1}{\sin\theta_2} = \left(\frac{\tan\dfrac{\theta_1}{2}}{\tan\dfrac{\theta_2}{2}}\right)^k \tag{1.44}$$

代入实际的 θ_1 和 θ_2，可以得到 $k \simeq 0.7156$。

和极射赤面投影类似，可以得到：

$$l = l_e \left(\frac{\cos\varphi}{1+\sin\varphi} \right)^k \tag{1.45}$$

式中 $l_e = \dfrac{a\sin\theta_1}{k}\left(\dfrac{1}{\tan\theta_1/2}\right)^k = 11423.37\ \text{km}$，利用上式可以解出：

$$\sin\varphi = \frac{l_e^{2/k} - l^{2/k}}{l_e^{2/k} + l^{2/k}} \tag{1.46}$$

这样可以得到：

$$m = \frac{kl}{a\sqrt{1-\left(\dfrac{l_e^{2/k} - l^{2/k}}{l_e^{2/k} + l^{2/k}}\right)^2}} \tag{1.47}$$

利用 $\sin\varphi$ 的表达式，可以得到如下科氏参数的公式：

$$f = 2\Omega\frac{l_e^{2/k} - l^{2/k}}{l_e^{2/k} + l^{2/k}} \tag{1.48}$$

4.墨卡托（Mercator）投影

Mercator 投影的光源在地球的球心（图 1.3），其映像面是一个与地球相割于 22.5°N 和 22.5°S 的圆柱面，标准纬度分别为 $\varphi_1 = 22.5°\text{N}$ 和 $\varphi_2 = 22.5°\text{S}$。这种投影制成的地图，经线是间距相等互相平行的直线。

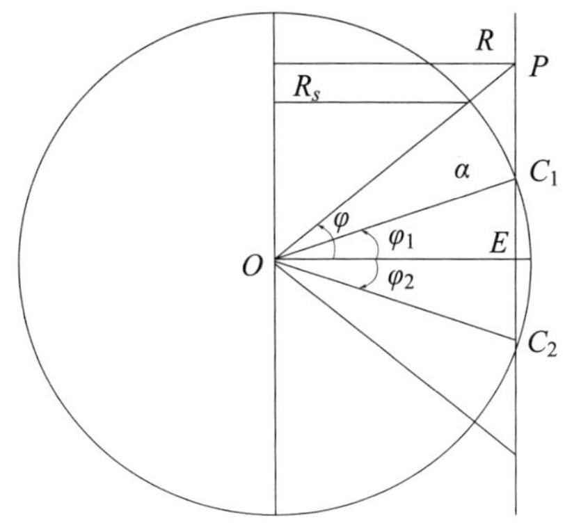

图 1.3 Mercator 圆柱投影（标准纬度为 22.5°N 和 22.5°S）

由于 Mercator 投影是圆锥投影的一种极限，而圆锥的顶点取在无穷远，那么有：

$$l \to \infty, \quad k = 0 \tag{1.49}$$

在这种情况下需要重新计算有关参数。在地球纬度 φ 处的纬圈长度为：

$$L_s = 2\pi R_s = 2\pi a \cos\varphi \tag{1.50}$$

在映像平面上该纬度的纬圈长度为：

$$L = 2\pi R = 2\pi a \cos 22.5^\circ \tag{1.51}$$

根据地图放大系数的定义有：

$$m = \frac{L}{L_s} = \frac{\cos 22.5^\circ}{\cos\varphi} \tag{1.52}$$

在 Mercator 投影中影像平面某一经线上的网格点 P 所在的纬度的余弦由下式确定：

$$\cos\varphi = \frac{a\cos 22.5^\circ}{\sqrt{(a\cos 22.5^\circ)^2 + (J_e d)^2}} \tag{1.53}$$

式中 $J_e d$ 为网格点相对于赤道的坐标，d 为网格距，这样可以得到地图投影因子：

$$m = \frac{\sqrt{(a\cos 22.5^\circ)^2 + (J_e d)^2}}{a} \tag{1.54}$$

1.2.4　普遍的地图投影坐标系中的基本方程组

地图投影坐标系是一种正交的曲线坐标系（图1.4），实际做区域数值天气预报的过程中，需要给出考虑到地图投影之后的模式方程组。

取地图投影坐标系的三个坐标分量分别为 X、Y、Z，沿 X、Y、Z 坐标轴方向的风场分量分别为 U、V、W。因此有：

$$\begin{cases} \mathrm{d}q_1 = \mathrm{d}X, \quad \mathrm{d}q_2 = \mathrm{d}Y, \quad \mathrm{d}q_3 = \mathrm{d}Z \\ u_1 = U, \quad u_1 = V, \quad u_1 = W \end{cases} \tag{1.55}$$

式中 $\mathrm{d}X$、$\mathrm{d}Y$、$\mathrm{d}Z$ 为地图投影坐标系中的坐标变元，一般不等于相应的坐标线元。设在 X 和 Y 坐标轴方向的地图放大系数分别为 m 和 n，在 Z 坐标轴方向的地图放大系数为 1。那

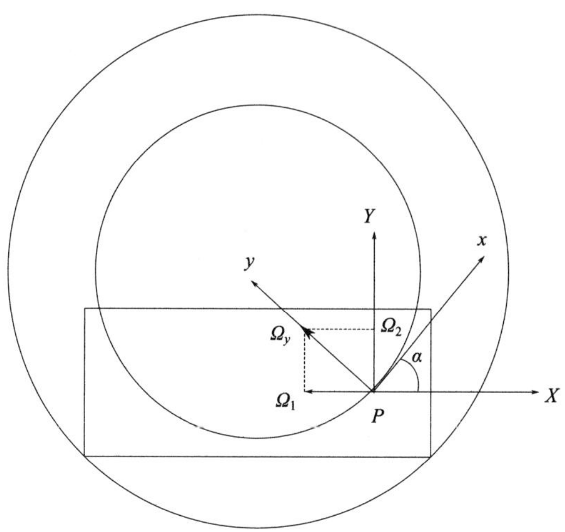

图 1.4 地图投影坐标系

么有拉密系数：

$$H_j = \frac{\mathrm{d}l_j}{\mathrm{d}q_j} = \frac{1}{\dfrac{\mathrm{d}q_j}{\mathrm{d}l_j}} \tag{1.56}$$

对于地图投影坐标系来说，$\dfrac{\mathrm{d}q_j}{\mathrm{d}l_j}$ 为影像平面上的距离与地球表面上相应距离的比值，即：

$$\begin{cases} H_1 = \dfrac{1}{m} \\ H_2 = \dfrac{1}{n} \\ H_3 = 1 \end{cases} \tag{1.57}$$

地球自转角速度在 X、Y 和Z 方向的分量分别为：

$$\begin{cases} \Omega_1 = \Omega_X = -\dfrac{1}{2}\widetilde{f}\sin\alpha \\ \Omega_2 = \Omega_Y = \dfrac{1}{2}\widetilde{f}\cos\alpha \\ \Omega_3 = \Omega_Z = \dfrac{1}{2}f \end{cases} \tag{1.58}$$

式中 $f = 2\Omega\sin\varphi, \widetilde{f} = 2\Omega\cos\varphi$。这样可以得到地图投影坐标系中的基本方程组：

$$\frac{\mathrm{d}U}{\mathrm{d}t} + mnV\left[U\frac{\partial}{\partial Y}\left(\frac{1}{m}\right) - V\frac{\partial}{\partial X}\left(\frac{1}{n}\right)\right] + mUW\frac{\partial}{\partial Z}\left(\frac{1}{m}\right) = -\frac{m}{\rho}\frac{\partial p}{\partial X} + fV - \widetilde{f}W\cos\alpha$$

$$
\begin{aligned}
&\frac{\mathrm{d}V}{\mathrm{d}t}-mnU\left[U\frac{\partial}{\partial Y}\left(\frac{1}{m}\right)-V\frac{\partial}{\partial X}\left(\frac{1}{n}\right)\right]+nVW\frac{\partial}{\partial Z}\left(\frac{1}{n}\right)=-\frac{n}{\rho}\frac{\partial p}{\partial Y}-fU-\widetilde{f}W\sin\alpha\\
&\frac{\mathrm{d}W}{\mathrm{d}t}-mU^2\frac{\partial}{\partial Z}\left(\frac{1}{m}\right)-nV^2\frac{\partial}{\partial Z}\left(\frac{1}{n}\right)=-\frac{1}{\rho}\frac{\partial p}{\partial Z}-g+\widetilde{f}\left(U\cos\alpha+V\sin\alpha\right)\\
&\frac{\partial\rho}{\partial t}+mn\left[\frac{\partial}{\partial X}\left(\frac{\rho U}{n}\right)+\frac{\partial}{\partial Y}\left(\frac{\rho V}{m}\right)+\frac{\partial}{\partial Z}\left(\frac{\rho W}{mn}\right)\right]=0\\
&\frac{\partial T}{\partial t}+mU\frac{\partial T}{\partial X}+nV\frac{\partial T}{\partial Y}+W\frac{\partial T}{\partial Z}-\frac{RT}{c_p p}\frac{\mathrm{d}p}{\mathrm{d}t}=\frac{\dot{Q}}{c_p}\\
&\frac{\mathrm{d}}{\mathrm{d}t}=\frac{\partial}{\partial t}+mU\frac{\partial}{\partial X}+nV\frac{\partial}{\partial Y}+W\frac{\partial}{\partial Z}
\end{aligned}
\tag{1.59}
$$

再加上状态方程，就构成了普遍地图投影坐标系中的大气运动基本方程组。需要说明的是，在实际的天气变化过程中，水汽及其相变有着非常重要的作用，因此构建模式方程组的时候还应该考虑水汽的方程。

§ 1.3 大气基本方程组的垂直坐标变换

一方面，由于模式需要上下边界；另一方面，不同的模式物理过程需要在不同垂直坐标下描述。因此，经常需要不同坐标系之间相互转换。其中，一个主要的转换是垂直坐标的转换。垂直坐标变换主要是对局地直角坐标系的方程组进行相应的展开处理。由于局地直角坐标系中的方程是利用几何高度 Z 作为垂直坐标的，因此，对于各种气象场的分析只能在等高面上来进行，适用性并不高。

在大气动力学研究和数值模式设计中常根据研究问题的需要，选取不同的物理变量作为垂直坐标变量。如 p 坐标系、σ 坐标系、θ 坐标系、$p-\sigma$ 坐标系等。这些坐标系的共同点是，它们的水平坐标都是几何坐标。下面我们给出普遍的垂直坐标变换的基本变换关系。

1.3.1 垂直坐标变换的数学和物理约束

一般的数学变换是纯粹的几何变换，并不涉及物理内容。由于在大气科学中选取气象要素作为垂直坐标，因此这种变换不仅应该满足数学上的一些要求，也应该满足物理上的要求。

设 s 为任一物理量场变量，它是时空的函数，即：$s=s\left(x,y,z,t\right)$ ，那么 z 坐标系变换

为 s 坐标系的一般公式可以写成：

$$\begin{cases}\overline{x}=x\\ \overline{y}=y\\ s=s\left(x,y,z,t\right)\\ \overline{t}=t\end{cases}$$

如果 s 以及它对 x、y、z、t 的一阶微商在整个大气中连续，那么其函数行列式为：

$$J=\begin{vmatrix}1&0&0&0\\ 0&1&0&0\\ \dfrac{\partial s}{\partial x}&\dfrac{\partial s}{\partial y}&\dfrac{\partial s}{\partial z}&\dfrac{\partial s}{\partial t}\\ 0&0&0&1\end{vmatrix}=\frac{\partial s}{\partial z}$$

根据隐函数存在定理，只有当 $J\neq 0$，即 $\dfrac{\partial s}{\partial z}\neq 0$ 时才可能有唯一反变换。上式也意味着，当 x、y、t 固定的时候，s 必须是 z 的严格单调函数，反之亦然。这是垂直坐标变换必须满足的数学要求。

由于在大气科学研究和数值模拟中采用物理量作为垂直坐标，那么选取的垂直坐标也应该满足一些大气物理上的要求。我们知道，在气象上采用 p 坐标系的一个非常重要的事实是，大尺度大气运动在垂直方向气压梯度力和重力在很高精度上满足静力平衡关系，由于除了 $z\to\infty$ 外，总有 $\rho>0$，因此 $\dfrac{\partial p}{\partial z}<0$ 总是成立的，这样保证了 p 是 z 的单调函数。这就是 p 坐标系可以代替 z 坐标系的物理基础，同时这也是采用气压坐标系的物理约束，也意味着 p 坐标系只适合于垂直运动不是很强烈的天气现象。

σ 坐标系的引入主要是为了克服 p 坐标系与地形相交的问题，它实际上是 p 坐标系的一种变形坐标系，因此这种坐标系与 p 坐标系具有相同的物理约束；θ 坐标系的物理约束则更为严格，不仅要求大气在垂直方向满足静力平衡，也要求大气是层结稳定的，即 $\dfrac{\partial\theta}{\partial z}>0$，这样才能保证 θ 是 z 的单调函数，在实际的大气系统中，这一点很难得到满足，因此它的适用范围就更小。

1.3.2　垂直坐标变换的一般形式

设标量 A 在 (x,y,z,t) 坐标系和 (x,y,s,t) 坐标系的函数形式为：$A=A\left(x,y,z,t\right)=$

$A(x,y,s,t)$ 并且

$$z = z(x,y,s,t) \tag{1.60}$$

$$s = s(x,y,z,t) \tag{1.61}$$

则有如下的变换关系式：

$$\frac{\partial A}{\partial z} = \frac{\partial A}{\partial s}\frac{\partial s}{\partial z} \tag{1.62}$$

$$\left(\frac{\partial A}{\partial x}\right)_s = \left(\frac{\partial A}{\partial x}\right)_z + \frac{\partial A}{\partial z}\left(\frac{\partial z}{\partial x}\right)_s \tag{1.63}$$

$$\left(\frac{\partial A}{\partial y}\right)_s = \left(\frac{\partial A}{\partial y}\right)_z + \frac{\partial A}{\partial z}\left(\frac{\partial z}{\partial y}\right)_s \tag{1.64}$$

$$\left(\frac{\partial A}{\partial t}\right)_s = \left(\frac{\partial A}{\partial t}\right)_z + \frac{\partial A}{\partial z}\left(\frac{\partial z}{\partial t}\right)_s \tag{1.65}$$

把垂直变换式 (1.62) 代入相应的方程则有：

$$\left(\frac{\partial A}{\partial x}\right)_s = \left(\frac{\partial A}{\partial x}\right)_z + \frac{\partial s}{\partial z}\left(\frac{\partial z}{\partial x}\right)_s\frac{\partial A}{\partial s} \tag{1.66}$$

$$\nabla_s A = \nabla_z A + \frac{\partial s}{\partial z}\left(\frac{\partial A}{\partial s}\right)\nabla_s z \tag{1.67}$$

$$\left(\frac{\partial A}{\partial t}\right)_s = \left(\frac{\partial A}{\partial t}\right)_z + \frac{\partial s}{\partial z}\left(\frac{\partial z}{\partial t}\right)_s\frac{\partial A}{\partial s} \tag{1.68}$$

根据 s 坐标系中的定义：

$$\frac{\mathrm{d}}{\mathrm{d}t} = \left(\frac{\partial}{\partial t}\right)_s + \mathbf{V}\cdot\nabla_s + \dot{s}\frac{\partial}{\partial s} \tag{1.69}$$

式中 $\dot{s} = \dfrac{\mathrm{d}s}{\mathrm{d}t}$，则可以得到 s 坐标系中垂直速度的表达式：

$$\dot{s} = \left[w - \left(\frac{\partial z}{\partial t}\right)_s - \mathbf{V}\cdot\nabla_s z\right]\frac{\partial s}{\partial z} \tag{1.70}$$

对于大尺度运动，静力平衡关系成立，则有：

$$\rho\frac{\partial z}{\partial s} = -\frac{1}{\mathrm{g}}\frac{\partial p}{\partial s} \tag{1.71}$$

有了这样一些基本的变换关系，则可以从 z 坐标系直接推出相应的 s 坐标系中的方程组：

1.水平动量方程

$$\frac{\mathrm{d}\boldsymbol{V}}{\mathrm{d}t}+f\boldsymbol{k}\times\boldsymbol{V}=-\frac{1}{\rho}\nabla_s p-g\nabla_s z+\boldsymbol{F} \tag{1.72}$$

2.连续方程

因为

$$w=\left(\frac{\partial z}{\partial t}\right)_s+\boldsymbol{V}\cdot\nabla_s z+\dot{s}\frac{\partial z}{\partial s} \tag{1.73}$$

$$\nabla_z\cdot\boldsymbol{V}=\nabla_s\cdot\boldsymbol{V}-\frac{\partial s}{\partial z}\nabla_s z\cdot\frac{\partial \boldsymbol{V}}{\partial s} \tag{1.74}$$

这样就得到 s 坐标系中的连续方程：

$$\frac{\mathrm{d}}{\mathrm{d}t}\left[\ln\left(\rho\frac{\partial z}{\partial s}\right)\right]+\nabla_s\cdot\boldsymbol{V}+\frac{\partial\dot{s}}{\partial s}=0 \tag{1.75}$$

3.热力学方程

$$\frac{\mathrm{d}\ln\theta}{\mathrm{d}t}=\frac{\dot{Q}}{c_pT} \tag{1.76}$$

形式与z 坐标相同，但是全微分应采用公式 (1.69)。

4.状态方程

$$p=\rho RT \tag{1.77}$$

1.3.3　p 坐标系中的基本方程组

在局地直角坐标系中，垂直坐标是用几何高度 z 来度量的，一般称这种坐标系为 $(x,y,z,\ t)$ 坐标系，简称 z 坐标系。z 坐标系中的基本方程组适用于等高面图分析。因此，它的适用性受到限制。

在日常高空观测中，一般都是获得等压面上的风速、温度和湿度等气象资料。在天气分析预报业务中，除地面天气图外，也都是分析等压面图。为适应等压面图分析的需要，应当建立一个以气压 p 代替高度 z 作为垂直坐标的坐标系。一般称这种坐标系为 (x,y,p,t) 坐标系，简称 p 坐标系。

本节采用坐标转换的方法把局地直角坐标系，即 z 坐标系的基本方程组转换到 p 坐标系。

1.运动方程

在局地直角坐标系，即 z 坐标系的基本方程组 (1.22) — (1.28) 中，略去较小的含 $\widetilde{f}$ 的科氏力项，则水平运动方程可简化为：

$$\left(\frac{\mathrm{d}u}{\mathrm{d}t}\right)_z=-\frac{1}{\rho}\frac{\partial p}{\partial x}+fv+F_x \tag{1.78}$$

$$\left(\frac{\mathrm{d}v}{\mathrm{d}t}\right)_z=-\frac{1}{\rho}\frac{\partial p}{\partial y}-fu+F_y \tag{1.79}$$

应用关系转换式 (1.66) — (1.71) 把方程 (1.78)、(1.79) 分别转换到 p 坐标系，得到：

$$\left(\frac{\mathrm{d}u}{\mathrm{d}t}\right)_p=-\left(\frac{\partial \Phi}{\partial x}\right)_p+fv+F_x \tag{1.80}$$

$$\left(\frac{\mathrm{d}v}{\mathrm{d}t}\right)_p=-\left(\frac{\partial \Phi}{\partial y}\right)_p-fu+F_y \tag{1.81}$$

或写成矢量形式：

$$\left(\frac{\mathrm{d}\boldsymbol{V}_h}{\mathrm{d}t}\right)_p=-\nabla_p\Phi-f\boldsymbol{k}\times\boldsymbol{V}_h+\boldsymbol{F}_h \tag{1.82}$$

式中 $\Phi=gz$ 为重力位势，而

$$\nabla_p=\left(\frac{\partial}{\partial x}\right)_p\boldsymbol{i}+\left(\frac{\partial}{\partial y}\right)_p\boldsymbol{j} \tag{1.83}$$

为 p 坐标系的二维微分算子。p 坐标系中的水平运动方程 (1.82) 形式简单，密度 ρ 已在方程的转换过程中被消去。

在推导 z、p 两坐标系因变量偏微商的转换关系时，已采用了静力近似的假定。因此，在 p 坐标系中，是以静力学方程

$$\frac{\partial \Phi}{\partial p}=-\frac{RT}{p} \tag{1.84}$$

来代替垂直运动方程。尺度分析结果表明，垂直运动方程经过简化后可得静力学方程。对于天气尺度的运动，位势场与温度场之间相当精确地满足流体静力平衡。

2.连续方程

z 坐标系基本方程组 (1.22) — (1.28) 中的连续方程可改写为：

$$\left(\frac{\partial \rho}{\partial t}\right)_z+\left(\frac{\partial \rho u}{\partial x}\right)_z+\left(\frac{\partial \rho v}{\partial y}\right)_z+\frac{\partial \rho w}{\partial z}=0 \tag{1.85}$$

应用转换关系式 (1.63) — (1.64)，则上式的第二、第三项分别变换为：

$$\left(\frac{\partial \rho u}{\partial x}\right)_z = \rho\left(\frac{\partial u}{\partial x}\right)_p + u\left(\frac{\partial \rho}{\partial x}\right)_z + \rho\frac{\partial u}{\partial p}\left(\frac{\partial p}{\partial x}\right)_z \tag{1.86}$$

$$\left(\frac{\partial \rho v}{\partial y}\right)_z = \rho\left(\frac{\partial v}{\partial y}\right)_p + v\left(\frac{\partial \rho}{\partial y}\right)_z + \rho\frac{\partial v}{\partial p}\left(\frac{\partial p}{\partial y}\right)_z \tag{1.87}$$

由式 (1.70) 中解出 ρw，并代入连续方程 (1.85) 中的第四项，得到：

$$\frac{\partial \rho w}{\partial z} = \frac{\partial}{\partial z}\left\{\frac{1}{g}\left[\left(\frac{\partial p}{\partial t}\right)_z + u\left(\frac{\partial p}{\partial x}\right)_z + v\left(\frac{\partial p}{\partial y}\right)_z - \omega\right]\right\} \tag{1.88}$$

上式右端的第一项可改写为：

$$\frac{1}{g}\frac{\partial}{\partial z}\left(\frac{\partial p}{\partial t}\right)_z = \frac{1}{g}\frac{\partial}{\partial t}\left(\frac{\partial p}{\partial z}\right)_z = -\left(\frac{\partial \rho}{\partial t}\right)_z$$

应用转换关系式 (1.62)，则式 (1.88) 右端第二、第三和第四项分别变换为：

$$\frac{1}{g}\frac{\partial}{\partial z}\left[u\left(\frac{\partial p}{\partial x}\right)_z\right] = -u\left(\frac{\partial \rho}{\partial x}\right)_z - \rho\frac{\partial u}{\partial p}\left(\frac{\partial p}{\partial x}\right)_z$$

$$\frac{1}{g}\frac{\partial}{\partial z}\left[v\left(\frac{\partial p}{\partial y}\right)_z\right] = -v\left(\frac{\partial \rho}{\partial y}\right)_z - \rho\frac{\partial v}{\partial p}\left(\frac{\partial p}{\partial y}\right)_z$$

$$-\frac{1}{g}\frac{\partial \omega}{\partial z} = \rho\frac{\partial \omega}{\partial p}$$

于是，式 (1.88) 变为：

$$\frac{\partial \rho w}{\partial z} = -\left(\frac{\partial \rho}{\partial t}\right)_z - u\left(\frac{\partial \rho}{\partial x}\right)_z - \rho\frac{\partial u}{\partial p}\left(\frac{\partial p}{\partial x}\right)_z - v\left(\frac{\partial \rho}{\partial y}\right)_z - \rho\frac{\partial v}{\partial p}\left(\frac{\partial p}{\partial y}\right)_z + \rho\frac{\partial w}{\partial p} \tag{1.89}$$

将式 (1.86)、(1.87) 和 (1.89) 代入式 (1.85)，经整理后得到 p 坐标系中的连续方程：

$$\left(\frac{\partial u}{\partial x}\right)_p + \left(\frac{\partial v}{\partial y}\right)_p + \frac{\partial \omega}{\partial p} = 0 \tag{1.90}$$

或

$$\nabla_p \cdot \boldsymbol{V}_h + \frac{\partial \omega}{\partial p} = 0 \tag{1.91}$$

上式表明，p 坐标系中连续方程的形式极为简单。在坐标转换过程中，密度 ρ 及其对时间、空间的偏微商已被消去。从形式上看，p 坐标系中的连续方程 (1.90) 与 z 坐标系中不可压缩流体的连续方程形式相似，但实际上在推导公式 (1.90) 的过程中并没有引用流体为不可压缩的假定。

3.热力学方程

z 坐标系中的热力学方程式 (1.28) 可写为：

$$c_p\left(\frac{\mathrm{d}T}{\mathrm{d}t}\right)_z-\alpha\left(\frac{\mathrm{d}p}{\mathrm{d}t}\right)_z=\dot{Q} \tag{1.92}$$

应用转化关系式式 (1.66) — (1.71) 把热力学方程 (1.92) 转换到 p 坐标系，得到：

$$c_p\left(\frac{\mathrm{d}T}{\mathrm{d}t}\right)_p-\alpha\omega=\dot{Q} \tag{1.93}$$

p 坐标系中的热力学方程 (1.93) 还可以改写为其他几种形式。将全微商 $(\mathrm{d}T/\mathrm{d}t)_p$ 展开，则该式变为：

$$\left(\frac{\partial T}{\partial t}\right)_p+u\left(\frac{\partial T}{\partial x}\right)_p+v\left(\frac{\partial T}{\partial y}\right)_p+\omega\frac{\partial T}{\partial p}-\frac{\alpha}{c_p}\omega=\frac{\dot{Q}}{c_p} \tag{1.94}$$

应用静力学方程 (1.84)，则上式中的 $\partial T/\partial p$ 可改写为：

$$\frac{\partial T}{\partial p}=\frac{\partial T}{\partial z}\frac{\partial z}{\partial p}=\gamma\frac{RT}{gp}$$

式中 $\gamma=-\dfrac{\partial T}{\partial z}$ 为环境温度垂直递减率。于是式 (1.94) 变为：

$$\left(\frac{\partial T}{\partial t}\right)_p+u\left(\frac{\partial T}{\partial x}\right)_p+v\left(\frac{\partial T}{\partial y}\right)_p-\alpha_*\frac{T}{p}\omega=\frac{\dot{Q}}{c_p} \tag{1.95}$$

式中$\alpha_*=\dfrac{(\gamma_d-\gamma)\,R}{g}$为静力稳定度参数，而$\gamma_d=g/c_p$为干绝热直减率。

应用静力学方程 (1.84) 以 $\partial\Phi/\partial p$ 代换 T，则式 (1.95) 又可改写成：

$$\left(\frac{\partial}{\partial t}+u\frac{\partial}{\partial x}+v\frac{\partial}{\partial y}\right)_p\frac{\partial\Phi}{\partial p}+\frac{C_\alpha^2}{p^2}\omega=-\frac{R\dot{Q}}{c_pp} \tag{1.96}$$

式中

$$C_\alpha^2=\alpha_*RT$$

式 (1.93)、(1.95) 和 (1.96) 都是经常应用的 p 坐标系中的热力学方程。

4.状态方程

由于在 p 坐标系中气压为一自变量，所以状态方程 $p=\rho RT$ 应改写为

$$\alpha=\frac{RT}{p} \tag{1.97}$$

式中$\alpha=1/\rho$。

5.基本方程组

由水平运动方程 (1.82)、静力学方程 (1.84)、连续方程 (1.90)、热力学方程 (1.96) 和状态方程 (1.97) 构成 p 坐标系中的大气运动基本方程组，即：

$$\begin{cases}\left(\dfrac{\mathrm{d}\boldsymbol{V}_h}{\mathrm{d}t}\right)_p=-\nabla_p\Phi-f\boldsymbol{k}\times\boldsymbol{V}_h+\boldsymbol{F}_h\\ \dfrac{\partial\Phi}{\partial p}=-\dfrac{RT}{p}\\ \nabla_p\cdot\boldsymbol{V}_h+\dfrac{\partial\omega}{\partial p}=0\\ \left(\dfrac{\partial}{\partial t}+u\dfrac{\partial}{\partial x}+v\dfrac{\partial}{\partial y}\right)_p\dfrac{\partial\Phi}{\partial p}+\dfrac{C_\alpha^2}{p^2}\omega=-\dfrac{RQ}{c_p p}\\ \alpha=\dfrac{RT}{p}\end{cases} \tag{1.98}$$

式中

$$\left(\frac{\mathrm{d}}{\mathrm{d}t}\right)_p=\left(\frac{\partial}{\partial t}\right)_p+u\left(\frac{\partial}{\partial x}\right)_p+v\left(\frac{\partial}{\partial y}\right)_p+\omega\frac{\partial}{\partial p} \tag{1.99}$$

式 (1.98) 为以 u、v、ω、Φ、T 和 ρ 为因变量的闭合的基本方程组。

求解基本方程组 (1.98) 也需要给出初始条件和边界条件。应当指出，与 z 坐标系的情形相同，p 坐标系中的地表面也不是一个常值坐标面。当有地形起伏时，地表面各处的气压相差很大，而且地表面气压还随时间变化。因此，p 坐标系中的下边界条件相当复杂。

综上所述，p 坐标系中的基本方程组有如下的优缺点：

（1）适用于等压面分析，可直接应用等压面图上的气象资料近似计算各气象要素的时间或空间的偏微商；

（2）连续方程的形式简单，密度 ρ 不在其中出现；

（3）用静力方程代替垂直运动方程，可把对天气变化影响小的垂直声波过滤掉；

（4）由于下边界条件难以处理，所以不适合采用 p 坐标系中的基本方程组来研究地形对大气运动的影响；

（5）由于采用了静力近似假定，所以不适合采用 p 坐标系中的基本方程组来研究小尺度运动的规律。

1.3.4 σ 坐标系中的方程组

由于等压面和地形相交，就会出现一些侧边界，这些侧边界条件在数值求解过程中处理会非常困难，同时在侧边界附近的梯度计算也会出现问题，相应的程序编写也会比较复杂。因此通常的数值模式大都采用追随地形的坐标系。σ 坐标系是 Phillips 在 1957 年首先提出来的，这种坐标系的下边界极为简单，也比较方便在数值试验中引入地形的作用。以下我们介绍 σ 坐标系的基本方程组。

在 σ 坐标系中，垂直坐标定义为：

$$\sigma = \frac{p - p_t}{p_s - p_t} = \frac{p - p_t}{p^*} \tag{1.100}$$

式中 p_t 是模式大气上界的气压，一般取为某一常数或者为 0（$p_t = 0$ 即为 Phillips 所设计的 σ 坐标系的垂直坐标），$p_s = p_s(x, y, t)$ 为地表气压，$p^* = p_s - p_t$。

在地表面上，尽管 $p_s = p_s(x, y, t)$ 随 x, y, t 不断变化，但是总有 $p = p_s, \sigma = 1$，因此 σ 坐标系的下边界是一个常数面。在大气上界，$p = p_t, \sigma = 0$，也为一个常数面。需要说明的是，σ 坐标系与 p 坐标系一样都随高度的增加而减少。

σ 坐标系中垂直速度为：

$$\dot{\sigma} = \frac{\mathrm{d}\sigma}{\mathrm{d}t} \tag{1.101}$$

由于大气的上、下边界都是一个常数面，因此当空气微团沿地表面运动时，总满足 $\dot{\sigma} = \dfrac{\mathrm{d}\sigma}{\mathrm{d}t} = 0$。因此 σ 坐标系的上、下边界（尤其是下边界）变得极为简单。可以表示为：

$$\sigma = 0, \qquad \dot{\sigma} = 0$$

$$\sigma = 1, \qquad \dot{\sigma} = 0$$

令 $s = \sigma = \dfrac{p - p_t}{p^*}$，显然在满足静力平衡的条件下，$\sigma$ 是气压的单调函数，同时也是 z 的单调函数，因此可以利用前面给出的普遍垂直坐标变换的关系式 (1.66) — (1.71) 进行变换，得到 σ 坐标系中的方程组。

1.静力学方程

$$\frac{\partial \Phi}{\partial \sigma} = -p^* \alpha \tag{1.102}$$

2.水平运动方程

$$\left(\frac{\mathrm{d}\boldsymbol{V}_h}{\mathrm{d}t}\right)_\sigma = -\nabla_\sigma \Phi + \frac{\sigma}{p^*}\frac{\partial \Phi}{\partial \sigma}\nabla p^* - f\boldsymbol{k} \times \boldsymbol{V}_h + \boldsymbol{F}_h \tag{1.103}$$

利用静力方程，气压梯度力可以改写成：

$$-\nabla_\sigma \varPhi + \frac{\sigma}{p^*}\frac{\partial \varPhi}{\partial \sigma}\nabla p^* = -\nabla_\sigma \varPhi - \alpha\sigma\nabla p^* \tag{1.104}$$

上式表明 σ 坐标系中的水平气压梯度力是由两项组成的，并且是两个大项之间的小差，一部分是互相抵消的。以地形陡峭地区为例（图 1.5），两项的近似计算为：

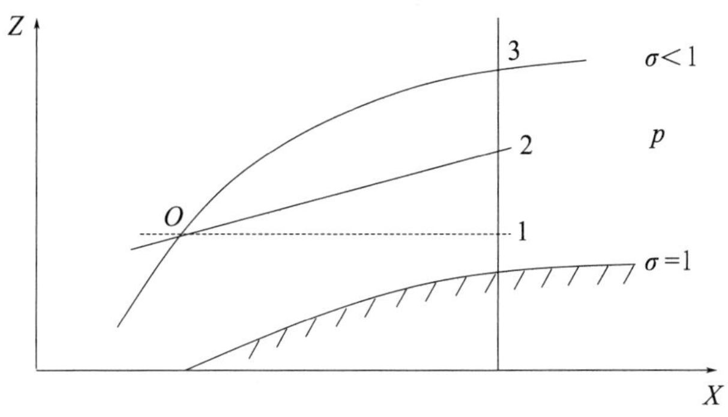

图 1.5 地形附近垂直剖面图

$$-\left(\frac{\partial \varPhi}{\partial x}\right)_p \cong -\frac{\varPhi_2-\varPhi_0}{\Delta x} = -\frac{\varPhi_2-\varPhi_1}{\Delta x}$$

$$-\frac{1}{\rho}\left(\frac{\partial p}{\partial x}\right)_\sigma = -\frac{1}{\rho}\left(\frac{p_3-p_0}{\Delta x}\right) = -\frac{1}{\rho}\left(\frac{p_3-p_2}{\Delta x}\right)$$

$$\begin{aligned}-\left(\frac{\partial \varPhi}{\partial x}\right)_\sigma &\cong -\frac{\varPhi_3-\varPhi_0}{\Delta x} = -\frac{\varPhi_3-\varPhi_1}{\Delta x}\\ &= -\frac{\varPhi_3-\varPhi_2}{\Delta x} - \frac{\varPhi_2-\varPhi_1}{\Delta x}\end{aligned}$$

在静力平衡条件下：

$$(p_3-p_2) = -\rho(\varPhi_3-\varPhi_2)$$

即：

$$-\frac{1}{\rho}\left(\frac{p_3-p_2}{\Delta x}\right) - \frac{\varPhi_3-\varPhi_2}{\Delta x} = 0$$

因此在静力平衡条件下，被抵消的那部分为 $(\varPhi_3-\varPhi_2)/\Delta x$。这一结果表明，低层大气的水平气压梯度力在 σ 坐标系下的计算存在较大的误差，这不仅来自两项的差分近似，也来自静力平衡方程的截断误差。直接计算这两项的误差在复杂地形下的低层大气尤为明显。这说明，尽管采用 σ 坐标系可使模式下边界变得非常简单，但它并没有完全解决复杂地形问题带来的困难，而是把 p 坐标系中下边界难以处理的问题转化为水平气压梯度力的精确计算问题。在实际的数值预报中，可以采用静力扣除法或者先在等压面上计算气压梯度力，然后再把它插值到等 σ 面上来处理。

3.连续方程

利用基本的转换关系，可以得到如下 σ 坐标系中的连续方程：

$$\frac{\partial p^*}{\partial t}+\nabla_\sigma\cdot(p^*\boldsymbol{V}_h)+\frac{\partial(p^*\dot{\sigma})}{\partial\sigma}=0 \tag{1.105}$$

这个连续方程不再是一个诊断方程，它与 p 坐标系的连续方程相比变得更为复杂。但在实际的数值模式设计中，它却是一个非常有用的方程，不仅可以预报地面的气压倾向，也可以用来诊断各个等 σ 面上的垂直速度。

利用上、下边界条件，可以得到地面气压倾向的预报方程：

$$\frac{\partial p^*}{\partial t}=-\int_0^1\nabla_\sigma\cdot(p^*\boldsymbol{V}_h)\mathrm{d}\sigma \tag{1.106}$$

由于 $p^*=p_s-p_t$，p_t 为常数，那么 $\dfrac{\partial p^*}{\partial t}=\dfrac{\partial p_s}{\partial t}$ 即是地面气压倾向的预报。这个方程表明：地表面某一点气压的局地变化率与该点之上整个单位截面积气柱内空气质量的辐散辐合密切相关。

利用连续方程从 0 到 σ 进行垂直积分，并利用下边界条件，则可以得到垂直速度 $\dot{\sigma}$ 的方程：

$$p^*\dot{\sigma}=-\int_0^\sigma\nabla_\sigma\cdot(p^*\boldsymbol{V}_h)\mathrm{d}\sigma-\sigma\frac{\partial p^*}{\partial t} \tag{1.107}$$

4.热力学方程

σ 坐标系中的热力学方程形式如下：

$$c_p\left(\frac{\mathrm{d}T}{\mathrm{d}t}\right)_\sigma-\alpha\left(\sigma\frac{\mathrm{d}p^*}{\mathrm{d}t}+p^*\dot{\sigma}\right)=\dot{Q} \tag{1.108}$$

5.状态方程

$$\alpha=\frac{RT}{\sigma p^*+p_t} \tag{1.109}$$

在实际的数值模拟实践中，还需要把预报方程改写成相应通量形式的方程，这种通量形式的方程易于构造守恒的差分格式，也便于讨论大气中的能量转换关系（见第 4 章）。

σ 坐标系的下边界条件非常简单，也便于讨论地形对大气运动的影响。但是，前面提到，σ 坐标系中的水平运动方程变得相对比较复杂，在地形陡峭的地区，气压梯度力很难精确计算。随着数值天气预报理论研究的进展和技术的进步，这个问题逐步得到改善。尽管 σ 坐标系存在一些问题，但它仍然是数值天气预报常用的一种坐标系，为其他追随地形坐标系的建立，提供了非常重要的指导作用。

§ 1.4　数值预报模式的若干概念

1.模式大气

实际大气包含了各种时空尺度的运动，其中发生的物理过程也是各种各样、复杂多变的。为了使数值天气预报得以实现，在不失大气主要特征的前提下，需要将非常复杂的大气理想化。这种简化后的大气模型所描述的大气称为模式大气。

2.噪声及危害

诸如重力波、声波这些对大尺度运动意义较小或几乎没有意义的快波。这些波动在气象上称为大尺度运动的“噪声”。直接利用原始方程做预报时，由于其中预报量比方程中的大项（如气压梯度力项、科氏力项等）小一个量级以上，若计算中不加任何处理，则由于资料及计算中的误差，容易使“噪声”被虚假地扩大，以致掩盖了有天气意义的运动。

3.大气数值模式

大气数值预报模式就是进行气候数值模拟预测和天气预报的数学方案。或者说，针对一定的模式大气，用以描述它的特征和运动规律的闭合方程组及其求解方法。

根据是否对模式进行简化，大致可以把模式划分如下，这种分类也反映出了模式的发展过程。

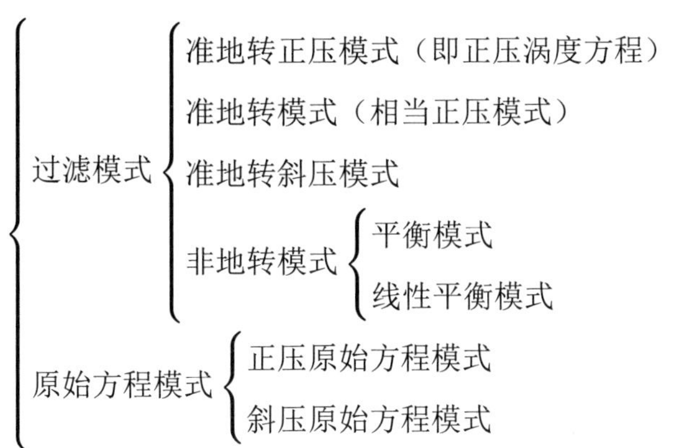

4.过滤模式

垂直方向取静力近似可以滤去垂直声波；水平无辐散或地转近似的假定可以滤去惯性

重力波，同时也可以滤去水平声波；这些滤波后的方程都意味着对基本方程的简化，它们构成过滤模式，描写经过简化的模式大气中的运动。近年来，随着模式技术的发展，已不再使用过滤模式。

复习思考题

1. 建立广义垂直坐标系的物理基础是什么？

2. 什么是数值天气预报？

3. 试说明局地直角坐标系（即 z 坐标系）中的运动方程与球坐标系中的运动方程有何异同？

4. 用球坐标导出下面两个方程：

$$\frac{\mathrm{d}\boldsymbol{i}}{\mathrm{d}t} = \frac{u}{r\cos\varphi}(\sin\varphi\boldsymbol{j} - \cos\varphi\boldsymbol{k})$$

$$\frac{\mathrm{d}\boldsymbol{j}}{\mathrm{d}t} = -\frac{u}{r}\tan\varphi\boldsymbol{i} - \frac{v}{r}\boldsymbol{k}$$

5. 由热力学方程 $c_v\dfrac{\mathrm{d}T}{\mathrm{d}t} + p\dfrac{\mathrm{d}\alpha}{\mathrm{d}t} = \dot{Q}$ 推导出如下方程：

$$c_v\frac{\mathrm{d}T}{\mathrm{d}t} - \alpha\omega = \dot{Q}, \qquad \left(\omega = \frac{\mathrm{d}p}{\mathrm{d}t}\right)$$

式中 $c_v\dfrac{\mathrm{d}T}{\mathrm{d}t}$ 为单位质量理想空气内能的变化率，c_v 为空气的比定容热容，$p\dfrac{\mathrm{d}\alpha}{\mathrm{d}t}$ 为可逆过程中单位质量非黏性气体在单位时间里膨胀所做的功。$\dot{Q}$ 为外界对单位质量空气的加热率。

6. 推导 p 坐标和 σ 坐标系下的大气运动基本方程组。

7. 简述 z 坐标、p 坐标和 σ 坐标系的优缺点。

8. 为什么说在地形陡峭处，σ 坐标系中水平气压梯度力是两个大值的小差？

9. 什么是地图投影系数？试推导地图投影坐标下的大气基本运动方程组。

第2章　数值计算方案

大气数值模式的控制方程组是一组复杂的非线性偏微分方程组，不可能找到一个普遍的解析求解方法，只能采用数值方法求离散方程的近似解。常用的数值方法有：（1）差分方法，采用差商代替微商，使得偏微分方程组变成差分方程组，可以用代数方法求解；（2）谱方法，利用适当的基函数（如球谐函数），把解展开成有限项的线性组合，将对一个变量预测的问题转化为预报展开系数的问题；（3）有限元方法，把偏微分方程问题变成相应的泛函极小问题，以变分原理为基础，又吸收差分方法的思想而发展起来的新方法。

在这三种方法中，差分方法最为简便，应用最广泛，本章主要介绍差分方法的基础知识。

§ 2.1　微分方程的差分化

2.1.1　差分近似

对于充分光滑的函数，其导数是当自变量的增量趋于 0 时，因变量的增量与自变量的增量之商的极限。对于大气系统而言，实际使用的网格距 Δx 与方程所描述运动的特征尺度相比，是一个很小的量，因此可以采用变量的增量与自变量的增量之商来近似表示导数，即采用与求导数相反的过程得到相应的差分方程。

差分运算一般取等距网格点，空间格点之间的距离称为格距，时间格点之间的距离称为步长。常用 d 或 Δx 表示空间格距，用 Δt 表示时间步长。在二维空间中实现网格覆盖的基本方法常见有三种，一种是矩形覆盖，一种是三角形覆盖，第三种是正六边形覆盖，虽然矩形覆盖计算精度比三角形差些，但其在程序化方面最容易实现，因此一般的网格覆盖大都采用矩形网格。

设计算区域为二维矩形区域，取适当间隔 Δx，Δy 的平行直线群对齐进行分割（图 2.1）。其中，直线群的全体叫网格，其交点叫网格点。Δx 和 Δy 分别称为在 x 方向和 y 方向的格距。编号为 (i,j) 的网格点 (x_i,y_j) 表示其坐标位置。

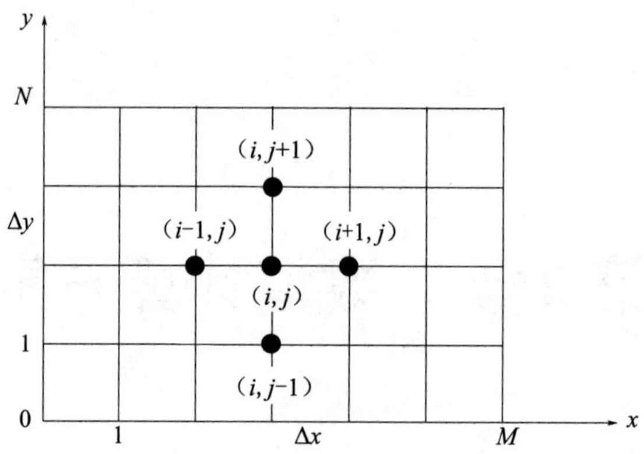

图 2.1 二维空间网格

设：

$$
\begin{aligned}
x &= i\Delta x, \qquad i = 0, 1, 2, \cdots, M \\
y &= j\Delta y, \qquad j = 0, 1, 2, \cdots, N
\end{aligned}
\tag{2.1}
$$

点 (i, j) 处的函数 $f = f(i, j)$ 的值 $f_{i,j}$ 表示为：

$$
f_{i,j} = f(x_i, y_j) = f(i\Delta x, j\Delta y) \tag{2.2}
$$

引入时间维：

$$
t = n\Delta t, \qquad n = 0, 1, 2, \cdots, K \tag{2.3}
$$

则点 (i, j, n) 处的函数 $f = f(i, j, n)$ 的值 $f_{i,j}^n$ 表示为：

$$
f_{i,j}^n = f(x_i, y_j, t^n) = f(i\Delta x, j\Delta y, n\Delta t) \tag{2.4}
$$

一般地，关于空间的差分标记在下标，时间的差分标记在上标。

实际问题中，有时要求非等距分割，即：

$$
\begin{cases}
x_i - x_{i-1} = \Delta x_{i-1} \neq \text{常数} \\
y_i - y_{i-1} = \Delta y_{i-1} \neq \text{常数} \\
t^n - t^{n-1} = (\Delta t)^{n-1} \neq \text{常数}
\end{cases}
\tag{2.5}
$$

这样，就可以用网格点的标号 (i, j, n) 来表示时空区域 (x, y, t) 中点的位置。

由于气象场具有很好的光滑性，因此可以将函数 f 在 x 点展开为泰勒级数的形式。以一元函数 $f(x)$ 为例，设网格如图 2.2 所示，则有：

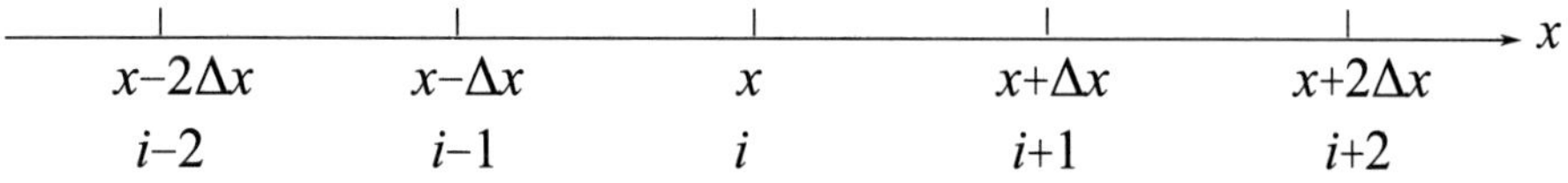

$x-2\Delta x$　$x-\Delta x$　x　$x+\Delta x$　$x+2\Delta x$

$i-2$　$i-1$　i　$i+1$　$i+2$

图 2.2　一维空间网格划分

$$f(x+\Delta x)=f(x)+f^{'}(x)\Delta x+\frac{1}{2!}f^{''}(x)(\Delta x)^2+\cdots+\frac{1}{n!}f^{(n)}(x)(\Delta x)^n+\cdots \tag{2.6}$$

$$f(x-\Delta x)=f(x)+f^{'}(x)(-\Delta x)+\frac{1}{2!}f^{''}(x)(-\Delta x)^2+\cdots+\frac{1}{n!}f^{(n)}(x)(-\Delta x)^n+\cdots \tag{2.7}$$

这样可以得到：

$$f^{'}(x)=\frac{f(x+\Delta x)-f(x)}{\Delta x}+O(\Delta x) \tag{2.8}$$

$$f^{'}(x)=\frac{f(x)-f(x-\Delta x)}{\Delta x}+O(\Delta x) \tag{2.9}$$

式中 $O(\Delta x)$ 表示余项。引入格点标号，则可以写成：

$$f_i{'}=\frac{f_{i+1}-f_i}{\Delta x}+O(\Delta x) \tag{2.10}$$

$$f_i{'}=\frac{f_i-f_{i-1}}{\Delta x}+O(\Delta x) \tag{2.11}$$

此外还可以得到：

$$f_i{'}=\frac{f_{i+1}-f_{i-1}}{2\Delta x}+O(\Delta x^2) \tag{2.12}$$

这三种差分格式分别称为向前差、向后差和中央差分格式。前两个格式具有一阶精度，中央差分格式具有二阶精度。采用类似的方法还可以构造更高精度的差分格式，例如四阶精度的差分格式为：

$$f_i{'}=\frac{\frac{4}{3}(f_{i+1}-f_{i-1})-\frac{1}{6}(f_{i+2}-f_{i-2})}{2\Delta x}+O(\Delta x^4) \tag{2.13}$$

这种四阶精度的差分格式利用了n周围四个网格点的函数值，增加了计算量，同时也增加了边界条件的处理，因此经常采用的是中央差分格式。用差商代替微商所产生的误差称为截断误差。可以采用如下方法来估计截断误差：设 f 为谐波函数 $f(x)=A\sin(\mu x)$，那么中央差商与微商的比值为：

$$R = \frac{f_{i+1} - f_{i-1}}{2\Delta x} \Big/ \left(\frac{\partial f}{\partial x}\right)_i = \frac{\sin(\frac{2\pi}{L}\Delta x)}{(\frac{2\pi}{L}\Delta x)} \tag{2.14}$$

根据式 (2.14) 可以得到表 2.1：

表 2.1 差商相对误差与波长的关系

$L/\Delta x$	2	4	6	8	10	12	∞
R	0	0.6366	0.8269	0.9002	0.9355	0.9549	1.0

由表 2.1 可见，对于波长为 $4\Delta x$ 以下的波，误差很大，要求相对误差低于 10%，波长须在 $8\Delta x$ 以上。对于二阶导数，可以类似地得到：

$$f_i'' = \frac{f_{i+1} + f_{i-1} - 2f_i}{\Delta x^2} + O(\Delta x^2) \tag{2.15}$$

对于二元函数 $f(x,y)$ 的拉普拉斯 (Laplace) 算子，若 $\Delta x = \Delta y = d$，则有如下的差分格式：

$$\nabla^2 f_i^j = \frac{(f_i^{j+1} + f_i^{j-1} + f_{i+1}^j + f_{i-1}^j - 4f_i^j)}{d^2} + O(d^2) \tag{2.16}$$

有些气象问题，如 Laplace 方程，涉及二阶微分：

$$\frac{\partial^2\psi}{\partial x^2} + \frac{\partial^2\psi}{\partial y^2} = 0 \qquad \text{其中，} \psi = \psi(x,y) \tag{2.17}$$

利用泰勒展开得：

$$\psi(x+\Delta x, y) = \psi(x,y) + \frac{\partial\psi}{\partial x}\Delta x + \frac{\partial^2\psi}{\partial x^2}\frac{(\Delta x)^2}{2!} + \frac{\partial^3\psi}{\partial x^3}\frac{(\Delta x)^3}{3!} + \cdots \tag{2.18}$$

$$\psi(x-\Delta x, y) = \psi(x,y) + \frac{\partial\psi}{\partial x}(-\Delta x) + \frac{\partial^2\psi}{\partial x^2}\frac{(-\Delta x)^2}{2!} + \frac{\partial^3\psi}{\partial x^3}\frac{(-\Delta x)^3}{3!} + \cdots \tag{2.19}$$

类似可以得到：

$$\frac{\partial^2\psi}{\partial^2 x} = \frac{\psi_{i+1,j} - 2\psi_{i,j} + \psi_{i-1,j}}{\Delta x^2} - \frac{\partial^4\psi}{\partial x^4}\frac{\Delta x^2}{12} - \cdots \tag{2.20}$$

$$\frac{\partial^2\psi}{\partial^2 y} = \frac{\psi_{i,j+1} - 2\psi_{i,j} + \psi_{i,j-1}}{\Delta y^2} - \frac{\partial^4\psi}{\partial y^4}\frac{\Delta y^2}{12} - \cdots \tag{2.21}$$

该式具有二阶精度，余项为 $O(d^2)$。

令 $\Delta x = \Delta y = d$，易知 Laplace 方程的差分格式可表示为：

$$\frac{\psi_{i+1,j} + \psi_{i-1,j} + \psi_{i,j+1} + \psi_{i,j-1} - 4\psi_{i,j}}{d^2} = 0$$

对时间域也可以做类似的离散化。

2.1.2　一维线性平流方程的离散化

考虑一维简谐运动，m 表示质量，a 是强迫常数，v 和 x 分别表示速度和位置，则振子的运动方程满足：

$$\frac{\mathrm{d}x}{\mathrm{d}t} = v, \quad \frac{\mathrm{d}v}{\mathrm{d}t} = -\frac{a}{m}x \tag{2.22}$$

令 $\boldsymbol{U}$ 表示系统状态矢量，$\boldsymbol{L}$ 表示线性矩阵算子，则：

$$\boldsymbol{U} = (x, v) \qquad \boldsymbol{L} = \begin{pmatrix} 0 & 1 \\ -\dfrac{a}{m} & 0 \end{pmatrix} \tag{2.23}$$

振子的运动方程可改写为：

$$\frac{\mathrm{d}\boldsymbol{U}}{\mathrm{d}t} = \boldsymbol{LU} \qquad \text{或} \qquad \frac{\partial \boldsymbol{U}}{\partial t} = \boldsymbol{LU} \tag{2.24}$$

以一维传导方程为例：

$$\boldsymbol{L} = \frac{\partial}{\partial x}K\frac{\partial}{\partial x} \tag{2.25}$$

则热传导系数为 K 的扩散方程为：

$$\frac{\partial T}{\partial t} - \frac{\partial}{\partial x}K\frac{\partial T}{\partial x} = 0 \tag{2.26}$$

对于整个时间系统的状态可以作为初始方程的解得到：

$$\frac{\partial \boldsymbol{U}}{\partial t} = \boldsymbol{LU}, \qquad \boldsymbol{U}(r, 0) = \boldsymbol{U}^0 \tag{2.27}$$

对上式中各阶导数都用差商来近似，可以得到初值问题差分方程的一般形式：

$$\boldsymbol{U}^{n+1} = \boldsymbol{H}(\Delta x_1, \Delta x_2, \Delta x_3, \Delta t^n)\boldsymbol{U}^n \qquad \boldsymbol{H}\ \text{表示差分算子} \tag{2.28}$$

上式中，差分算子 $\boldsymbol{H}$ 不唯一：取决于时间和空间的差分格式；另外，考虑到差分方程和微分方程的不同近似程度，则需要设计不同的差分格式。因此，需要对一个差分格式进行有效性、可靠性检验。

对方程 (2.24)，设 $U = f(x, t)$，$L = c\dfrac{\partial}{\partial x}$，$c$ 为常数，则形如

$$\frac{\partial f}{\partial t} + c\frac{\partial f}{\partial x} = 0, \quad c > 0 \tag{2.29}$$

的差分方程称为一维线性平流方程。

给定初值条件：$t=0$，$f(x,0)=F(x)$，可以求得其解析解：

$$f(x,t)=F(x-ct),\quad t>0 \tag{2.30}$$

一维线性平流方程的若干差分格式：

$$\frac{f_i^{n+1}-f_i^n}{\Delta t}+c\frac{f_{i+1}^n-f_i^n}{\Delta x}=0,\qquad R=O(\Delta t,\Delta x) \tag{2.31}$$

$$\frac{f_i^{n+1}-f_i^n}{\Delta t}+c\frac{f_i^n-f_{i-1}^n}{\Delta x}=0,\qquad R=O(\Delta t,\Delta x) \tag{2.32}$$

$$\frac{f_i^{n+1}-f_i^n}{\Delta t}+c\frac{f_{i+1}^n-f_{i-1}^n}{2\Delta x}=0,\qquad R=O(\Delta t,(\Delta x)^2) \tag{2.33}$$

以上三个公式表示把平流方程的时间导数取向前差分，而空间导数分别取为向前、向后和中央差分。相应地，时间精度为一阶，空间精度分别为一阶、一阶和二阶。

由于平流过程是大气运动的主要物理过程，因此，本章主要以一维线性方程为例进行讨论。

2.1.3 差分方程的相容性、收敛性与稳定性

如果用差分方程代替微分方程，那么从直观上来看，当时间步长、空间步长等减小至 0 时，差分方程应逼近微分方程，这就是差分方程相容性问题。

定义：差分方程和微分方程的差别大小与步长的某一次方同阶，当步长 Δt、Δx 等趋于 0 时，差分方程无限逼近微分方程，满足这一要求的差分格式，称为与相应的微分方程相容的（或一致的）差分格式。

一个差分格式的精确度，可用差分方程的截断误差 R 来量度：

$$R=\text{差分方程}-\text{微分方程}$$

对于平流方程中央差分格式，其截断误差为：

$$R=\frac{f_i^{n+1}-f_i^{n-1}}{2\Delta t}+c\frac{f_{i+1}^n-f_{i-1}^n}{2\Delta x}-\left(\frac{\partial f}{\partial t}+c\frac{\partial f}{\partial x}\right) \tag{2.34}$$

将 $f_i^{n\pm1}$ 和 $f_{i\pm1}^n$ 展开成泰勒级数：

$$f_i^{n\pm1}=f_i^n\pm\frac{\partial f}{\partial t}\frac{\Delta t}{1!}+\frac{\partial^2 f}{\partial t^2}\frac{\Delta t^2}{2!}\pm\frac{\partial^3 f}{\partial t^3}\frac{\Delta t^3}{3!}+\cdots \tag{2.35}$$

$$f_{i\pm1}^n=f_i^n\pm\frac{\partial f}{\partial x}\frac{\Delta x}{1!}+\frac{\partial^2 f}{\partial x^2}\frac{\Delta x^2}{2!}\pm\frac{\partial^3 f}{\partial x^3}\frac{\Delta x^3}{3!}+\cdots \tag{2.36}$$

将此式代入上式，就有：

$$R = \frac{\partial^3 f}{\partial t^3}\frac{\Delta t^2}{6} + \frac{\partial^3 f}{\partial x^3}\frac{\Delta x^2}{6} + \Delta t \text{ 和 } \Delta x \text{ 的高阶形式} \tag{2.37}$$

或简单写成：

$$R = O\left(\Delta t^2\right) + O\left(\Delta x^2\right) \tag{2.38}$$

即 R 与 $O\left(\Delta t^2\right)$、$O\left(\Delta x^2\right)$ 同阶，显然 Δt、$\Delta x \to 0$，$R \to 0$，即此差分格式与微分方程是相容的，当 Δt、$\Delta x \to 0$，差分方程逼近微分方程。

定义微分方程的准确解 F 与实际求出的数值解 F_N 的差为实际误差：

$$F - F_N = (F - F_D) + (F_D - F_N)$$

式中 F_D 为差分方程准确解，$F - F_D$ 可称**截断误差**；而 $F_D - F_N$ 可称之**舍入误差**或**稳定性误差**。这说明，实际误差由截断误差和舍入误差组成。

直观分析告诉我们，要想得到微分方程的近似数值解，就要求当差分方程步长趋于 0 时，F_D 趋于 F，即解的截断误差 $F - F_D$ 趋于 0；并且舍入误差 $F_D - F_N$ 的积累不随所取的时间步长的增加而按指数增加，即舍入误差是有界函数。前者是所谓相容性问题，后者则是计算稳定性问题。

定义：如果对于一确定的时间 $T = n\Delta t$，在给定的积分区域内，当空间和时间步长趋于 0 时，差分方程的解逼近微分方程的解（即解的截断误差 $F - F_N$ 趋于 0），则称差分方程的解是收敛的。相容性与收敛性有何种关系呢？

以一维线性平流方程为例：

$$\frac{\partial u}{\partial t} + c\frac{\partial u}{\partial x} = 0, \qquad c > 0$$

其准确解为 $u(x,t)=F(x-ct)$，它表明 (x,t) 空间任意一点 P 的值只由初始点 Q 的值确定。PQ 称为特征线（图2.3）。

对差分方程 $\dfrac{u_i^{n+1} - u_i^n}{\Delta t} + c\dfrac{u_i^n - u_{i-1}^n}{\Delta x} = 0$，$P$ 点的解存在一个依赖区，即图中 AB 线段内的空心圆点。

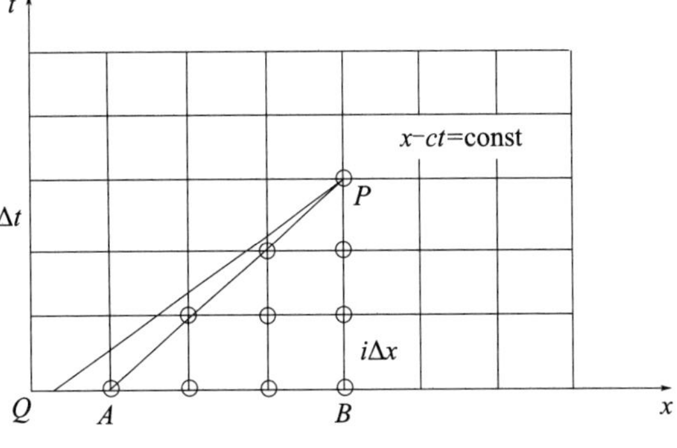

图 2.3　特征线与收敛域

如果让 Δt 和 Δx 趋于 0，但始终使 $|\dfrac{c\Delta t}{\Delta x}| \geqslant 1$，则 Q 点的初值与 AB 中点的初值毫无关系，即差分方程的解和微分方程的解无关，差分解也不会收敛到微分解。这就说明相容性并不能保证收敛性。

定义：对于任意足够小的时间步长 Δt 和 $n\Delta t$ 小于一确定的时间 τ 内（即 $0 < \Delta t < \tau$，

$0 \leqslant n\Delta t \leqslant \tau$)，差分方程解是初值的一致有界函数，则称差分格式是稳定的。

相容性、收敛性、稳定性是用差分方法求微分方程数值解中三个最基本的概念，相容性问题容易讨论，收敛性问题难于研究，因为微分方程的解和差分方程的精确解是不知道的。稳定性问题也不难讨论。Lax 曾讨论了相容性、收敛性、稳定性之间的关系，证明了一个“等价”定理，现叙述如下。

Lax 等价定理：对于一个线性微分方程的适定初值问题，若其差分方程是相容的，稳定性条件是收敛性的充分与必要条件。

由于有 Lax 定理，因此，用差分方法求微分方程的数值解最重要的问题是差分格式的计算稳定性和精确度。

2.1.4 计算稳定性及其分析方法

用差分方法求数值解的过程中，计算是按时间逐层进行的。在计算第 $n+1$ 层的 f_i^{n+1} 时，要用到第 n 层的 f_i^n。因此，计算 f_i^n 时的舍入误差必然会影响到第 $n+1$ 层以及更后层次上的 f_i^{n+1}，f_i^{n+2}，$\cdots$ 的值。如果差分格式的计算误差随计算的进行变得越来越大，数值解就被歪曲得越来越严重，甚至无法计算下去，则称格式是不稳定的。差分格式的稳定性对于模式设计特别重要。稳定性可以理解为：（1）对于充分小的 Δt，如果数值解一直是初值的有界函数，称其是稳定的；（2）在真解有界的情况下，一个初始扰动，在数值求解过程中随着时间积分步数 $n \to \infty$（无界），则称差分格式是不稳定的；（3）随着时间积分步数 n 的增加，如果累计的舍入误差总是可以忽略不计的，则称差分格式是稳定的。

那么，如何判断差分方程的解是否有界？如何判断舍入误差是否会在计算中无限增长？

由上节讨论可知，造成模式计算误差的两个主要来源是：（1）截断误差，它是由差分方程模拟微分方程的近似中造成的，这种误差依赖于时间步长和空间格距；（2）舍入误差，它是由计算机的精度造成的。

通常分析差分格式的稳定性有以下几种方法：（1）直接证明差分格式的有界性；（2）采用能量法来证明差分格式的稳定性；（3）采用谐波分析的方法。其中采用谐波分析的方法最为有效和方便，因此主要介绍谐波分析的方法。

设差分方程可以写成：

$$F_i^{n+1} = L(F_i^n), \quad L\text{为预报模式} \tag{2.39}$$

初值表示为：

$$F_i^0 = A_0 \mathrm{e}^{Iki\Delta x} \tag{2.40}$$

$$I^2 = -1 \tag{2.41}$$

设解的形式为：

$$F_i^n = A_0 G^n \mathrm{e}^{Iki\Delta x} \tag{2.42}$$

式中 $G^n = \mathrm{e}^{-I\omega n\Delta t}$ 为振幅放大因子或增幅因子，它可以是复数；ω 为圆频率；k 为波数。显然计算的稳定性条件为 $|G| \leqslant 1$。换言之，对差分格式稳定性的判断可转化为判断振幅放大因子 $|G|$ 是否有界（$\leqslant 1$）。

以一维线性平流方程为例介绍谐波分析法的过程。

$$\frac{\partial f}{\partial t} + c\frac{\partial f}{\partial x} = 0, \qquad c > 0\text{为常数} \tag{2.43}$$

方程的准确解为：

$$f(x,t) = F(x - ct) \tag{2.44}$$

离散化的差分方程为：

$$\frac{f_i^{n+1} - f_i^n}{\Delta t} + c\frac{f_i^n - f_{i-1}^n}{\Delta x} = 0 \Rightarrow f_i^{n+1} = (1-\beta)f_i^n + \beta f_{i-1}^n, \qquad \beta = c\frac{\Delta t}{\Delta x} \tag{2.45}$$

设 $f_i^n = A^n \mathrm{e}^{Ikx_i}$，代入上式得：

$$A^{n+1} = (1-\beta)A^n + \beta A^n \mathrm{e}^{-Ik\Delta x} \tag{2.46}$$

求解得增幅因子：

$$G = \frac{A^{n+1}}{A^n} = (1-\beta) + \beta \mathrm{e}^{-Ik\Delta x} \tag{2.47}$$

$$|G|^2 = 1 - 4\beta(1-\beta)\sin^2\frac{k\Delta x}{2} \tag{2.48}$$

易知，$0 \leqslant \beta \leqslant 1$ 时，$|G|^2 \leqslant 1$。因此，该格式为条件稳定，$0 \leqslant \beta \leqslant 1$ 是该格式稳定的充分条件。

§ 2.2　时间积分方案

大气模式的空间差分格式与时间积分格式对数值模式（预报）建立是非常重要的。空间差分格式的设计需要较好地描述大气中的各种波动过程，尤其是大气发展演变过程中地转适应问题。这部分内容将在后续章节介绍。同时数值预报和模拟积分方案都需要进行长时间的数值积分，因此选择计算稳定、计算精度高同时又能够节省计算时间的积分格式显得尤为重要。通常的时间积分格式有显式格式、隐式格式、半隐式格式和时间分离格式等，各种格式有其优缺点，在数值模式设计时需要有针对性地选择。

2.2.1 显式与隐式差分概述

显式差分格式（explicit difference scheme）： 指的是用前一个时间层的函数值求出后一个时间层的函数值的计算方案。该差分方法可实现逐层逐点分别进行求解（图 2.4）。

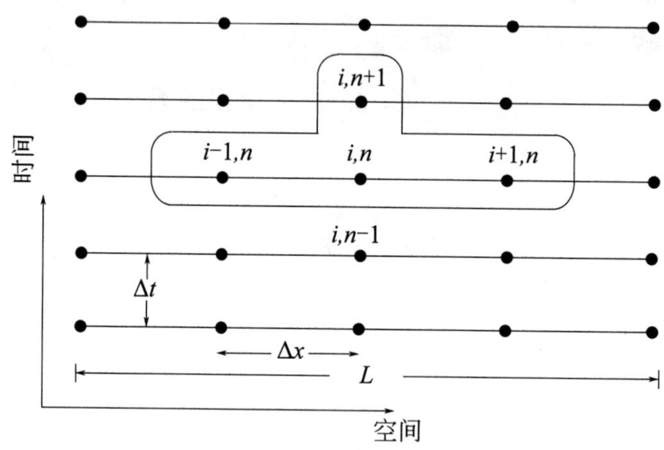

图 2.4 显式差分格式示意图

$$Y(t+\Delta t) = F(Y(t))$$

显式格式的特点是：求解过程中不需要联立解方程组；时间步长和空间步长的选择受限制，即通常要求时间步长足够小。

以线性扩散方程为例：

$$\frac{\partial T}{\partial t} = k\frac{\partial^2 T}{\partial x^2}$$

上式离散化为显式格式：

$$\frac{T_i^{n+1} - T_i^n}{\Delta t} = k\frac{T_{i+1}^n - 2T_i^n + T_{i-1}^n}{(\Delta x)^2} \tag{2.49}$$

整理得：

$$T_i^{n+1} = T_i^n + k\Delta t\frac{T_{i+1}^n - 2T_i^n + T_{i-1}^n}{(\Delta x)^2}$$

可以看出，该差分方程的左端为单点上 $n+1$ 时刻的值，而右端则为多点上 n 时刻的值。该格式时间层为一阶精度，空间层为二阶精度。尽管该格式结构简洁，可直接求解，求解速度快。但是，时间步长须满足：$0 < \dfrac{k\Delta t}{(\Delta x)^2} < 0.5$， 显式差分格式才能得到稳定的数值解，否

则，数值解将会不稳定而振荡。

隐式差分格式（implicit difference scheme）：指的是在差分方程的右端还包含有后一个时间层的函数值，该函数值是求解时的未知量（图 2.5）。

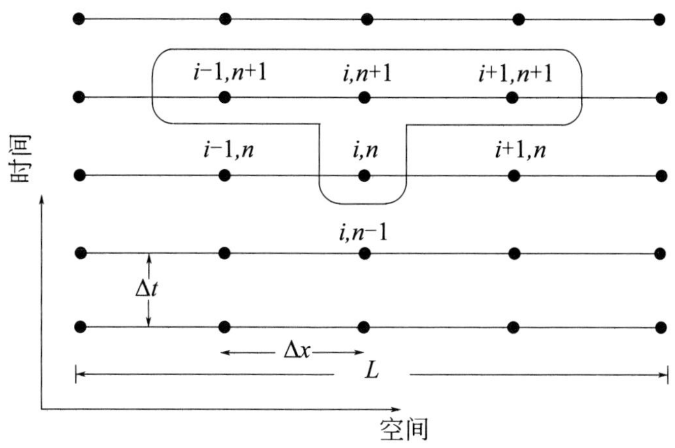

图 2.5　隐式有限差分格式示意图

$$G(Y(t),Y(t+\Delta t))=0$$

隐式格式的特点是：求解过程中需要联立解方程组；时间步长和空间步长的选择不受限制。

以线性扩散方程为例：

$$\frac{\partial T}{\partial t}=k\frac{\partial^2 T}{\partial x^2}$$

上式离散化为隐式格式：

$$\frac{T_i^{n+1}-T_i^n}{\Delta t}=k\frac{T_{i+1}^{n+1}-2T_i^{n+1}+T_{i-1}^{n+1}}{(\Delta x)^2} \tag{2.50}$$

令 $s=k\dfrac{\Delta t}{(\Delta x)^2}$，整理得：

$$-sT_{i+1}^{n+1}+(1+2s)T_i^{n+1}-sT_{i-1}^{n+1}=T_i^n$$

可以看出，该差分方程的左端为多点上 $n+1$ 时刻的值，右端为单点上 n 时刻的值。该格式时间层为一阶精度，空间层为二阶精度。尽管该格式是无条件稳定的，可以适当取较大的时间步长，但当网格点数量相当大时，计算量较大。

将以上得到的显式和隐式格式写为如下形式：

$$\frac{T_i^{n+1}-T_i^n}{\Delta t}=k\theta\left[\frac{T_{i+1}^{n+1}-2T_i^{n+1}+T_{i-1}^{n+1}}{(\Delta x)^2}\right]+k(1-\theta)\left[\frac{T_{i+1}^n-2T_i^n+T_{i-1}^n}{(\Delta x)^2}\right]$$

式中，$0 \leqslant \theta \leqslant 1$，可以看出：

$\theta = 0$ 时，上式为显式格式，时间前差（Forward-Time），空间中央差（Central-Space）；

$\theta = 1$ 时，上式为隐式格式，时间后差（Backward-Time），空间中央差（Central-Space）。

2.2.2　显式格式

1.欧拉格式

一维线性平流方程的欧拉格式为：

$$u_i^{n+1} = u_i^n - \frac{c\Delta t}{2\Delta x}(u_{i+1}^n - u_{i-1}^n) \tag{2.51}$$

即时间微商取向前差分，空间微商取中央差分。欧拉格式包含了两个时间层，其截断误差为 $O[(\Delta t),(\Delta x)^2]$。设形式解为：

$$u_i^n = G^n \mathrm{e}^{Iki\Delta x} \tag{2.52}$$

代入式 (2.51)，化简整理可得：

$$G = 1 - c\frac{\Delta t}{2\Delta x}(\mathrm{e}^{Ik\Delta x} - \mathrm{e}^{-Ik\Delta x}) \tag{2.53}$$

利用欧拉公式，式 (2.53) 可进一步整理为：

$$G = 1 - c\frac{\Delta t}{\Delta x}I\sin k\Delta x \tag{2.54}$$

因此：

$$|G|^2 = 1 + \left(\frac{c\Delta t}{\Delta x}\sin k\Delta x\right)^2 > 1 \tag{2.55}$$

由此可见，对任何波长的波，欧拉格式的增幅因子总大于 1，即波幅随时间的增长而增长。因此，欧拉格式是绝对不稳定格式。

2.迎（逆）风格式

一维线性平流方程的迎/逆风格式为：

$$u_i^{n+1} = u_i^n - \frac{c\Delta t}{\Delta x}(u_i^n - u_{i-1}^n) \tag{2.56}$$

即时间微商取向前差分，空间微商取向后差分。若 $c > 0$，可以认为空间差分是“迎风”取的，u_{i+1}^n 的值只受上游（相对于传播方向而言）影响，式 (2.56) 称迎风格式。若 $c < 0$，则空间差分是“逆风”取的，对 $c < 0$ 而言，式 (2.56) 则应称逆风格式。式 (2.56) 的截断误差为 $O(\Delta t) + O(\Delta x)$。如果 u 是温度，c 是风速，当根据温度平流预报温度变化时，自然要

看上游情况，而迎风格式正体现了这点。迎风格式有时用于湿度预报方程中，尽管格式是衰减的，但可避免利用中央差分可能出现湿度是负值的情况。

我们主要分析 $c>0$ 的特征，$c<0$ 的特征可以类似得到。把波形解 $u_i^n = G^n \mathrm{e}^{Iki\Delta x}$ 代入上面的差分方程，则可以得到增幅因子为：

$$G = 1 - \lambda(1 - \cos k\Delta x + I\sin k\Delta x) \tag{2.57}$$

$$|G|^2 = [1 - \lambda(1 - \cos k\Delta x)]^2 + \lambda^2 \sin^2 k\Delta x \tag{2.58}$$

$$|G| = \sqrt{1 + 2\lambda(\cos k\Delta x - 1)(1 - \lambda)} \tag{2.59}$$

式中 $\lambda = c\dfrac{\Delta t}{\Delta x}$，只须 $2\lambda(\cos k\Delta x - 1)(1-\lambda) \leqslant 0$，迎风格式稳定。因为 $\cos k\Delta x \leqslant 1$，$\cos k\Delta x - 1 \leqslant 0$，所以只要 $\lambda \leqslant 1$，不等式就能成立。如果 $c<0$，则 $\lambda \leqslant 0$，则上面的不等式不成立，差分格式就不稳定。

在稳定的情况下 $(\lambda \leqslant 1)$ 只有当 $\lambda = 1$，或者 $k \to 0(L \to \infty)$ 时 $|G| = 1$，差分解不增幅也不减幅，否则都是减幅的。这种减幅作用称为阻尼性。

实际的分析表明，当 $\lambda = 0.5$ 时，振幅的衰减最大。随着 λ 的减小或者增大，振幅衰减变小。波长越短，振幅衰减越厉害。

将波形解

$$u_i(t) = \mathrm{e}^{-I\omega t} \cdot \mathrm{e}^{Iki\Delta x} = \mathrm{e}^{I(ki\Delta x - \omega t)} \tag{2.60}$$

代入迎风格式 (2.56) 中得：

$$\mathrm{e}^{Iki\Delta x} \cdot \mathrm{e}^{-I\omega t}(-Iw) = -c\frac{1}{\Delta x}\mathrm{e}^{-I\omega t}[\mathrm{e}^{Iki\Delta x} - \mathrm{e}^{Ik(i-1)\Delta x}] \tag{2.61}$$

就可以得到：

$$-I\omega = -c\frac{1}{\Delta x}[1 - \mathrm{e}^{-Ik\Delta x}] \tag{2.62}$$

差分格式的相速度和真解的相速度的比值为：

$$\frac{C_E}{C} = \frac{1}{\lambda k\Delta x}\arctan\frac{\lambda \sin k\Delta x}{1 - \lambda(1 - \cos k\Delta x)} \tag{2.63}$$

同振幅一样，对于越短的波，相速度误差越大。

迎风格式也是具有阻尼特性的。将 u 在时刻 n 和格点 i 处进行泰勒展开，截断到二阶项

$$\begin{cases} u_i^{n+1} \approx u_i^n + \dfrac{\partial u}{\partial t}\Delta t + \dfrac{1}{2}\dfrac{\partial^2 u}{\partial t^2}\Delta^2 t \\ u_{i-1}^n \approx u_i^n - \dfrac{\partial u}{\partial x}\Delta x + \dfrac{1}{2}\dfrac{\partial^2 u}{\partial x^2}\Delta^2 x \end{cases} \tag{2.64}$$

然后代入差分方程则会得到：

$$\frac{\partial u}{\partial t}+c\frac{\partial u}{\partial x}=\frac{1}{2}c\Delta x\left(1-c\frac{\Delta t}{\Delta x}\right)\frac{\partial^2 u}{\partial x^2}=\gamma\frac{\partial^2 u}{\partial x^2} \tag{2.65}$$

可以看到方程增加了一个人工扩散项：$\gamma=\frac{1}{2}c\Delta x\left(1-c\frac{\Delta t}{\Delta x}\right)$。当 $\lambda=c\frac{\Delta t}{\Delta x}=1$ 时，$\gamma=0$，否则在 $\lambda<1$ 的情况下，γ 总是大于 0，因此扩散项的作用使得计算的场变得平滑。

3.中央差格式（蛙跳格式）

一维线性平流方程的中央差分格式为：

$$\begin{cases} u_i^{n+1}=u_i^{n-1}-c\dfrac{\Delta t}{\Delta x}(u_{i+1}^n-u_{i-1}^n) \\ u_i^0=f_i \end{cases} \tag{2.66}$$

设波形解

$$u_i^n=G^n\mathrm{e}^{Iki\Delta x} \tag{2.67}$$

代入式 (2.66) 得：

$$G^{n+1}\mathrm{e}^{Iki\Delta x}=G^{n-1}\mathrm{e}^{Iki\Delta x}-c\frac{\Delta t}{\Delta x}G^n[\mathrm{e}^{Ik(i+1)\Delta x}-\mathrm{e}^{Ik(i-1)\Delta x}] \tag{2.68}$$

得到：

$$G=G^{-1}-c\frac{\Delta t}{\Delta x}(2I\sin k\Delta x) \tag{2.69}$$

上式两边同乘以 G：

$$G^2+2c\frac{\Delta t}{\Delta x}(I\sin k\Delta x)\cdot G-1=0 \tag{2.70}$$

令 $\varOmega=c\frac{\Delta t}{\Delta x}(\sin k\Delta x)$，$\lambda=c\frac{\Delta t}{\Delta x}$，则上式变为：

$$G^2+2\varOmega IG-1=0 \tag{2.71}$$

解得根为：

$$G=-I\varOmega\pm(1-\varOmega^2)^{\frac{1}{2}} \tag{2.72}$$

当 $|\varOmega|>1$ 时，

$$|G|^2 = [-\Omega \pm \sqrt{\Omega^2 - 1}]^2 \tag{2.73}$$

可以知道 $|G|^2 > 0$ 时，u_i^n 增长。由于式（2.73）中的两个值中总有一个是大于 1 的，因此格式是不稳定的。由于实际计算时各种波长的波都会出现，只有保证所有的波计算都稳定，格式才是稳定的。

可以看出，当 $|\Omega| \leqslant 1$ 时，即 $c\dfrac{\Delta t}{\Delta x} \leqslant 1$ 或 $\Delta t \leqslant \dfrac{\Delta x}{c}$ 时，$|G|^2 = 1$，此时该格式计算稳定。

因此，一维线性平流方程的中央差分格式为条件稳定性格式，它的线性计算稳定条件为：

$$c\frac{\Delta t}{\Delta x} \leqslant 1 \quad 或 \quad \Delta t \leqslant \frac{\Delta x}{c}$$

此即为著名的 CFL 稳定性条件，由 Courant、Friedrichs 和 Lewy 三人于 1982 年得出。该条件是保证线性差分格式 (2.66) 计算稳定性的充分条件。

CFL 条件表明，在进行线性差分计算时，为使计算稳定，时间步长 Δt 与空间步长 Δx 之间必须满足一定的关系，这就是时间步长要小于波动通过一个空间格距所需的时间。由此可知，对于快波（如声波、重力波），波速 c 大，则 Δt 必须取小；而对慢波（如大气长波、超长波），波速 c 小，则 Δt 可以取较大值。在数值预报中，由于过滤模式不包含快波，故时间步长可以取较大值(约 1 小时)；而原始方程模式中包含了快波，则 Δt 一般取 10 分钟左右，从而使计算量大大增加。

2.2.3 隐式格式

1.后差格式

仍以一维线性平流方程为例，其向后隐式格式为：

$$\frac{u_i^{n+1} - u_i^n}{\Delta t} = -c\frac{u_{i+1}^{n+1} - u_{i-1}^{n+1}}{2\Delta x} \tag{2.74}$$

设形式解为：

$$u_i^n = G^n \mathrm{e}^{Iki\Delta x} \tag{2.75}$$

代入式 (2.74)，可得增幅因子为：

$$G = \frac{1}{1 + Ic\dfrac{\Delta t}{\Delta x}\sin k\Delta x} \tag{2.76}$$

增幅因子的模为：

$$|G| = \frac{1}{\left[1+\left(\frac{c\Delta t}{\Delta x}\right)^2(\sin k\Delta x)^2\right]^{\frac{1}{2}}} \tag{2.77}$$

显然，增幅率 $|G|<1$，格式是绝对稳定的，解是指数衰减的。但衰减率与波速有关，即与波长有关，所以有选择性衰减特征。

由式 (2.74) 可看出，要求解 u_i^{n+1}，必须要知道 u_{i+1}^{n+1} 和 u_{i-1}^{n+1}，但它们也是待求出的。因此必须同时求出各网格点上 $n+1$ 时间层的值，这就需要解一个与网格点同数目的联立线性代数方程组，不像蛙跳格式，只要知道 $n-1$，n 时间层网格点上 f 值，便可逐点推出 $(n+1)$ 时刻 f 值，故称此格式为"隐式"格式。尽管向后隐式格式是绝对稳定格式，时间步长似乎可任意取，但是步长愈大，精度就愈差，步长愈大，$|G|$ 就愈小，解衰减就愈迅速，这是不可取的，再加上它要解一个庞大的线性代数方程组，计算量大，所以在气象上一般不采用此格式。

2.梯形格式

为了构造一个无衰减、中性稳定的新的隐式格式，将平流方程写在时间层 $(n+\frac{1}{2})$ 上，由于在 $(n+\frac{1}{2})$ 时间层上没有 u 的值，可以用 n 和 $n+1$ 时间层的平均值来代替，这样便得到如下的梯形隐式格式：

$$\begin{aligned} u_i^{n+1} &= u_i^n - c\frac{\Delta t}{2\Delta x}(\overline{u}_{i+1}-\overline{u}_{i-1}) \\ &= u_i^n - c\frac{\Delta t}{4\Delta x}(u_{i+1}^{n+1}-u_{i-1}^{n+1}+u_{i+1}^n-u_{i-1}^n) \end{aligned} \tag{2.78}$$

式中 $\overline{u}_i=\frac{1}{2}(u_i^{n+1}+u_i^n)$，每一个方程有三个未知数（即 3 个 $n+1$ 时刻的值），方程组必须联立求解。类似地，可以求出该格式的增幅因子为：

$$G = \frac{1-\frac{\lambda}{2}I\sin k\Delta x}{1+\frac{\lambda}{2}I\sin k\Delta x} \tag{2.79}$$

式中

$$\lambda = c\frac{\Delta t}{\Delta x} \tag{2.80}$$

进而可知，$|G|^2=1$。因此，该格式是中性无条件稳定的。换言之，无论 $c\frac{\Delta t}{\Delta x}$ 取什么值，计算总是稳定的，同时格式也没有阻尼作用。

不难证明，该格式的截断误差为 $O(\Delta t^2)+O(\Delta x^2)$。现讨论截断误差所造成的相速和群速误差。由式 (2.78) 可知：

$$u_i^n = Gu_i^{n-1} = G^2u_i^{n-2} = \cdots = G^n u_i^0 \tag{2.81}$$

初始条件为：

$$u_i^0 = A\mathrm{e}^{Iki\Delta x} \tag{2.82}$$

则

$$u_i^n = AG^n\mathrm{e}^{Iki\Delta x} \tag{2.83}$$

G 为复数，写成极坐标形式：

$$G = \left(\frac{1 - I\left(c\dfrac{\Delta t}{\Delta x}\right)\sin k\Delta x}{1 + I\left(c\dfrac{\Delta t}{\Delta x}\right)\sin k\Delta x}\right) = \frac{\left(c\dfrac{\Delta t}{\Delta x}\right)\mathrm{e}^{-I\alpha}}{\left(c\dfrac{\Delta t}{\Delta x}\right)\mathrm{e}^{I\alpha}} = \mathrm{e}^{-I2\alpha} \tag{2.84}$$

于是：

$$u_i^n = A\mathrm{e}^{Ik(i\Delta x - 2n\frac{\alpha}{k})} \tag{2.85}$$

该格式计算相速 C_I 为：

$$C_I = \frac{2\alpha}{k\Delta t} = \frac{2\arctan\left(\dfrac{c\Delta t}{2\Delta x}\sin k\Delta x\right)}{k\Delta t} \tag{2.86}$$

真解相速 $C=c$，表 2.2 给出了梯形隐式格式在取不同的 $c\dfrac{\Delta t}{\Delta x}$ 值条件下 $\dfrac{C_I}{C}$ 随波长的变化。可以看出，波长相等，$c\dfrac{\Delta t}{\Delta x}$ 愈大，$\dfrac{C_I}{C}$ 愈小，所以梯形隐式格式取较大的时间步长虽仍可保持计算稳定，但 Δt 愈大，计算相速就愈小，系统移动速度的误差愈大。如果时间步长比蛙跳格式大一倍，相速 C_I 准确度至少降低 10 %。因此一般来说取梯形隐式格式，系统移动速度误差比蛙跳格式（显式格式）还要大。 真解群速 $C_g = C = c$，是非频散波。梯形隐式格式的计算群速 C_{gI} 与波数有关，为：

$$C_{gI} = \frac{\mathrm{d}kC_I}{\mathrm{d}k} = c\frac{\cos k\Delta x}{1 + \left(\dfrac{c\Delta t}{2\Delta x}\sin k\Delta x\right)^2} \tag{2.87}$$

表 2.2 梯形隐式格式的C_I/C

$L/\Delta x$	$U\Delta t/\Delta x=1$	$U\Delta t/\Delta x=2$	$U\Delta t/\Delta x=3$
2	0	0	0.25
3	0.39	0.34	0.25
4	0.59	0.50	0.35
6	0.78	0.68	0.50
8	0.86	0.78	0.61
12	0.94	0.89	0.75
24	0.98	0.97	0.91

类似地，也可推导得出蛙跳格式的群速 C_{gE} 为：

$$C_{gE}=\frac{\mathrm{d}kC_E}{\mathrm{d}k}=c\frac{\cos k\Delta x}{\left[1-\left(\frac{c\Delta t}{2\Delta x}\sin k\Delta x\right)^2\right]^{\frac{1}{2}}} \tag{2.88}$$

通过计算比较可知，当 $c\dfrac{\Delta t}{\Delta x}<1$ 时，长波分量 $(L\gg 4\Delta x)$ 的 C_{gE}，C_{gI} 都接近真解 C，但都小于 C_g，对于短波误差就很大，$L<4\Delta x$ 时，计算群速 C_{gE}，C_{gI} 成负值，$L=2\Delta x$ 时，$C_{gE}=C_{gI}=0$，这种情形下通量都是向 c 的相反方向传播，因而在基本气流上游会产生虚假的短波系统，造成要素场紊乱现象。比较这两种格式，在低波数范围内蛙跳格式比梯形隐式格式更接近真解，特别是当 $c\dfrac{\Delta t}{\Delta x}$ 很大时， 梯形隐式格式的计算群速和真解相差很大。

如前所述，实际计算过程中，隐式格式不能直接逐点来进行预报，需要把所有的网格点联立起来，求解一个代数方程组才能得到预报值。由于隐式差分格式中每一个点在计算时仅与临近的几个点有关系，如果网格点数量相当大时，这样构成的代数方程组实际上是一个稀疏矩阵构成的线性代数方程组。无论采取消去法还是迭代法，都会增加计算量。虽然隐式格式计算复杂，但格式绝对稳定，可以取较大的时间步长，节省计算机时，格式无计算解。

2.2.4 迭代格式

1.欧拉–后差格式

欧拉格式是一种非常简单的格式，但是这种格式是计算不稳定的，因此在实际过程中很少单独使用。后差格式是一种绝对稳定的隐式格式，这样可以利用欧拉格式和后差格式构建一个预测一校正系统，就是通常所谓的欧拉–后差格式。该格式每积分一步相当于进行一步迭代，故为迭代格式。差分格式如下：

$$u^{*n+1}_i=u_i^n-c\frac{\Delta t}{2\Delta x}(u_{i+1}^n-u_{i-1}^n)$$

$$u_i^{n+1} = u_i^n - c\frac{\Delta t}{2\Delta x}(u^*{}_{i+1}^{n+1} - u^*{}_{i-1}^{n+1}) \tag{2.89}$$

对这两个式子进行化简，消去 $u^*{}_i^{n+1}$ 可得：

$$\frac{u_i^{n+1} - u_i^n}{\Delta t} = -c\frac{u_{i+1}^n - u_{i-1}^n}{2\Delta x} + c^2\Delta t\frac{u_{i+2}^n - 2u_i^n + u_{i-2}^n}{(2\Delta x)^2} \tag{2.90}$$

$\Delta x \to 0$ 时，差分方程的最后一项趋于 $c^2\Delta t\dfrac{\partial^2 u}{\partial x^2}$，相当于给方程增加了一个扩散项。

$$c^2\Delta t\frac{u_{i+2}^{n+1} - 2u_i^n + u_{i-2}^{n+1}}{(2\Delta x)^2} = -\Delta t\left(\frac{c}{\Delta x}\text{sin}k\Delta x\right)^2 u_i^n \tag{2.91}$$

可以根据上式分析这个扩散项对差分解的影响，令 $K = \Delta t\left(\dfrac{c}{\Delta x}\text{sin}k\Delta x\right)^2$，$K \geqslant 0$，可以看到 K 值与波长有关。当 $k\Delta x = \dfrac{\pi}{2}$，即 $4\Delta x$ 的波，$K \to K_{\max}$ 具有最大的衰减作用；当 $k\Delta x = \pi$，即 $2\Delta x$ 的波，$K \to 0$，没有衰减作用，因此不适宜用欧拉–后差格式来求解平流方程。以上的分析可以看出这种格式具有选择性衰减作用，波速愈快，衰减愈快。

这种格式的增幅因子为：

$$G = 1 - \lambda^2\text{sin}^2 k\Delta x - I\lambda\text{sin}k\Delta x \tag{2.92}$$

$$\Rightarrow \quad |G|^2 = 1 - \lambda^2\text{sin}^2 k\Delta x + \lambda^4\text{sin}^4 k\Delta x \tag{2.93}$$

只要 $|\lambda| \leqslant 1$，即 $|G| \leqslant 1$，格式是稳定的。格式的计算相速度与准确相速度的比值为：

$$\frac{C_E}{C} = \left(\frac{1}{\lambda k\Delta x}\right)\text{arctan}\frac{-\lambda\text{sin}k\Delta x}{1 - \lambda^2\text{sin}^2 k\Delta x} \leqslant 1 \tag{2.94}$$

根据计算，格式的增幅因子除 $|\lambda| = 1$ 和 $L = 2\Delta x$ 时为 1 外，其他情况均小于 1，具有阻尼性质。欧拉–后差格式计算比较简单，格式很稳定，计算精度较低，格式涉及两个时间层，没有计算解；这种格式最大的特点是具有选择性衰减的功能。此外从计算量上来看，欧拉–后差格式对于一个方程需要计算两次，这将大大增加计算量，因此一般不单独长时间使用这种格式。在计算实践中，一般与其他的格式交替使用，以保证计算稳定，提高计算精度和节省机时。

2.赫恩格式

$$\begin{cases} u^*{}_i^{n+1} = u_i^n - c\dfrac{\Delta t}{2\Delta x}(u_{i+1}^n - u_{i-1}^n) \\ u_i^{n+1} = u_i^n - \dfrac{1}{2}\left[c\dfrac{\Delta t}{2\Delta x}(u_{i+1}^n - u_{i-1}^n) + c\dfrac{\Delta t}{2\Delta x}(u^*{}_{i+1}^{n+1} - u^*{}_{i-1}^{n+1})\right] \end{cases} \tag{2.95}$$

令 $\lambda = c\dfrac{\Delta t}{2\Delta x}$，对这两个式子进行化简，消去 u_i^{*n+1}，可以得到：

$$u_i^{n+1} = u_i^n - \frac{\lambda}{2}\left[2u_{i+1}^n - 2u_{i-1}^n + \lambda(2u_i^n - u_{i+2}^n - u_{i-2}^n)\right] \tag{2.96}$$

设 $u_i^n = G^n \mathrm{e}^{Iki\Delta x}$，代入上式得：

$$G = 1 - \frac{\lambda}{2}\left[2\mathrm{e}^{Ik\Delta x} - 2\mathrm{e}^{-Ik\Delta x} + \lambda(2 - \mathrm{e}^{2Ik\Delta x} - \mathrm{e}^{-2Ik\Delta x})\right] \tag{2.97}$$

利用欧拉公式化简得：

$$\begin{aligned} G =& 1 - \lambda\left[2I\mathrm{sin}k\Delta x + \lambda(1 - \mathrm{cos}2k\Delta x)\right] \\ =& 1 - 2\lambda I\mathrm{sin}k\Delta x - \lambda^2(1 - \mathrm{cos}2k\Delta x) \end{aligned} \tag{2.98}$$

故 $|G|^2 = \left[1 - \lambda^2(1 - \cos 2k\Delta x)\right]^2 + (2\lambda \sin k\Delta x)^2$。易知，无论 $\lambda = \dfrac{c\Delta t}{2\Delta x}$ 取何值，总会有 $|G| > 1$。因此，赫恩格式为绝对不稳定格式。

2.2.5 半隐式格式

半隐式格式是综合显示格式与隐式格式的优点而设计的一种时间积分格式。数值预报中包含多种波动，一般分为快波和慢波。在数值计算过程中，如果对这两种波产生的因子进行分别处理，在保证计算稳定的前提下，那么就可以达到节约计算时间的目的。对方程：

$$\frac{\partial u}{\partial t} = -c\frac{\partial u}{\partial x}, \quad c > 0 \tag{2.99}$$

令 $u = Y(t)\mathrm{e}^{Ikx}$，则有：

$$\frac{\mathrm{d}Y}{\mathrm{d}t} = -IkcY = F \tag{2.100}$$

考虑两种波动产生的因子 F_1 和 F_2，分别取为：

$$\begin{cases} F_1 = -IkUY \\ F_2 = -Ik(c - U)Y \end{cases} \tag{2.101}$$

其中 U 为基本气流，F_1 和 F_2 分别表示慢波和快波产生的因子，对它们分别采用显式和隐式的格式，则可以得到：

$$\frac{Y^{n+1} - Y^{n-1}}{2\Delta t} = F_1^n + \frac{F_2^{n+1} + F_2^{n-1}}{2} \tag{2.102}$$

令 $\alpha = kU\Delta t$，$\beta = k(c-U)\Delta t$，则有：

$$\begin{cases} (1+I\beta)Y^{n+1} = -2I\alpha Y^n + (1-I\beta)Y^{n-1} \\ Y^n = Y^n \end{cases} \tag{2.103}$$

可以得到关于 (Y^{n+1}, Y^n) 的方程系数矩阵的特征值为：

$$\begin{cases} \lambda_1 = \dfrac{1}{1-I\beta}\left(I\alpha + \sqrt{1+\beta^2-\alpha^2}\right) \\ \lambda_2 = \dfrac{1}{1-I\beta}\left(I\alpha - \sqrt{1+\beta^2-\alpha^2}\right) \end{cases} \tag{2.104}$$

若 $1+\beta^2 > \alpha^2$，则满足 $|\lambda| = 1$，差分格式为中性，λ_1 对应物理解，λ_2 对应计算解。

如果 Y 是快波解，则 $c-U=\sqrt{gH}$，H 为流体平均深度，$|\beta| = k\sqrt{gH}\Delta t$，而 $|U| \ll \sqrt{gH}$，则 $k^2U^2\Delta t^2 < 1 + k^2 gH\Delta t^2$，那么 $1+\beta^2 > \alpha^2$ 成立。

若 Y 是慢波解，则 $c \simeq U$，β 很小，那么 $1+\beta^2 > \alpha^2$ 变成 $\alpha^2 < 1$。回到原来的平流方程，把其进行离散化，代入 U 的波动解得到 $F = -Ikc\dfrac{\sin k\Delta x}{k\Delta x}Y$，$\alpha = \dfrac{U\Delta t}{\Delta x}\sin k\Delta x$，那么稳定性条件变为：

$$\left(\frac{U\Delta t}{\Delta x}\sin k\Delta x\right)^2 < 1 \Longrightarrow \tag{2.105}$$

$$\Delta t < \frac{\Delta x}{U} \tag{2.106}$$

则这种差分格式对快波解和慢波解都适用。

2.2.6　时间分离格式

实际的数值模拟和预报中通常采用原始方程，从大气动力学的基本理论知道，大气运动主要表现为两种过程，一种是适应过程，一种是演变过程。这两种过程的时间尺度存在明显的差异，同时在这两种过程中方程中起主要作用的项也不同。时间分离的积分方案采用不同的时间步长对大气中的平流、适应和湍流交换三种过程进行数值积分。

以正压原始方程组为例介绍，正压原始方程组为：

$$\begin{cases} \dfrac{\partial \boldsymbol{V}}{\partial t} + (\boldsymbol{V}\cdot\nabla)\boldsymbol{V} + f\boldsymbol{k}\times\boldsymbol{V} + g\nabla z = 0 \\ \dfrac{\partial z}{\partial t} + \boldsymbol{V}\cdot\nabla z + z\nabla\cdot\boldsymbol{V} = 0 \end{cases} \tag{2.107}$$

式中 $\boldsymbol{V}$ 为二维水平风速，$\boldsymbol{k}$ 为垂直方向的单位矢量。边界条件的处理在南北向取刚壁、东西向取周期性条件，这样系统的总能量守恒。

控制方程的分离是显式时间分离格式非常重要的基础。平流过程是一种慢过程，它与方程中的各种物理量的平流项有关。适应过程是一种快过程，它与气压梯度力和科氏力的不平衡性以及大气的辐散辐合密切相关。基于这样的考虑，原始方程组可以分离为如下两种过程的方程组：

（1）平流方程组

$$\begin{cases} \dfrac{\partial \boldsymbol{V}}{\partial t} = -(\boldsymbol{V} \cdot \nabla)\boldsymbol{V} \\ \dfrac{\partial z}{\partial t} = -\boldsymbol{V} \cdot \nabla z \end{cases} \tag{2.108}$$

（2）适应方程组

$$\begin{cases} \dfrac{\partial \boldsymbol{V}}{\partial t} = -f\boldsymbol{k} \times \boldsymbol{V} - g\nabla z \\ \dfrac{\partial z}{\partial t} = -z\nabla \cdot \boldsymbol{V} \end{cases} \tag{2.109}$$

然后分别对这两个方程进行离散化，需要注意的是，在离散化过程中对适应过程和演变过程方程组采用相同的空间格距，但是采用不同的时间步长，对适应方程组采用小的时间步长 δt，对于演变过程采用大的时间步长 Δt，$\Delta t = M\delta t$。这样可以对适应方程组和演变方程组进行同时的积分就可以达到既保持计算稳定，又能节省计算机资源的目的。数值计算时既可以先积分平流方程组，再积分适应方程组；也可以先积分适应方程组，再积分平流方程组。这样，在一个完整的积分周期中，其形式存在不同。

设：

$$\boldsymbol{F}^n = \begin{pmatrix} u^n \\ v^n \\ z^n \end{pmatrix} \tag{2.110}$$

先积分平流方程组，再积分适应方程组的形式为:

$$\boldsymbol{F}^{n+1} = [I + \boldsymbol{B}(d, \delta t)]^M [I + \boldsymbol{A}(d, \Delta t)]\boldsymbol{F}^n \tag{2.111}$$

先积分适应方程组，再积分平流方程组的形式为:

$$\boldsymbol{F}^{n+1} = [I + \boldsymbol{A}(d, \Delta t)][I + \boldsymbol{B}(d, \delta t)]^M \boldsymbol{F}^n \tag{2.112}$$

式中 I 为单位矩阵，$\boldsymbol{A}$ 和 $\boldsymbol{B}$ 分别为计算平流过程和适应过程中预报变量时间变化率的矩阵，d 为格距。上面的公式说明在一个完整的积分周期中矩阵 $\boldsymbol{B}$ 参与 M 次运算，而 $\boldsymbol{A}$ 只参与一次运算。

§ 2.3　差分方程的计算解

差分方程中如果包含三个时间层，会使差分方程增加一个虚假的计算解。下面以一维线性平流方程的中央差分格式（蛙跳格式）为例介绍。

对于初值为 $u(x,0)=\mathrm{e}^{Ikx}$ 的一维线性平流方程：

$$\frac{\partial u}{\partial t}+c\frac{\partial u}{\partial x}=0 \qquad (c>0) \tag{2.113}$$

其解为：

$$u(x,t)=\mathrm{e}^{Ik(x-ct)} \tag{2.114}$$

可以看出，微分方程的相速度为 c，且唯一。

在 2.2.2 节讨论蛙跳格式中，当 $|\varOmega|\leqslant 1$ 即 $c\dfrac{\Delta t}{\Delta x}\leqslant 1$ 时：

$$|G|^2=1 \tag{2.115}$$

此时，差分方程 (2.66) 中性稳定，方程包含 2 个根，分别是：

$$G_1=-I\varOmega+(1-\varOmega^2)^{\frac{1}{2}} \tag{2.116}$$

$$G_2=-I\varOmega-(1-\varOmega^2)^{\frac{1}{2}} \tag{2.117}$$

将以上两个根分别写为如下指数形式：

$$G_1=A_1\mathrm{e}^{-I\omega\Delta t} \tag{2.118}$$

$$G_2=A_2\mathrm{e}^{I(\pi+\omega\Delta t)} \tag{2.119}$$

方程 (2.118) 和 (2.119) 中：

$$\omega\Delta t=\arcsin\left(\frac{c\Delta t}{\Delta x}\sin k\Delta x\right) \tag{2.120}$$

将式 (2.118) — (2.120) 代入 $u_i^n=G^n\mathrm{e}^{Iki\Delta x}$ 可得：

$$\begin{aligned}u_i^n&=A_1\mathrm{e}^{I(ki\Delta x-n\omega\Delta t)}+A_2\mathrm{e}^{I(ki\Delta x+n\pi+n\omega\Delta t)}\\&=A_1\mathrm{e}^{Ik(i\Delta x-\frac{\omega}{k}n\Delta t)}+(-1)^nA_2\mathrm{e}^{Ik(i\Delta x+\frac{\omega}{k}n\Delta t)}\end{aligned} \tag{2.121}$$

其中用到了 $e^{in\pi}=(-1)^n$。设初值为：

$$u_i^0=e^{Iki\Delta x} \tag{2.122}$$

代入方程 (2.121) 中得：

$$u_i^n=A_1e^{Ik(i\Delta x-\frac{\omega}{k}n\Delta t)}+(-1)^n(1-A_1)e^{Ik(i\Delta x+\frac{\omega}{k}n\Delta t)} \tag{2.123}$$

当 $n=1$ 时，用向前差起步得：

$$u_i^1=u_i^0-c\frac{\Delta t}{2\Delta x}(u_{i+1}^0-u_{i-1}^0) \tag{2.124}$$

联立式 (2.122) — (2.124) 可得：

$$A_1=\frac{1+\cos\omega\Delta t}{2\cos\omega\Delta t} \tag{2.125}$$

$$1-A_1=-\frac{1-\cos\omega\Delta t}{2\cos\omega\Delta t} \tag{2.126}$$

将式 (2.125) 和 (2.126) 代入方程 (2.123) 可得：

$$u_i^n=\frac{1}{2\cos\omega\Delta t}\left[(1+\cos\omega\Delta t)e^{Ik(i\Delta x-\frac{\omega}{k}n\Delta t)}-(-1)^n(1-\cos\omega\Delta t)e^{Ik(i\Delta x+\frac{\omega}{k}n\Delta t)}\right] \tag{2.127}$$

由式 (2.114) 可知，初值为 $u(x,0)=e^{Ikx}$，一维线性平流方程（微分方程）的真解为：$u(x,t)=e^{Ik(x-ct)}$，方程的相速度为 c 且唯一，表明方程仅有一个波。然而，差分方程的解，即式 (2.127) 中为两个波的叠加，一个波的相速度为 $\frac{\omega}{k}$，当 $c\frac{\Delta t}{\Delta x}=1$ 时，$\frac{\omega}{k}=c$ 与微分方程的解向同一方向移动，称为“物理解”；另一个波的相速度为 $-\frac{\omega}{k}=c$，当 $c\frac{\Delta t}{\Delta x}=1$ 时，$\frac{\omega}{k}=-c$ 与微分方程的解向反方向移动，称为“计算解”或“寄生波”。

中央差分格式数值计算简单。由于计算解在奇数步和偶数步解会出现发散的现象，因此格式不够稳定，需要在时间积分过程中附加时间和空间平滑措施。虽然格式的计算精度高 $[O(\Delta t)^2]$，但涉及三个时间层，存在计算解。一般为了减小初始积分的计算解的振幅，可以采用“三步法”的时间积分方案，即在前两个时步分别采用以 $\frac{\Delta t}{2}$ 为时间步长的前差和中央差，此后一直使用以 Δt 为时间步长的中央差。如对方程：

$$\frac{\partial \boldsymbol{F}_{i,j}}{\partial t}=\boldsymbol{A}_{i.j}\boldsymbol{F}_{i,j} \tag{2.128}$$

式中的 $\boldsymbol{F}$ 为列向量函数，$\boldsymbol{A}$ 为矩阵算子。“三步法”的时间积分方案可写为：

$$\begin{cases} \boldsymbol{F}_{i,j}^{n+\frac{1}{2}} = \boldsymbol{F}_{i,j}^{n} + \dfrac{\Delta t}{2}\boldsymbol{A}_{i,j}^{n}\boldsymbol{F}_{i,j}^{n} \\ \boldsymbol{F}_{i,j}^{n+1} = \boldsymbol{F}_{i,j}^{n} + \Delta t\boldsymbol{A}_{i,j}^{n+\frac{1}{2}}\boldsymbol{F}_{i,j}^{n+\frac{1}{2}} \\ \boldsymbol{F}_{i,j}^{n+2} = \boldsymbol{F}_{i,j}^{n} + 2\Delta t\boldsymbol{A}_{i,j}^{n+1}\boldsymbol{F}_{i,j}^{n+1} \end{cases} \tag{2.129}$$

§ 2.4　空间差分格式与大气中有关物理过程

采用数值方法来研究和预报大气运动的特征，预报变量进行空间离散化后应该能够准确描述大气中的物理过程。例如在原始方程模式中，对初始场、边界条件和计算产生的误差很敏感，在设计它的数值求解方案时需要更加仔细。我们主要从空间变量的配置与地转适应过程的描述和守恒格式的构造两个方面来进行说明。

2.4.1　变量的空间配置与地转适应过程

地转适应是大气中非常重要的物理过程，在这一过程中，重力波的频散效应对于地转平衡的建立起到非常重要的作用。原始方程预报模式至少有三个预报变量 u、v、$\Phi(T)$，这些变量在网格上可能有不同的分布方式。Winninghoff（1968）发现用差分方程模拟地转适应过程的近似程度与变量的空间分布方式有密切关系。现以一维问题为例进行说明。

研究适应问题时可以略去平流项，这在大气动力学中有详细的讨论。将方程线性化有如下的方程组：

$$\begin{cases} \dfrac{\partial u}{\partial t} - fv + g\dfrac{\partial z}{\partial x} = 0 \\ \dfrac{\partial v}{\partial t} + fu = 0 \\ \dfrac{\partial z}{\partial t} + H\dfrac{\partial u}{\partial x} = 0 \end{cases} \tag{2.130}$$

设方程组的解为：

$$\begin{cases} u = U\exp\left[I(kx - \omega t)\right] \\ v = V\exp\left[I(kx - \omega t)\right] \\ z = H\exp\left[I(kx - \omega t)\right] \end{cases} \tag{2.131}$$

代入方程组 (2.131)：

$$\begin{cases} U\exp\left[I(kx-\omega t)\right](-I\omega)-fV\exp\left[I(kx-\omega t)\right]+gH\exp\left[I(kx-\omega t)\right](Ik)=0 \\ V\exp\left[I(kx-\omega t)\right](-I\omega)+fU\exp\left[I(kx-\omega t)\right]=0 \\ H\exp\left[I(kx-\omega t)\right](-I\omega)+HU\exp\left[I(kx-\omega t)\right](Ik)=0 \end{cases} \tag{2.132}$$

消去 $\exp\left[I(kx-\omega t)\right]$，可得到：

$$\begin{cases} -IU\omega-fV+gHIk=0 \\ V(-I\omega)+fU=0 \\ H(-I\omega)+HU(Ik)=0 \end{cases} \tag{2.133}$$

进一步可以得到：

$$\begin{cases} I\omega fV=-I^2\omega^2U+I^2\omega kgH \\ I\omega fV=f^2U \\ U=\dfrac{\omega}{k} \end{cases} \tag{2.134}$$

联立方程组 (2.134) 中前两个方程可得：

$$f^2U=\omega^2U-gH\omega k \tag{2.135}$$

再联立方程组 (2.134) 中的第三个方程得：

$$f^2\frac{\omega}{k}=\omega^2\frac{\omega}{k}-gH\omega k \tag{2.136}$$

即：

$$\frac{f^2}{k}=\frac{\omega^2}{k}-gHk \tag{2.137}$$

可以得到惯性重力波的频率:

$$\omega^2=f^2+gHk^2 \tag{2.138}$$

只要 $H\neq 0$，频率 ω 就是波数 k 的单调递增函数，因而群速度 $c_g=\dfrac{\mathrm{d}\omega}{\mathrm{d}k}$ 不等于 0，惯性重

力波能量以群速度频散，最后达到准地转平衡运动。现在考虑差分方程能不能保持这种性质。取如下四种变量的分布形式（图2.6），变量会出现“跳点”配置，即不同变量在网格点上交错排列。

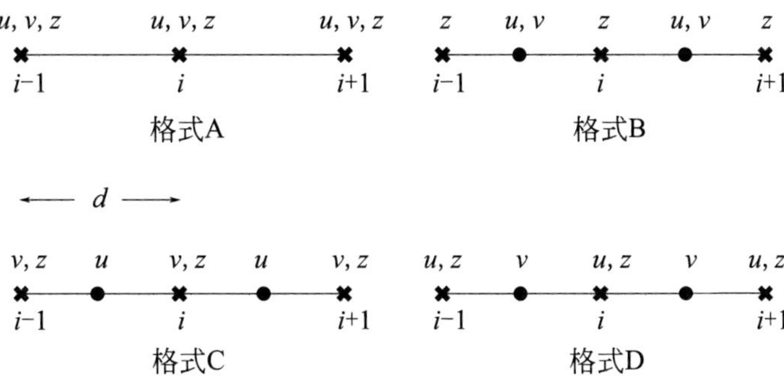

图 2.6　一维网格的地转适应过程中变量分布

方程中的时间微商仍保持微分形式，只考虑空间差分。为了书写方便引入如下常用的算符：

$$\begin{cases} \overline{\alpha}^{x} = \dfrac{1}{2}(\alpha_{i+\frac{1}{2}} + \alpha_{i-\frac{1}{2}}) \\ \dfrac{\partial \alpha}{\partial x} = \alpha_x = \dfrac{1}{d}(\alpha_{i+\frac{1}{2}} - \alpha_{i-\frac{1}{2}}) \\ \dfrac{\partial \alpha}{\partial x} = \overline{\alpha}_x^{x} = \dfrac{1}{2d}(\alpha_{i+1} - \alpha_{i-1}) \end{cases} \tag{2.139}$$

与四种变量分布相对应的差分方程为：

（1）格式 A：

$$\begin{cases} \dfrac{\partial u}{\partial t} - fv + g\overline{z}_x^{x} = 0 \\ \dfrac{\partial v}{\partial t} + fu = 0 \\ \dfrac{\partial z}{\partial t} + H\overline{u}_x^{x} = 0 \end{cases} \tag{2.140}$$

（2）格式 B：

$$\begin{cases} \dfrac{\partial u}{\partial t} - fv + gz_x = 0 \\ \dfrac{\partial v}{\partial t} + fu = 0 \\ \dfrac{\partial z}{\partial t} + Hu_x = 0 \end{cases} \tag{2.141}$$

（3）格式 C：

$$
\begin{cases}
\dfrac{\partial u}{\partial t} - f\overline{v}^x + gz_x = 0 \\
\dfrac{\partial v}{\partial t} + f\overline{u}^x = 0 \\
\dfrac{\partial z}{\partial t} + Hu_x = 0
\end{cases}
\tag{2.142}
$$

（4）格式 D：

$$
\begin{cases}
\dfrac{\partial u}{\partial t} - f\overline{v}^x + g\overline{z}_x^x = 0 \\
\dfrac{\partial v}{\partial t} + f\overline{u}^x = 0 \\
\dfrac{\partial z}{\partial t} + H\overline{u}_x^x = 0
\end{cases}
\tag{2.143}
$$

设 $\alpha = A\exp(Ikx)$，这里 α 可以代表 u, v, z 中任意一个变量，则不难证明：

$$
\begin{cases}
\dfrac{\partial \alpha}{\partial x} = Ik\alpha \\
\alpha_x = Ik\alpha\left(\dfrac{\sin\dfrac{kd}{2}}{\dfrac{kd}{2}}\right) = s\dfrac{\partial \alpha}{\partial x} = sIk\alpha \\
s = \dfrac{\sin\dfrac{kd}{2}}{\dfrac{kd}{2}} \\
\overline{\alpha}^x = \cos\dfrac{kd}{2}\alpha = c\alpha, \quad c = \cos\dfrac{kd}{2} \\
\overline{\alpha}_x^x = cs\dfrac{\partial \alpha}{\partial x}
\end{cases}
\tag{2.144}
$$

利用上面的运算关系可以得出 A ~ D 格式的方程都可以写成如下形式：

$$
\begin{cases}
\dfrac{\partial u}{\partial t} - \widetilde{f}v + \widetilde{g}\dfrac{\partial z}{\partial x} = 0 \\
\dfrac{\partial v}{\partial t} + \widetilde{f}u = 0 \\
\dfrac{\partial z}{\partial t} + \widetilde{H}\dfrac{\partial u}{\partial x} = 0
\end{cases}
\tag{2.145}
$$

这与原来的微分方程形式完全形同，因此差分方程描述的重力波频率为：

$$
\widetilde{\omega^2} = \widetilde{f^2} + \widetilde{g}\widetilde{H}k^2 \tag{2.146}
$$

对不同的格式有：

$$\begin{cases} (\mathrm{A}):\widetilde{f}=f; \quad \widetilde{g}=csg; \quad \widetilde{H}=csH \\ (\mathrm{B}):\widetilde{f}=f; \quad \widetilde{g}=sg; \quad \widetilde{H}=sH \\ (\mathrm{C}):\widetilde{f}=cf; \quad \widetilde{g}=sg; \quad \widetilde{H}=sH \\ (\mathrm{D}):\widetilde{f}=cf; \quad \widetilde{g}=csg; \quad \widetilde{H}=csH \end{cases} \tag{2.147}$$

通过上面的分析可知：

（1）格式 A：

$$\begin{aligned} \widetilde{\omega^2} &= f^2+csg\times csH\times k^2 \\ &= f^2+gH(cs)^2k^2 \\ &= f^2+gHk^2\left(\cos\frac{kd}{2}\cdot\frac{\sin\frac{kd}{2}}{\frac{kd}{2}}\right)^2 \\ &= f^2+gH\frac{\sin^2 kd}{d^2} \end{aligned} \tag{2.148}$$

当 $kd=\dfrac{\pi}{2}$，由 $L=\dfrac{2\pi}{k}$ 可知 $L=4d$ 时，频率存在最大值，此时群速度为 0，这样在某一区域内当有这一种波长的重力速度被激发产生时，波将会停留在该区域而不频散，这与微分方程的准确解不一致。

（2）格式 B：

$$\begin{aligned} \widetilde{\omega^2} &= f^2+sg\cdot sH\cdot k^2=f^2+\frac{\left(\sin\frac{kd}{2}\right)^2}{\left(\frac{kd}{2}\right)^2}gH\cdot k^2 \\ &= f^2+4gH\frac{\sin^2\frac{kd}{2}}{d^2} \end{aligned} \tag{2.149}$$

在 $0<kd<\pi$ 区间内频率是单调增加的，与真解接近。

（3）格式 C：

$$\begin{aligned} \widetilde{\omega^2} &= (fc)^2+sg\cdot sH\cdot k^2 \\ &= \left(\cos\frac{kd}{2}\right)^2 f^2+4gH\frac{\left(\sin\frac{kd}{2}\right)^2}{d^2} \end{aligned}$$

$$= f^2 + \left(-f^2 + \frac{4gH}{d^2}\right)\left(\sin\frac{kd}{2}\right)^2 \tag{2.150}$$

所以当 $\dfrac{4gH}{d^2} - f^2 > 0$，即 $\dfrac{\lambda}{d} > \dfrac{1}{2}$ 时，频率随波数的增加单调增加，当 $\dfrac{\lambda}{d} < \dfrac{1}{2}$ 时，频率单调递减。因此对于这种格式选取参数 $\dfrac{\lambda}{d} > \dfrac{1}{2}$（其中 $\lambda = \sqrt{gH}/f$ 为变形半径）可以保证频率的变化与真解相近。

（4）格式 D：

$$\begin{aligned}
\widetilde{\omega^2} &= (cf)^2 + (cs)^2 g \cdot H \cdot k^2 \\
&= f^2\left(\cos\frac{kd}{2}\right)^2 + \left(\frac{\sin\dfrac{kd}{2}}{\dfrac{kd}{2}} \cdot \cos\frac{kd}{2}\right)^2 \cdot gHk^2 \\
&= f^2\left(\cos\frac{kd}{2}\right)^2 + \left(\frac{\sin kd}{kd}\right)^2 gH \cdot k^2
\end{aligned} \tag{2.151}$$

频率先随 k 的增加上升，在 $\left(\dfrac{\lambda}{d}\right)^2 \cos(kd) = 0.25$ 处达到极大，$kd = \pi$ 时，$\omega = 0$。

从上面的分析可以看出格式 A 和 D 的结果与真解不一致，而 B 和 C（条件为 $\dfrac{\lambda}{d} > \dfrac{1}{2}$）与真解较接近（图 2.7）。

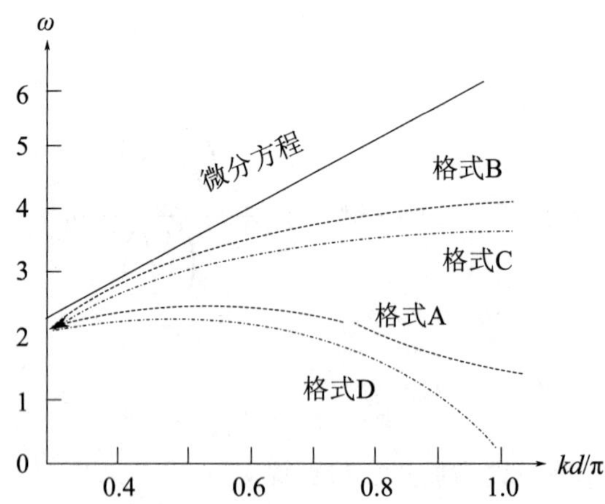

图 2.7 一维地转适应方程解的频率与波数的关（$\lambda/d = 2$）

Winninghoff 对二维的问题进行了分析，他给出如图 2.8 所示的五种不同的变量分布及其对应的差分格式如下：

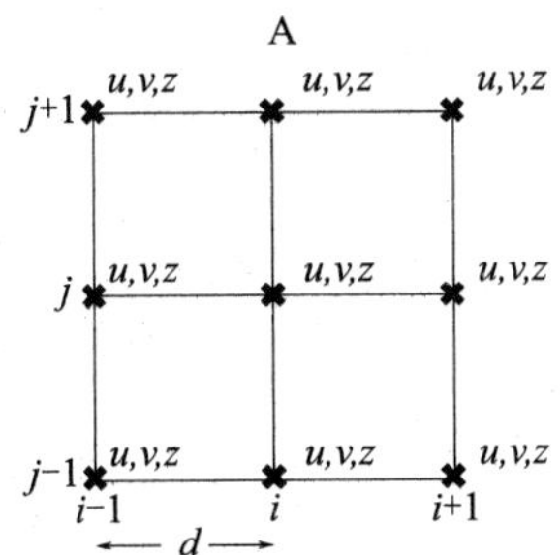

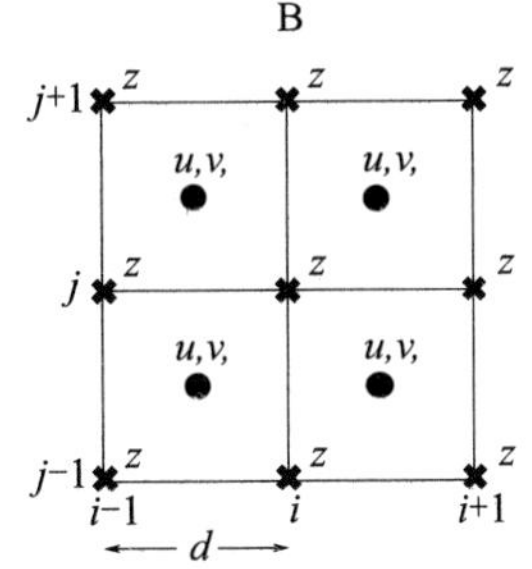

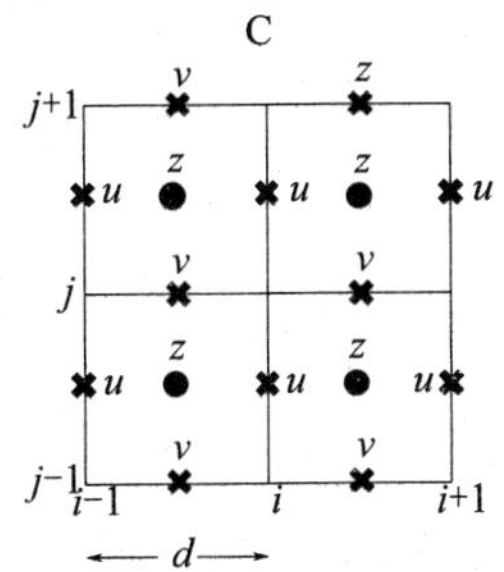

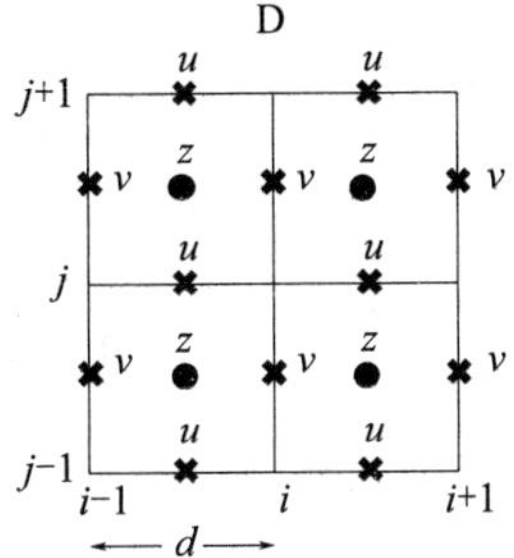

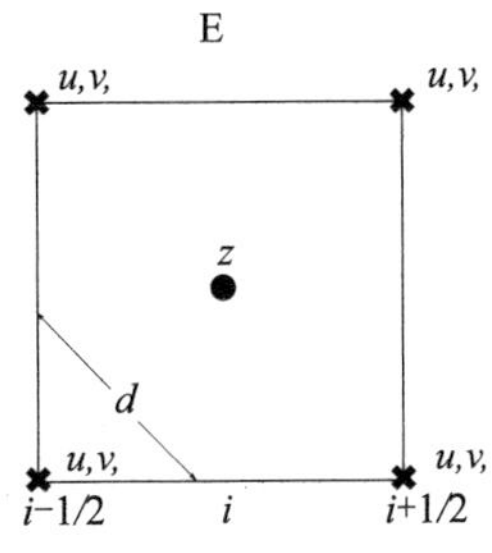

图 2.8　二维网格变量的分布

（1）格式 A：

$$
\left\{\begin{array}{l}
\dfrac{\partial u}{\partial t}-fv+g\overline{z}_x^x=0\\
\dfrac{\partial v}{\partial t}+fu+g\overline{z}_y^y=0\\
\dfrac{\partial z}{\partial t}+H(\overline{u}_x^x+\overline{v}_y^y)=0
\end{array}\right.
\tag{2.152}
$$

式中

$$
\begin{aligned}
\overline{z}_x^x &= \frac{1}{2d}(z_{i+1,j}-z_{i-1,j})\\
\overline{z}_y^y &= \frac{1}{2d}(z_{i,j+1}-z_{i,j-1})
\end{aligned}
$$

类似可得 $\overline{u}_x^x$，$\overline{v}_y^y$ 的表达式。

（2）格式 B：

$$
\left\{\begin{array}{l}
\dfrac{\partial u}{\partial t}-fv+g\overline{z}_x^y=0\\
\dfrac{\partial v}{\partial t}+fu+g\overline{z}_y^x=0\\
\dfrac{\partial z}{\partial t}+H(\overline{u}_x^y+\overline{v}_y^x)=0
\end{array}\right.
\tag{2.153}
$$

式中

$$\overline{z}_x^y = \left[\frac{1}{2}(z_{i+\frac{1}{2},j+\frac{1}{2}} + z_{i+\frac{1}{2},j-\frac{1}{2}}) - \frac{1}{2}(z_{i-\frac{1}{2},j+\frac{1}{2}} + z_{i-\frac{1}{2},j-\frac{1}{2}})\right]\frac{1}{d}$$

即先在 y 方向做平均，后在 x 方向做差分。类似可以得到 $\overline{z}_y^x$，$\overline{u}_x^y$，与 $\overline{v}_y^x$。

（3）格式 C：

$$\begin{cases} \dfrac{\partial u}{\partial t} - f\overline{v}^{xy} + gz_x = 0 \\ \dfrac{\partial v}{\partial t} + f\overline{u}^{xy} + gz_y = 0 \\ \dfrac{\partial z}{\partial t} + H(u_x + v_y) = 0 \end{cases} \tag{2.154}$$

式中

$$\overline{v}^{xy} = \frac{1}{2}\left[\frac{1}{2}(v_{i-\frac{1}{2},j+\frac{1}{2}} + v_{i-\frac{1}{2},j-\frac{1}{2}}) + \frac{1}{2}(v_{i+\frac{1}{2},j+\frac{1}{2}} + v_{i+\frac{1}{2},j-\frac{1}{2}})\right]$$

即先在 y 方向做平均，后在 x 方向做平均。类似可以得到 $\overline{u}^{xy}$。

（4）格式 D：

$$\begin{cases} \dfrac{\partial u}{\partial t} - f\overline{v}^{xy} + g\overline{z}_x^{xy} = 0 \\ \dfrac{\partial v}{\partial t} + f\overline{u}^{xy} + g\overline{z}_y^{xy} = 0 \\ \dfrac{\partial z}{\partial t} + H(\overline{u}_x^{xy} + \overline{v}_y^{xy}) = 0 \end{cases} \tag{2.155}$$

式中

$$\overline{z}_x^{xy} = \frac{1}{2}\left[\frac{1}{2d}(z_{i+1,j-\frac{1}{2}} - z_{i-1,j-\frac{1}{2}}) + \frac{1}{2d}(z_{i+1,j+\frac{1}{2}} - z_{i-1,j+\frac{1}{2}})\right]$$

$\overline{v}^{xy}$ 的求法与格式 C 一致，类似可得 $\overline{u}^{xy}$，$\overline{z}_y^{xy}$，$\overline{u}_x^{xy}$ 与 $\overline{v}_y^{xy}$。

（5）格式 E：

$$\begin{cases} \dfrac{\partial u}{\partial t} - fv + g\delta_x z = 0 \\ \dfrac{\partial v}{\partial t} + fu + g\delta_y z = 0 \\ \dfrac{\partial z}{\partial t} + H(\delta_x u + \delta_x v) = 0 \end{cases} \tag{2.156}$$

式中

$$\delta_x \alpha = \frac{1}{\sqrt{2}d}(\alpha_{i+\frac{1}{2},j} - \alpha_{i-\frac{1}{2},j}),\ \delta_y \alpha = \frac{1}{\sqrt{2}d}(\alpha_{i,j+\frac{1}{2}} - \alpha_{i,j-\frac{1}{2}})$$

类似可以得到 $\delta_x u$、$\delta_x v$、$\delta_y z$。

对于上述五种格式同样可以求出波动解的频率。结果表明：对于二维问题格式，B 只在低波段接近真解，在高波段误差较大，且波数越高，误差越大，对于某些波数出现频率极大值，群速度为 0，格式 A、D 和 E 与此情况类似。只有 C 格式频率随波数单调增加，与真解很接近（图 2.9）。因此研究二维适应问题一般采用 C 格式。

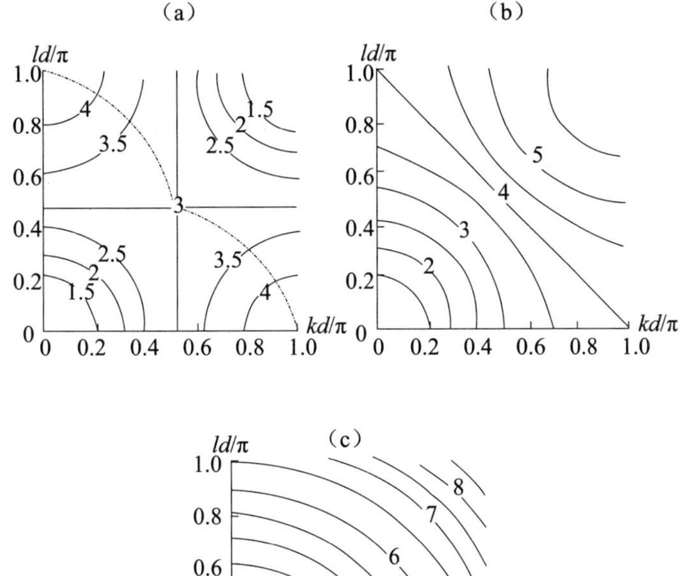

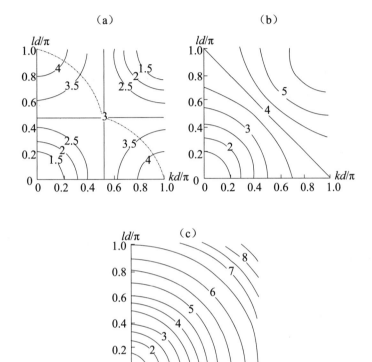

图 2.9　二维地转适应方程解的频率与波数的关系（$\lambda/d=2$）
(a) 格式B；(b) 格式C；(c) 微分方程

2.4.2　守恒差分格式的构造

大气运动方程组遵循一些基本的物理规律，如能量守恒等。在数值预报和模拟的过程中，由于差分方程是原来微分方程的近似，它们能不能保证原来微分方程满足的物理守恒规律，不仅对于大气过程的基本物理规律的总体描述有重要意义，同时也在数值计算的稳定性方面有重要意义。一个合理的有限差分方程应当保持其微分方程的物理特性，这样差分方程的数值解才能沿着正确的途径逼近微分方程的解。一般来说，要想使得差分方程描述的物理规律与相应微分方程描述的物理规律完全相同是不可能的，但是在一定范围的总体特征上，差分方程能够与微分方程保持一致。我们将利用简单的平流方程和通量方程来介绍守恒格式构造的基本思想。

通量形式的方程为：

$$\frac{\partial F}{\partial t}+\nabla\cdot(F\mathbf{V})=0 \tag{2.157}$$

平流形式的方程为：

$$\frac{\partial F}{\partial t}+\mathbf{V}\cdot\nabla F=0 \tag{2.158}$$

虽然格式 C 在模拟地转适应过程方面是最好的一个变量空间分布，但格式 A 分析比较方便，对有限区域边界条件也比格式 C 容易处理，因此以 A 格式讨论下述问题。

为书写方便，引入以下常用的有限差分算符：

$$\begin{cases}\overline{\alpha}^{x}=\dfrac{1}{2}(\alpha_{i+1/2,j}+\alpha_{i-1/2,j})\\ \alpha_{x}=\dfrac{1}{d}(\alpha_{i+1/2,j}-\alpha_{i-1/2,j})\\ \overline{\alpha}^{x}_{x}=\dfrac{1}{2d}(\alpha_{i+1,j}-\alpha_{i-1,j})\\ \overline{\alpha}^{2x}=\dfrac{1}{2}\left(\alpha_{i+1,j}+\alpha_{i-1,j}\right)\\ \overline{\alpha}^{xx}=\overline{\overline{\alpha}^{x}}=\dfrac{1}{4}\left(\alpha_{i+1,j}+\alpha_{i-1,j}+2\alpha_{i,j}\right)=\dfrac{1}{2}\left(\overline{\alpha}^{2x}+\alpha_{i,j}\right)\\ \alpha_{xx}=\left(\alpha_{x}\right)_{x}=\dfrac{1}{d^{2}}\left(\alpha_{i+1,j}+\alpha_{i-1,j}-2\alpha_{i,j}\right)=\dfrac{2}{d^{2}}\left(\overline{\alpha}^{2x}-\alpha_{i,j}\right)\\ (\overline{\overline{a}^{x}\overline{u}^{x}})_{x}=\dfrac{1}{4d}\left[(\alpha_{i+1}+\alpha_{i})(u_{i+1}+u_{i})-(\alpha_{i}+\alpha_{i-1})(u_{i}+u_{i-1})\right]\\ \overline{a_{x}\overline{u}^{x}}^{x}=\dfrac{1}{4d}\left[(\alpha_{i+1}-\alpha_{i})(u_{i+1}+u_{i})-(\alpha_{i}-\alpha_{i-1})(u_{i}+u_{i-1})\right]\end{cases} \tag{2.159}$$

这是 x 方向的格式，y 方向以及时间维 t 的格式与此类似。

1.一次守恒格式

（1）一次通量守恒格式

将通量方程在一封闭区域或者周期边界条件的区域 S （图 2.10）进行积分则有：

$$\frac{\partial}{\partial t}\int_{S}F\mathrm{d}S=-\int_{S}\nabla\cdot(F\mathbf{V})\mathrm{d}S=0 \tag{2.160}$$

这说明物理量 F 在区域 S 内的平均值守恒。如果通量方程的有限差分方程对 S 区域内所有格点求和也能得到类似的结果，则称这种差分格式为一次守恒格式，因为它保持了相应微分方程对 F 本身的积分性质。

通量方程的中央差分格式：

$$\overline{F}^{t}_{t}+\overline{(Fu)}^{x}_{x}+\overline{(Fv)}^{y}_{y}=0 \tag{2.161}$$

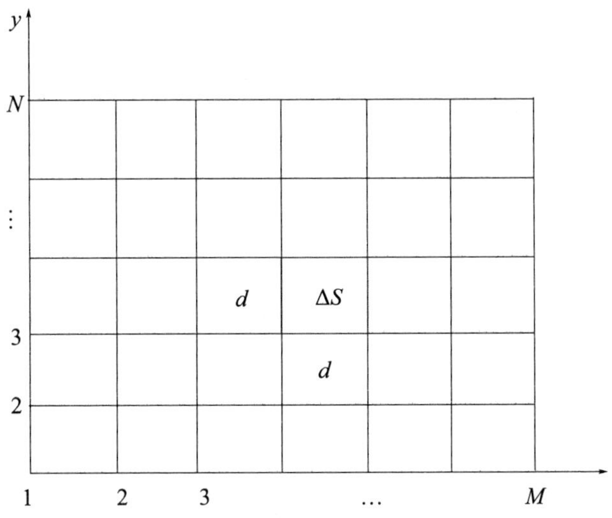

图 2.10 网格区域S

就具有这种守恒性质，证明如下。将上式对网格区域 S 内点求和得到：

$$\sum_{i,j}\overline{F}_t^t\Delta S=-\sum_{i,j}[\overline{(Fu)}_x^x+\overline{(Fv)}_y^y]\Delta S=0 \tag{2.162}$$

式中 $\Delta S=d^2$，令 $\Delta x=\Delta y=d$，则以 x 方向为例：

$$\begin{aligned}\sum_{i,j}\overline{Fu_x^x}=&-\sum_j\frac{1}{2d}[(Fu)_{3,j}-(Fu)_{1,j}+(Fu)_{4,j}-(Fu)_{2,j}\\&+(Fu)_{5,j}-(Fu)_{3,j}+\cdots+(Fu)_{M-1,j}-(Fu)_{M-3,j}\\&+(Fu)_{M,j}-(Fu)_{M-2,j}]\\=&\frac{1}{2d}\sum_j[-(Fu)_{1,j}-(Fu)_{2,j}+(Fu)_{M-1,j}+(Fu)_{M,j}]\end{aligned} \tag{2.163}$$

同时利用如下边界条件：

$$\begin{cases}F_{1,j}=F_{2,j}, & F_{M-1,j}=F_{M,j}\\F_{i,1}=F_{i,2}, & F_{i,N-1}=F_{i,N}\end{cases} \tag{2.164}$$

和

$$\begin{cases}\overline{u}^x_{1\frac{1}{2},j}=0, & \overline{u}^x_{M-\frac{1}{2},j}=0\\\overline{v}^y_{i,1\frac{1}{2}}=0, & \overline{v}^y_{i,N-\frac{1}{2}}=0\end{cases} \tag{2.165}$$

就可以得到：

$$\begin{aligned}\sum_{i,j}\overline{(Fu)}_x^x &= \frac{1}{2d}\sum_j[-F_1(u_{1,j}+(u_{2,j})+F_M(u_{M,j}+(u_{M-1,j})] \\ &=0\end{aligned} \tag{2.166}$$

同理可证$\sum_{i,j}\overline{(Fv)}_y^y=0$。得证。

第一个边界条件在格距 d 取得很小的情况下是合理的，第二个条件意味着区域 S 边界上的法线速度为 0，即区域是封闭的。

（2）一次平流守恒格式

平流方程可以变形为：

$$\frac{\partial F}{\partial t}=-\mathbf{V}\cdot\nabla F=-\nabla\cdot(F\mathbf{V})+F\nabla\cdot\mathbf{V} \tag{2.167}$$

其在一封闭区域或者周期边界条件的区域S进行积分则有：

$$\begin{aligned}\frac{\partial}{\partial t}\int_S F\mathrm{d}S &= -\int_S\nabla\cdot(F\mathbf{V})\mathrm{d}S+\int_S F\nabla\cdot\mathbf{V}\mathrm{d}S \\ &=\int_S F\nabla\cdot\mathbf{V}\mathrm{d}S\end{aligned} \tag{2.168}$$

采用和通量方程相同的边界条件，可以用证明一次通量守恒差分格式的思路证明如下差分格式保持了一次平流方程的守恒性质。

$$\overline{F}_t^t+\overline{(Fu)}_x^x+\overline{(Fv)}_y^y-F(\overline{u}_x^x+\overline{v}_y^y)=0 \tag{2.169}$$

实际的数值计算表明，如果不附加平滑运算，一次守恒格式的计算稳定性较差。因为物理量 F 的平均值守恒并不能保证其绝对值不无限增长。因此需要构造能使得 F^2 守恒的格式，称为二次守恒格式。

2.二次守恒格式

（1）二次通量守恒格式

将通量方程 (2.157) 乘以 F 得：

$$F\frac{\partial F}{\partial t}+F\nabla\cdot(F\mathbf{V})=0 \tag{2.170}$$

又因为：

$$\nabla\left(\frac{F^2}{2}\cdot\mathbf{V}\right)=\mathbf{V}\cdot\nabla\left(\frac{F^2}{2}\right)+\frac{F^2}{2}\cdot\nabla\mathbf{V}$$

$$= \mathbf{V} \cdot F \cdot \nabla F + \frac{F^2}{2} \cdot \nabla \mathbf{V} \tag{2.171}$$

$$F \cdot \nabla (F\mathbf{V}) = F \cdot \mathbf{V} \cdot \nabla F + F^2 \nabla \mathbf{V} \tag{2.172}$$

所以式 (2.170) 变为：

$$\frac{\partial}{\partial t}\left(\frac{F^2}{2}\right) + F \cdot \mathbf{V} \cdot \nabla F + F^2 \cdot \nabla \mathbf{V} = 0 \tag{2.173}$$

继续化简得：

$$\frac{\partial}{\partial t}\left(\frac{F^2}{2}\right) + \nabla\left(\frac{F^2}{2} \cdot \mathbf{V}\right) - \frac{F^2}{2} \cdot \nabla \mathbf{V} + F^2 \cdot \nabla \mathbf{V} = 0 \tag{2.174}$$

即可得二次通量方程为：

$$\frac{\partial}{\partial t}\left(\frac{F^2}{2}\right) + \nabla\left(\frac{F^2}{2} \cdot \mathbf{V}\right) + \frac{F^2}{2} \cdot \nabla \mathbf{V} = 0 \tag{2.175}$$

两边同时对封闭区域 S 积分得：

$$\frac{\partial}{\partial t}\int_S \frac{F^2}{2}\mathrm{d}S = -\int_S \frac{F^2}{2}\nabla \cdot \mathbf{V}\mathrm{d}S \tag{2.176}$$

可以证明如下差分格式是二次通量方程 (2.170) 的守恒格式。

$$\overline{F}^t_t + (\overline{F}^x \overline{u}^x)_x + (\overline{F}^y \overline{v}^y)_y = 0 \tag{2.177}$$

证明如下：

式 (2.177) 两端同乘以 $F_{i,j}$ 后，对整个区域 S 内的点求和：

$$\sum_{i,j} F_{i,j}\overline{F}^t_t \Delta S = -\sum_{i,j} F_{i,j}(\overline{F}^x \overline{u}^x)_x \Delta S - \sum_{i,j} F_{i,j}(\overline{F}^y \overline{v}^y)_y \Delta S \tag{2.178}$$

式中 $\Delta S = d^2$，$\Delta x = \Delta y = d$。

以 x 方向为例：

$$\begin{aligned} & -\sum_{i,j} F_{i,j}(\overline{F}^x \overline{u}^x)_x \Delta S \\ & = -\frac{1}{4d}\sum_j \{F_{i,j}[(F_{i+1,j} + F_{i,j})(u_{i+1,j} + u_{i,j}) - (F_{i,j} + F_{i-1,j})(u_{i,j} + u_{i-1,j})]\} \end{aligned} \tag{2.179}$$

令 $i = 2, \cdots, M-1$，则：

$$F_{i,j}[(F_{i+1,j} + F_{i,j})(u_{i+1,j} + u_{i,j}) - (F_{i,j} + F_{i-1,j})(u_{i,j} + u_{i-1,j})]$$

$$= F_{2,j}[(F_{3,j} + F_{2,j})(u_{3,j} + u_{2,j}) - (F_{2,j} + F_{1,j})(u_{2,j} + u_{1,j})] \qquad i = 2$$

$$
\begin{aligned}
&+F_{3,j}[(F_{4,j}+F_{3,j})(u_{4,j}+u_{3,j})-(F_{3,j}+F_{2,j})(u_{3,j}+u_{2,j})] && i=3\\
&+F_{4,j}[(F_{5,j}+F_{4,j})(u_{5,j}+u_{4,j})-(F_{4,j}+F_{3,j})(u_{4,j}+u_{3,j})] && i=4\\
&\qquad\qquad\cdots\\
&+F_{M-3,j}[(F_{M-2,j}+F_{M-3,j})(u_{M-2,j}+u_{M-3,j})\\
&-(F_{M-3,j}+F_{M-4,j})(u_{M-3,j}+u_{M-4,j})] && i=M-3\\
&+F_{M-2,j}[(F_{M-1,j}+F_{M-2,j})(u_{M-1,j}+u_{M-2,j})\\
&-(F_{M-2,j}+F_{M-3,j})(u_{M-2,j}+u_{M-3,j})] && i=M-2\\
&+F_{M-1,j}[(F_{M,j}+F_{M-1,j})(u_{M,j}+u_{M-1,j})\\
&-(F_{M-1,j}+F_{M-2,j})(u_{M-1,j}+u_{M-2,j})] && i=M-1
\end{aligned}
$$

对上式展开化简得：

$$
\begin{aligned}
&F_{i,j}[(F_{i+1,j}+F_{i,j})(u_{i+1,j}+u_{i,j})-(F_{i,j}+F_{i-1,j})(u_{i,j}+u_{i-1,j})]\\
&=F_{2,j}^2(u_{3,j}-u_{1,j})-F_{2,j}F_{1,j}u_{2,j}-F_{2,j}F_{1,j}u_{1,j} && i=2\\
&+F_{3,j}^2(u_{4,j}-u_{2,j}) && i=3\\
&+F_{4,j}^2(u_{5,j}-u_{3,j}) && i=4\\
&\qquad\cdots\\
&+F_{M-3,j}^2(u_{M-2,j}-u_{M-4,j}) && i=M-1\\
&+F_{M-2,j}^2(u_{M-1,j}-u_{M-3,j}) && i=M-2\\
&+F_{M-1,j}F_{M,j}u_{M,j}+F_{M-1,j}F_{M,j}u_{M-1,j}+F_{M-1}^2(u_{M,j}-u_{M-2,j}) && i=M-3
\end{aligned}
$$

利用边界条件式 (2.164) 和 (2.165) 得：

$$
\begin{aligned}
&-\sum_{i,j}F_{i,j}(\overline{F}^x\overline{u}^x)_x\Delta S\\
&=-\frac{1}{4d}\sum_j\{F_{2,j}^2(u_{3,j}-u_{1,j})+F_{3,j}^2(u_{4,j}-u_{2,j})+F_{4,j}^2(u_{5,j}-u_{3,j})+\cdots\\
&+F_{M-3,j}^2(u_{M-2,j}-u_{M-4,j})+F_{M-2,j}^2(u_{M-1,j}-u_{M-3,j})+F_{M-1,j}^2(u_{M,j}-u_{M-2,j})\}\Delta S
\end{aligned}
$$

上式也可以表示为：

$$
-\sum_{i,j}F_{i,j}(\overline{F}^x\overline{u}^x)_x\Delta S=-\sum_j\frac{F_{i,j}^2}{2}\overline{u}_x^x\Delta S \tag{2.180}
$$

同理可证：

$$-\sum_{i,j} F_{i,j}(\overline{F}^y \overline{v}^y)_y \Delta S = -\sum_{j} \frac{F_{i,j}^2}{2} \overline{v}_y^y \Delta S \tag{2.181}$$

故$\overline{F}_t^t + (\overline{F}^x \overline{u}^x)_x + (\overline{F}^y \overline{v}^y)_y = 0$是二次通量方程的守恒格式。

（2）二次平流守恒格式

和一次平流守恒格式相类似，把平流方程做相同的变换，可以证明如下的差分格式是二次平流方程的守恒格式。

$$\overline{F}_t^t + (\overline{F^x \overline{u}^x})_x + (\overline{F}^y \overline{v}^y)_y - F(\overline{u}_x^x + \overline{v}_y^y) = 0 \tag{2.182}$$

应用如下的恒等式：

$$\begin{cases} (\overline{A}^x \overline{B}^x)_x = \overline{(\overline{B}^x A_x)}^x + A\overline{B}_x^x \\ (\overline{A}^y \overline{B}^y)_y = \overline{(\overline{B}^y A_y)}^y + A\overline{B}_y^y \end{cases} \tag{2.183}$$

可以把二次平流守恒格式改写成半动量格式或者松野格式：

$$\overline{F}_t^t + \overline{(\overline{u}^x F_x)}^x + \overline{(\overline{v}^y F_y)}^y = 0 \tag{2.184}$$

对于实际的预报方程组可以针对其积分性质构造一些守恒的差分格式。尤其是对于原始方程模式在构造守恒格式的时候需要考虑有关物理量之间的相互协调性。

§ 2.5　非线性方程的计算稳定性

前面讨论的计算稳定性都是针对线性方程而言的。实际的大气预报方程为非线性方程，将非线性方程线性化后可以给出相应的稳定性判据，但是即使满足这种线性稳定性条件，对于非线性方程仍然还会出现计算不稳定的现象。这种现象称为非线性计算不稳定，Phillips（1959）首先指出这一现象。

2.5.1　非线性计算不稳定现象

我们利用简单的一维非线性平流方程来说明非线性计算不稳定的一些特征。方程如下：

$$\frac{\partial u}{\partial t} + u\frac{\partial u}{\partial x} = 0, \quad 0 \leqslant x \leqslant 1 \tag{2.185}$$

季仲贞（1980）曾利用几种不同的差分格式给出计算实例，计算时他采用如下两种不同的初值：

$$u(0,x) = \sin 2\pi x \tag{2.186}$$

$$u(0,x) = 1.5 + \sin 2\pi x \tag{2.187}$$

和周期性的边界条件 $u(t,0) = u(t,1)$。非线性平流方程可以改写为：

$$\frac{\partial u}{\partial t} + \frac{1}{2}\frac{\partial u^2}{\partial x} = 0 \tag{2.188}$$

考虑如下两种差分格式：

$$u_i^{n+1} = u_i^{n-1} - \frac{\Delta t}{4\Delta x}[(u_{i+1}^n + u_i^n)^2 - (u_i^n + u_{i-1}^n)^2] \tag{2.189}$$

$$u_i^{n+1} = u_i^{n-1} - \frac{\Delta t}{6\Delta x}(\overline{u}_{i+1} + \overline{u}_i + \overline{u}_{i-1})(\overline{u}_{i+1} - \overline{u}_{i-1}) \tag{2.190}$$

式中 $\overline{u}_i = \dfrac{u_i^{n+1} + u_i^n}{2}$, 计算时取 $\Delta x = 0.1$，$\Delta t = 0.004$， 则满足 $|u\dfrac{\Delta t}{\Delta x}| \leqslant |u|_{\max}\dfrac{\Delta t}{\Delta x} = 0.1 \leqslant 1$ 的线性稳定性条件。两种差分格式分别采用两种初值进行计算，为了检查计算稳定性，计算了每一步的格式总动能 $\dfrac{1}{2}\sum u_i^{n^2}$， 计算结果如图 2.11 所示。

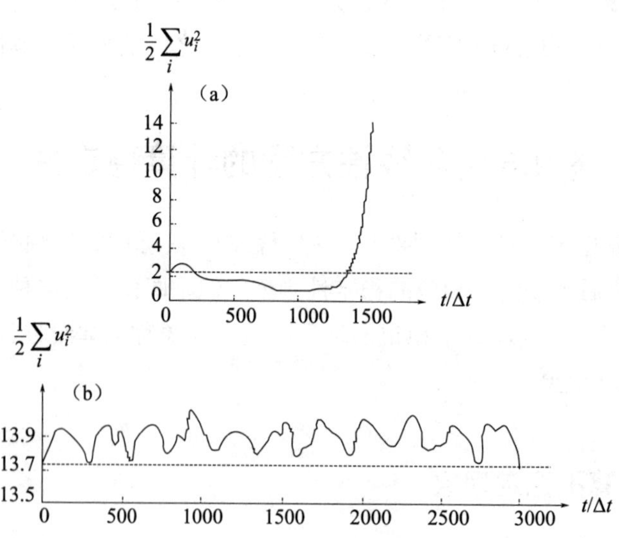

图 2.11 总动能变化曲线图 $u_m^0 = \sin 2\pi m\Delta x$（a）,$u_m^0 = 1.5 + \sin 2\pi m\Delta x$ （b），实线对应式（2.189），虚线对应式（2.190）

从图中可以看出，采用第一种初值，第一种格式在开始阶段的总动能变化不大，在很长一段时间内总动能下降，计算是稳定的，但到了 1300 步后，总动能开始急剧增加，出现按指数增长的趋势。而第二种格式的总动能则保持不变。采用第二种初值，第一种格式的总动能始终在一定的范围内变化，计算是稳定的；第二种格式的总动能仍然保持不变。

以上的分析表明：(1) 非线性计算不稳定不像线性计算不稳定那样，振幅一开始就按指数规律增长，而是经过一段时间后计算不稳定才出现急剧的增长；(2) 非线性计算不稳定的产生和初值与差分格式均有一定的关系。

2.5.2　产生非线性计算不稳定的原因

Phillips (1959) 认为，非线性计算不稳定是由于波和波之间的非线性相互作用引起的混淆误差现象造成的。

差分方法中，原来的连续函数被离散为有限个点的函数值，它能描述的最小波长的波是 $2\Delta x$ 格距的波，非线性相互作用会不断产生波长小于 $2\Delta x$ 格距的波，这时网格系统会错误地将这种波表示成为某一种波长大于 $2\Delta x$ 格距的波，从而造成波的混淆。这样形成的误差称为混淆误差。

设网格距为 Δx，区域 $(0,L)$ 可以划分为 M 个间隔，$L=M\Delta x$。函数 u 在格点上的值可以表示为有限的级数和的形式：

$$
\begin{aligned}
u_m &= \sum_{k=0}^{\frac{M}{2}}\left(a_k\cos\frac{2\pi km\Delta x}{L}+b_k\sin\frac{2\pi km\Delta x}{L}\right)\\
&= \sum_{k=0}^{\frac{M}{2}}\left(a_k\cos\frac{2\pi km}{M}+b_k\sin\frac{2\pi km}{M}\right)
\end{aligned} \tag{2.191}
$$

式中 k 为波数，最大波数为 $K=\dfrac{M}{2}$，对应波长为 $l=\dfrac{L}{M/2}=2\Delta x$，设 u_m 中包含波数 k_1 和 k_2 波的相互作用，经非线性相互作用后：

$$
\begin{aligned}
&\cos\frac{2\pi k_1 m\Delta x}{L}\times\cos\frac{2\pi k_2 m\Delta x}{L}\\
=&\frac{1}{2}\left[\cos\frac{2\pi(k_1+k_2)m\Delta x}{L}+\cos\frac{2\pi(k_1-k_2)m\Delta x}{L}\right]
\end{aligned} \tag{2.192}
$$

$$
\begin{aligned}
&\sin\frac{2\pi k_1 m\Delta x}{L}\times\sin\frac{2\pi k_2 m\Delta x}{L}\\
=&\frac{1}{2}\left[\sin\frac{2\pi(k_1+k_2)m\Delta x}{L}+\sin\frac{2\pi(k_1-k_2)m\Delta x}{L}\right]
\end{aligned} \tag{2.193}
$$

可见会出现波数 k_1+k_2和k_1-k_2 的波，如果 $k_1+k_2>\dfrac{M}{2}$，这样的波就不能被网格所描述，这样的波动在网格中会如何表示呢？设 $k_1+k_2=M-S$，这时有 $\dfrac{M}{2}>S\geqslant 0$，则有：

$$\cos\frac{2\pi(k_1+k_2)m}{M}=\cos\frac{2\pi(M-S)m}{M}=\cos\frac{2\pi Sm}{M} \tag{2.194}$$

可见这种短波被虚假地表示为波数 $S=M-(k_1+k_2)$ 的波了。这种混淆现象会使得波数为 S 的波能量增加，当然以后这种能量还可以转移到其他的波分量上去。值得注意的是下面这种情况：

$$S=M-(k_1+k_2)=k_1 \tag{2.195}$$

这表明能量又虚假地反馈回原来的波分量 k_1 上来，显然这有利于该分量的增长而导致计算不稳定。由于 $k_1\leqslant\dfrac{M}{2}$，$k_2\leqslant\dfrac{M}{2}$，由上式可以得到：

$$2k_1=M-k_2\geqslant M-\frac{M}{2} \tag{2.196}$$

$$k_1\geqslant\frac{M}{4} \tag{2.197}$$

这表明出现这种情况只能是波长在 $2\Delta x$ 和 $4\Delta x$ 之间，即主要发生在短波区域。

虽然混淆误差可能造成计算不稳定，但它还不能认为是造成计算不稳定的充要条件，因为前面的例子也说明，存在混淆误差时仍然有可能计算稳定。不过前面的分析也表明，计算不稳定首先是从短波的虚假增长开始的。消除不稳定的一个有效的方法就是抑制短波的增长。

2.5.3 消除非线性计算不稳定的方法

计算稳定性是偏微分方程近似计算的一个中心问题，对于它产生的原因虽然没有完全搞清楚，但是针对已经了解的原因，可以提出一些克服计算不稳定的有效方法，主要有以下几点。

（1）进行空间或者时间平滑，滤除短波分量。Plalzman（1961）指出滤除波长小于 4 倍格距的波分量可以消去混淆误差。

（2）增加水平扩散项 $r\nabla^2A$，A 为某一物理量，r 为扩散系数，扩散作用的大小由 r 来控制。需要说明的是，在实际的大气运动中也存在扩散过程，增加的人工扩散项不能超过实际的物理扩散过程。

（3）构造具有隐式平滑或者某种选择性衰减作用的差分格式。

以上三种方法在实际的应用中都是有效的，但是这些措施在克服短波系统增长的同时也会对长波系统产生影响，同时过多地使用平滑算子或者人工扩散系数过大都会影响预报效果。

（4）构造守恒的差分格式，使得差分方程尽可能保持原来连续系统的物理规律和一些守恒关系。尤其是构造能量守恒的差分格式是克服非线性计算不稳定的一种有效办法，也是物理上最合乎道理的方法。

复习思考题

1. 简述差分格式的相容性、收敛性和稳定性，以及三者之间的关系。

2. 推导 $\dfrac{\partial u}{\partial x}$ 具有四阶精度的差分格式。

3. 试证明一阶偏微商 $\dfrac{\partial u}{\partial x}$ 的三点差商近似式：

$$\frac{\partial u}{\partial x}=-\frac{1}{2}\left[\frac{-3u\left(x,t\right)+4u\left(x+\Delta x,t\right)-u\left(x+2\Delta x,t\right)}{2\Delta x}\right]+\frac{3}{2}\left[\frac{u\left(x+\Delta x,t\right)-u\left(x,t\right)}{\Delta x}\right]$$

的截断误差为 $O(\Delta x^2)$。

4. 空间微商取中央差近似，写出涡度方程：

$$\frac{\partial \zeta}{\partial t}+u\frac{\partial}{\partial x}\left(\zeta+f\right)+v\frac{\partial}{\partial y}\left(\zeta+f\right)=-f\left(\frac{\partial u}{\partial x}+\frac{\partial v}{\partial y}\right)$$

的差分形式：（1）时间微商取中央差；（2）时间微商取向前差。

5. 分别对 x 轴上的 $i+1$ 和 $i+3$ 格点，以 d 和 $2d$ 为步长，写出一阶微商 $\dfrac{\mathrm{d}F}{\mathrm{d}x}$ 的前差、后差和中央差的差分近似式，以及二阶微商 $\dfrac{\mathrm{d}^2F}{\mathrm{d}x^2}$ 的二阶中央差分近似式。

6. 一维线性平流方程 $\dfrac{\partial u}{\partial t}+c\dfrac{\partial u}{\partial x}=0$，采用如下差分格式：

$$F_i^{n+1}=F_i^n-\frac{c\Delta t}{4\Delta x}\left(F_{i+1}^{n+1}-F_{i-1}^{n+1}+F_{i+1}^n-F_{i-1}^n\right)$$

请指出这是什么类型的差分格式，并分析其稳定性。

7. 对线性平流方程：

$$\frac{\partial u}{\partial t}+c\frac{\partial u}{\partial x}=0$$

的一个空间差分近似是

$$\frac{1}{6}\left(\frac{\partial u_{j-1}}{\partial t}+4\frac{\partial u_j}{\partial t}+\frac{\partial u_{j+1}}{\partial t}\right)+c\frac{u_{j+1}-u_{j-1}}{2\Delta x}=0$$

时间差分格式采用蛙跳格式，现在假设最大的c值为 10 m/s，格距为 300 km，则时间步长 Δt 要多少才不会产生计算不稳定？

8. 线性平流方程 $\frac{\partial u}{\partial t}=-c\frac{\partial u}{\partial x}$ 的半离散方程为

$$\frac{\partial u_j}{\partial t}+\frac{c}{2\Delta x}\left[\frac{4}{3}\left(u_{j+1}-u_{j-1}\right)-\frac{1}{6}\left(u_{j+2}-u_{j-2}\right)\right]=0$$

求计算相速 c^* 和计算群速 c_g^*。

9. 普遍的二时间层隐式格式为

$$Y^{n+1}=Y^n+\left(aF^{n+1}+bF^n\right)\Delta t$$

式中 $F=-ikcY$，a、b 为参数且 $a+b=1$，试讨论格式的稳定性。

10. 何谓计算解，有何特点？如何控制计算解的传播？

11. 试分析 Lax-Wendroff 差分格式的稳定性。

12. 什么是非线性不稳定，有何特点，如何克服？

13. 什么是混淆误差？

14. 设变量的分布为 A 格式，试证明二次通量守恒格式和二次平流守恒格式。

第3章　初始条件与边界条件

数值天气预报就是在一定的初始、边界条件下求解大气运动方程组差分方程的数值解。因此，任何一个大气数值模式，都需要给出合适的初始、边界条件。数值模式的初始条件是指初始时刻各气象要素场在规则网格点上的值，简称初始场或初值。

本章的主要内容：介绍如何提供初始场，如何消除初始场中的不确定性，以及常用的水平侧边界条件。

§ 3.1　客观分析

如前所述，数值天气预报是在事前设计好的离散的网格点上进行运算的。遗憾的是，模式网格点和观测点并非完全一致，如何将观测点上要素值插到计算格点上呢？在早期，是在天气图底图上按观测点填入观测记录，由人工分析等值线（如等压线或等高线），然后在此基础上读出计算格点上的要素值，输进计算机做出预报。Richardson（1922）和 Charney（1950）用手工插值的方法将可用的观测资料插值到规则的网格点上，然后再用手工的方法将初始条件数值化，这个过程非常费时、费力，难以满足数值天气预报工作对时效的要求。另外，随着大气探测手段的发展，将有大量而又复杂的气象观测资料，单凭人工进行处理和分析是难以胜任的。而且，这种做法带有人为的主观臆断成分，常常因人而异，故通常叫作“主观分析”。因此必须借助电子计算机代替人工，自动处理各种气象信息，并把各种气象要素值内插到规则的计算网格点上。为了和人工的“主观分析”相区别，通常人们将这种利用计算机进行气象信息的处理和分析方法称为“客观分析”。

3.1.1　函数拟合

客观分析的基本目标是根据空间分布不规则观测点上的观测给出规则网格点上的分析场。从数学角度看，客观分析可以看成是一个插值问题，可以利用插值方法来实现这一任务。插值方法的基本原理就是用某类已知表达式的函数去拟合观测。

局地多项式拟合方法的原理是找一个由多项式所表示的曲面，来逼近网格点周围区域各观测点实测的气象要素值，如位势场或风场。如果该曲面能被找到，则它可代表该气象要素在这一网格点附近的空间分布状态，从而可求得网格点上的要素值。考虑二维问题，假设某要素场可表示为一个M阶多项式，其表达式为：

$$f^a(x,y)=\sum_m\sum_n C_{mn}x^m y^n,\quad (m+n\leqslant M, m\geqslant 0, n\geqslant 0) \tag{3.1}$$

式中 (x,y) 分别表示该点在该局地坐标系中的位置坐标，m、n 分别是它们的阶数。C_{mn} 为待定的多项式展开系数。如果想用一个二次曲面去拟合该要素场，那么可取 $M=2$；如果想用一个三次曲面去逼近，那么可取 $M=3$；若想用一个更高次曲面逼近，那么 M 就取更大的数值。

这种方法的缺点是，对于低阶的二次曲面仅是一个椭圆抛物面或双曲面，不可能满意地逼近深厚的天气系统；对于高次曲面又会使计算量激增，并且资料稀少地区还带来许多计算麻烦。在人工分析中通常适当地综合历史分析和预报，甚至用气候平均值来克服该区域的分析困难。另外，其分析是在小区域内进行的，所以往往会导致分析在拟合的各区域之间不连续。以上介绍的局地多项式拟合是用多项式函数拟合局地小区域内（影响区域内的）的观测，如果用单一的函数拟合整个区域内的观测，则称为全局拟合。另外我们总是希望客观分析的结果和大气控制方程保持一致，不同的状态变量能通过控制方程相联系，因此不应孤立进行分析。所以在函数拟合的时候，还得加上一些动力约束项。

3.1.2 逐步订正法

为了克服多项式拟合方法在观测稀少地区应用的困难，1955 年Bergthorsson 和Dȯȯs 提出了一种完全不同的分析方法，该方法不像多项式方法那样用一个函数去逼近观测值，而是先给定一个初始估计场（通常称为背景场或初猜场），然后用实际观测场逐步去修正背景场，直到订正后的场逼近观测记录为止，现在称之为逐步订正法（the method of successive conrections，SCM），从 20 世纪 50 年代中期到 80 年代末在业务上广泛运用。

在 SCM 中，网格点的初始估计是由背景场给出：

$$f_i^0=f_i^b \tag{3.2}$$

式中 f_i^b 是背景场在第 i 个网格点上的值，f_i^0 是对应该格点上零次迭代估计。在第一次估计后，以下的迭代值由“逐步订正”得到:

$$f_i^{n+1}=f_i^n+\frac{\sum\limits_{k=1}^{K_i^n}w_{ik}^n(f_k^o-f_k^n)}{\sum\limits_{k=1}^{K_i^n}w_{ik}^n+\varepsilon^2} \tag{3.3}$$

这里 f_i^n 是格点 i 上的第 n 次迭代值，f_k^o 是格点 i 周围的第 k 个观测，f_k^n 是观测点 k 上第 n 次估计值（通过格点周围的插值获得），ε^2 是观测误差方差和背景误差方差的比率的估计。K_i^n 是距离格点 i 为 R_n 影响半径内的观测点的总数。权重 w_{ik}^n 可以用不同方式来定义，但最主要的特征是和给定格点 i 到第 k 个观测点距离的平方成反比，其物理意义是，观测点值对格点值的影响程度随着它们之间距离的平方而减小。显然这种系数是各向同性的，它在平面上的分布是一个个同心圆。

Cressman（1959）定义 SCM 的权重为：

$$\begin{cases} w_{ik}^n = \dfrac{R_n^2 - r_{ik}^2}{R_n^2 + r_{ik}^2}, & r_{ik}^2 \leqslant R_n^2 \\ w_{ik}^n = 0, & r_{ik}^2 \geqslant R_n^2 \end{cases} \tag{3.4}$$

式中 r_{ik}^2 是第 k 个观测点和网格点 i 之间距离的平方。影响半径 R_n 是事先给定的，可以随迭代次数而变化。例如，减小影响半径的结果是分析场在第一次迭代后反映大尺度场并且在多次迭代后逐步收敛到较小尺度，使分析场越来越逼近观测结果。

在 Cressman 的 SCM 中，如果假定 $\varepsilon^2 = 0$，则会导致一个相信观测值的“轻信”的分析场。在影响半径很小的情况下，如果观测位于网格点上，分析场将收敛于观测值本身。如果资料是有噪声的（也就是说，如果观测值有显著的误差，或包含有样本次网格变率的无代表性误差），就会在分析场中产生所谓的“牛眼”（即在一个不合实际的格点值周围产生很多的等值线）。如把$\varepsilon^2 > 0$包括在内，则假定观测有误差，同时给予背景场相应的权重。Barnes（1964，1978）发展了另外一种SCM的经验公式。这个公式曾被广泛地用于没有背景场或初猜场的情况，例如对雷达资料或其他小尺度观测的分析。由于没有背景场信息，可以考虑它的误差方差很大，故 $\varepsilon^2 = 0$。权重则以指数形式给出：

$$w_{ik}^n = \exp\left(-\frac{r_{ik}^2}{2R_n^2}\right) \tag{3.5}$$

在每一次迭代中影响半径呈一常数因子改变：$R_{n+1}^2 = \gamma R_n^2$。如果 $\gamma = 1$，则能捕捉大尺度信息。在 $\gamma < 1$ 的情况下，经过多次迭代后，更多的观测细节将在分析中再现。

尽管 SCM 是一种经验方法，但是它简单经济，并能产生合理的分析。Bratseth（1986）证明，如果不是用以上的经验公式而是选择合适的权重，SCM 可以收敛到正常最优插值的结果。

3.1.3　最优插值法

以上介绍的函数拟合和 SCM 方法主要是以经验为基础，缺乏理论基础，同时也没有充分利用观测和模式的误差。其中 SCM 方法虽提出如何更加合理地选取权重函数，但

SCM 的观测增量的权重仅取决于观测与分析格点之间的距离，采用这种方法得到的分析结果在统计意义上往往不是最优的。直到 1963 年 Gandin 提出了统计插值方法（statistical interpolation），资料同化才有了基于统计估计理论基础。从统计意义来说，它是一种均方根误差最小的线性插值方法，选取的权重使分析误差最小。从而它对测站密度敏感性最差，而且可以同时进行多元分析（如同时进行风场、位势场、温度场分析），并给利用不同时刻非常规资料提供了一种行之有效的方法。

在 20 世纪 90 年代，统计插值方法被广泛用于气象业务部门的资料分析和同化，在许多文献中称为最优插值方法（optimal interpolation，OI）。它属于一种最小方差估计方法。

现假定在每一个点上只有一种测量，记为 $f_o(r_k), k=1,2,\cdots,K$。假设所有的测量误差均为随机的，无偏的，服从正态分布。记分析场为 $f_a(r_i), i=1,2,\cdots,N$。向量 f_o,f_a 和 ε 分别表示观测场、分析场和误差场。这里 r 表示空间坐标（可以为一维、二维或三维）。

为了考虑观测误差的二阶统计特征，引入观测误差协方差矩阵 $\boldsymbol{R}=\langle\varepsilon\varepsilon^T\rangle$，其元素 $R_{ij}=\langle\varepsilon_i\varepsilon_j\rangle$，对角线元素 $\langle\varepsilon_i\varepsilon_i\rangle=\langle\sigma_i^2\rangle$。若各个点的误差相互独立，$\boldsymbol{R}$ 是对角矩阵。

在实际的大气资料分析问题中，观测向量 f_o 的维数 K 往往比分析向量 f_a 的维数 N 小，$K<N$，这时问题是欠定的，应该有其他信息源。在数值预报中通常是利用当时的预报场作为一个信息，将其称为背景场，用向量 f_b 表示，相应的误差向量是 ε_b，显然它们是 N 维的。背景场的误差协方差矩阵为 $\boldsymbol{B}$。现在假定测量误差与背景场误差独立无关，则分析场可表示为二者的线性组合：

$$f_a=\boldsymbol{A}_1f_b+\boldsymbol{A}_2f_o \tag{3.6}$$

$\boldsymbol{A}_1$ 是 $N\times N$ 矩阵，$\boldsymbol{A}_2$是$N\times K$ 矩阵，它们为待定的。希望估计（分析）是无偏的：

$$\langle f_a\rangle=\langle\boldsymbol{A}_1f_b+\boldsymbol{A}_2f_o\rangle=\boldsymbol{A}_1f+\boldsymbol{A}_2Hf \tag{3.7}$$

因此 $\boldsymbol{A}_1=\boldsymbol{I}-\boldsymbol{A}_2H$，这里 f 表示真值，用“观测算子” H 可以由 f 计算观测，则 $f_o=Hf+\varepsilon_o$，ε_o 为观测误差，这里假定 $H=\boldsymbol{H}$，即为线性观测算子。式（3.6）可以改变为：

$$f_a=f_b+\boldsymbol{A}_2(f_o-Hf_B) \tag{3.8}$$

我们希望分析场的误差最小，误差的各分量是：

$$\varepsilon_a=f_a-f=(f_{a1}-f_1,f_{a2}-f_2,\cdots,f_{aN}-f_N) \tag{3.9}$$

用 ε_a 的模度量其大小：

$$\sigma_a^2=\langle\varepsilon_a^2\rangle=\sum_{i=1}^N\langle\varepsilon_a^i\varepsilon_a^i\rangle \tag{3.10}$$

为了计算 σ_a^2，我们了解误差协方差矩阵 $\boldsymbol{P} = \langle \varepsilon_a \varepsilon_a^T \rangle$，它的元素为 $P_{ij} = \langle \varepsilon_a^i \varepsilon_a^j \rangle$，其对角线之和（矩阵的迹）即为 σ_a^2。将前面的表达式（3.8）、（3.9）代入可得到：

$$\boldsymbol{P} = (\boldsymbol{I} - \boldsymbol{A}_2 H)\boldsymbol{B}(\boldsymbol{I} - \boldsymbol{A}_2 H)^T + \boldsymbol{A}_2 \boldsymbol{R} \boldsymbol{A}_2^T \tag{3.11}$$

如果我们找到 $\boldsymbol{A}_2$ 使 $\boldsymbol{P}$ 的迹 $trace(\boldsymbol{P})$ 取极小，那么得到的分析场是一个最优估计。运用下面的理论：

$$trace(\boldsymbol{A}+\boldsymbol{B}) = trace(\boldsymbol{A}) + trace(\boldsymbol{B})$$

$$\frac{\partial}{\partial \boldsymbol{A}} trace(\boldsymbol{ABA}^T) = 2\boldsymbol{AB} \tag{3.12}$$

这里要求 $\boldsymbol{B}$ 是对称矩阵。由于误差协方差矩阵对称，得到：

$$\begin{aligned} \frac{\partial}{\partial \boldsymbol{A}_2} trace(\boldsymbol{P}) &= \frac{\partial}{\partial \boldsymbol{A}_2} trace\left[(\boldsymbol{I} - \boldsymbol{A}_2 H)\boldsymbol{B}(\boldsymbol{I} - \boldsymbol{A}_2 H)^T\right] + \frac{\partial}{\partial \boldsymbol{A}_2} trace(\boldsymbol{A}_2 \boldsymbol{R} \boldsymbol{A}_2^T) \\ &= -2(\boldsymbol{I} - \boldsymbol{A}_2 \boldsymbol{H})\boldsymbol{B}\boldsymbol{H}^T + 2\boldsymbol{A}_2 \boldsymbol{R} \end{aligned} \tag{3.13}$$

极小的条件是：

$$0 = -2(\boldsymbol{I} - \boldsymbol{A}_2 \boldsymbol{H})\boldsymbol{B}\boldsymbol{H}^T + 2\boldsymbol{A}_2 \boldsymbol{R}$$

即：

$$\boldsymbol{A}_2 = \boldsymbol{B}\boldsymbol{H}^T\left[\boldsymbol{H}\boldsymbol{B}\boldsymbol{H}^T + \boldsymbol{R}\right]^{-1} \tag{3.14}$$

代入（3.8）式得到：

$$f_a = f_b + \boldsymbol{B}\boldsymbol{H}^T(\boldsymbol{H}\boldsymbol{B}\boldsymbol{H}^T + \boldsymbol{R})^{-1}(f_o - H f_b) \tag{3.15}$$

这样分析场可由第一猜测场（背景场）与最优权重加权修正值（观测与第一猜场之差）之和得到，其中最优权重（或增益矩阵）$\boldsymbol{W}$ 为：

$$\boldsymbol{W} = \boldsymbol{B}\boldsymbol{H}^T(\boldsymbol{H}\boldsymbol{B}\boldsymbol{H}^T + \boldsymbol{R})^{-1} \tag{3.16}$$

§ 3.2　初始化

将大气运动的垂直尺度记为 L_Z（10 km），水平尺度记为 L_H。对于天气尺度和行星尺度的运动，L_H 超过 100 km。

大气运动的两个时间尺度可以定义为：

$$\tau_1 = f^{-1} \text{ 和} \tau_2 = \frac{L_H}{V_H}$$

式中 V_H 是特征水平速度。τ_1 称为惯性时间尺度，τ_2 称为平流时间尺度。用罗斯贝（Rossby）数 R_0 定义为这两个时间尺度之比：

$$R_0 = \frac{\tau_1}{\tau_2} = \frac{V_H}{L_H f}$$

大气中 R_0 通常较小，意味着 $\tau_1 \leqslant \tau_2$（通常在中纬度 τ_2 为 1 天，τ_1 为几个小时）。由此我们可以定义大气中的两类时间尺度不同的运动：第一类运动（惯性重力波），时间尺度 $\leqslant \tau_1$，传播速度超过 V_H；第二类运动时间尺度与 τ_2 相当，传播速度接近 V_H。大多数情况下，基本的气象信号表现为第二类运动。从观测中可以看到，对流层中主要的能量限于第二类运动，表现为平流时间尺度而非惯性时间尺度。现在的问题在于：（1）在高层大气（平流层或其以上）惯性重力波可能扮演较重要角色；（2）对较小尺度的运动，惯性重力波也表现出较大的振幅。尽管如此，仍然可以认为大气的天气尺度和行星尺度的运动是以平流时间尺度的运动占统治地位，惯性重力波占有很小成分，对天气尺度运动影响不大，这种运动称为平衡运动。但是在数值模式计算中，若将未经初始化的客观分析场作为初始场则会出现明显的带有惯性重力波特征的剧烈震荡，把天气尺度运动的信号都掩盖掉了。1922 年 Richardson 的数值预报失败的主要原因之一就是因为没有滤去虚假的惯性重力波。

出现上述问题的原因如下。第一，观测或客观分析资料的误差导致风场和气压场之间不平衡。观测或分析资料一般总存在各种程度不同的误差。虽然这些误差在相当程度上是偶然的，但在局部地区根据这种资料计算的地转偏向力和气压梯度力之间可能有较大的不平衡，即出现较大的虚假地转偏差。这种虚假地转偏差会激发出远超过实际的大振幅惯性重力波，以致掩盖了有天气意义的大气波动。第二，初始资料和数值模式之间的不平衡。一般来说，初值可以认为是方程在初始时刻的解。对于有限区域的数值天气预报，解还和边值等有关，即：预报方程的解应满足初值、边值以及从方程和假设条件导出来的一系列关系式。实际上，对于很多模式，这些条件或关系并不能完全满足，这样就产生了初值和模式之间的不协调，问题成为不适定的。因此，时间积分过程中可能产生虚假的高频振荡。可以有两种途径来解决这一问题：（1）利用不允许产生惯性重力波的模式进行预报，就是“过滤模式”；（2）利用原始方程模式预报，但修改初始场，使虚假重力波不会被激发。这一过程称为初始化（initialization）。

其中，第一个方法就是 Charney 等提出的滤波理论，在这个基础上建立的滤波模式，使得数值预报于 1950 年获得成功。但是，滤波模式虽然能滤去积分过程中的虚假惯性重力波，但它也会把真实的惯性重力波滤去，所以人们很自然地想到利用原始方程组来进行数值积分即原始方程模式。而在积分原始方程模式之前，必须要对初始条件进行处理，把初始条件中的不协调、不平衡部分滤掉，从而保证模式不产生虚假的高频振荡。

过去的业务分析预报系统都有客观分析和初始化两个部分，前者用于将观测资料转变为某种有规划的表达形式，后者用于抑制数值模式积分时产生的高频振荡。随着大气探测技术的发展，在现代气象业务工作中，除常规观测资料外，还可以收集到大量的各种类型的非常规观测资料，如卫星资料、雷达资料等。如何将这些不同类型的观测资料融合为一个有机的整体，为数值天气预报提供一个更好的初值场，这就是所谓的资料同化问题。

本节将具体介绍静力初始化和动力初始化。

3.2.1　静力初始化

为了避免在观测或分析的风场和气压场之间出现虚假的不平衡，假定风压场满足某种平衡关系，根据这种平衡关系，可用其中一个场来确定另一个场。常用的平衡关系有地转风关系以及平衡方程关系等，相应得到地转风初值、平衡初值等。

1.地转风初值

在中高纬度地区，可以应用地转风关系由位势高度场求出风场，即：

$$u_g = -\frac{g}{f}\frac{\partial z}{\partial y}, \quad v_g = \frac{g}{f}\frac{\partial z}{\partial x} \tag{3.17}$$

在低纬度地区，虽然这个公式不适用，但在实际工作中，考虑等高线大多和风向平行，仍假设地转关系成立。不过地转参数 f 须按经验修改。例如，当 $\phi \leqslant \phi_0$ 时，令 $f = f(\phi_0)$。通常取 ϕ_0 为 $20°$ 或 $30°$ 纬度。

用地转风公式计算风场比较简单，但是地转关系仅仅是风压场平衡关系的第一近似，在很多情况下，风压场的平衡关系和地转平衡有很大区别。例如，对于圆形气压场，更接近的平衡关系应该是梯度风关系。对于低压系统，计算的地转风就比梯度风大，即地转风不能代表平衡的风场。因此，在积分的过程中也会产生虚假的惯性重力波，甚至会出现虚假的气压变化。一般可采用平衡初值来改进它。

2.平衡初值

平衡初值是采用平衡方程作为风场与气压场之间的协调关系。平衡方程为:

$$f\xi - \beta u + 2J(u, v) = \nabla^2 \Phi \tag{3.18}$$

在水平无辐散的假定下引入流函数，则平衡方程的形式为:

$$f\nabla^2\psi + \nabla f \cdot \nabla\psi + 2(\psi_{xx}\psi_{yy} - \psi_{xy}^2) = \nabla^2 \Phi \tag{3.19}$$

上式表明了风场的旋转部分与气压场之间的平衡关系。与地转风公式（3.17）相比，平衡方程考虑了 f 随纬度的变化以及由非线性项所表示的流线散开或汇合和曲率作用。因此，它描述了比地转风公式精度更高的风压场平衡关系。

3.考虑辐散的初始风场

用地转风公式计算的风场的散度是很小的，由平衡方程确定的风场是严格无辐散的，实用结果表明，平衡风初值比地转风初值要好。但是根据 Phillips（1960）的分析，在原始方程模式中，如果初始风场中没有适量的散度，仍然会产生高频振荡。要使惯性重力波受到抑制，不致掩盖掉有天气意义的波动，在初始风场中包含一定量的辐散是有益的。

例如，若采用一个两层原始方程模式，并用实测的风场和位势高度场作为初始资料。经过一段时间的预报，通过模式方程的调整适应，初始时刻不平衡的风压场应该达到某种平衡状态。然后再把预报的风压场作为“初始场”分两种情况继续进行 24 h 积分，一种情况是“初始场”不作任何变化，它代表平衡的初值；另一种情况是去掉“初始风场”中的辐散部分，只保留其旋转部分，它代表不平衡的初值。

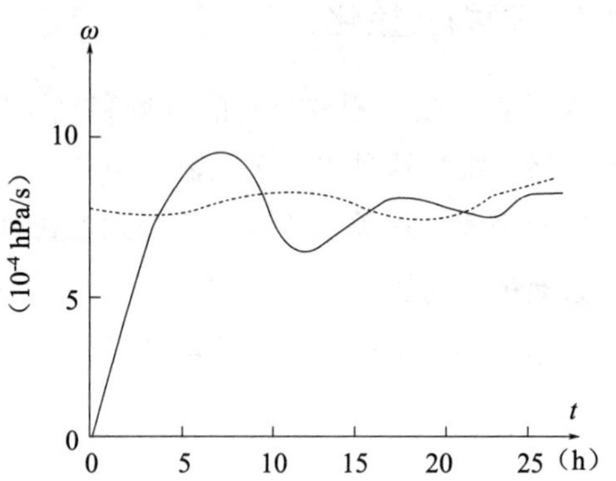

图 3.1 两种初值预报的 ω 均方差（实线和虚线分别表示没有初始散度和有初始散度的 ω 值）

图 3.1 给出了用这两种初值做预报的 ω 的均方差随时间的变化。由图中可见，用无辐散初值预报的 ω 有较大振幅的振动，振动周期为 12 h；而用有辐散初值预报的 ω 振幅较小。这一试验结果表明，原始方程模式的初始风场不仅要包含旋转部分，而且要包含相应的辐散部分。

将风的辐散部分引入初始风场的方法是：由准地转系统或平衡系统的 ω 方程计算出垂直运动；再由连续方程可以解出水平散度；由水平散度 D 与速度势 χ 的关系：

$$\nabla^2\chi = D \tag{3.20}$$

可以求出速度势 χ；最后由速度势求出散度风：

$$\boldsymbol{V}_\chi = \nabla\chi \tag{3.21}$$

的值；叠加到由平衡方程求出旋转风上，即：

$$\boldsymbol{V} = \boldsymbol{k} \times \nabla\psi + \nabla\chi \tag{3.22}$$

上述风场可以作为初始风场使用。它既是有辐散的风场，又是通过 ω 方程等与位势高度场相协调的场。

上面介绍的几种静力初始化方法，目前仍在继续使用。用静力初始化方法所确定的初始风场虽然满足某种平衡关系，但是它们与模式的预报方程并不一定协调，不一定恰好是初始时刻预报方程的解。在应用地转风公式和平衡方程等诊断关系确定初值时，丢掉了许多可用的信息，不能充分地考虑地转偏差对天气发展的重要作用，预报效果一般都不太令人满意。20 世纪 60 年代，出现了许多处理初值的动力方法，并逐步取代静力初始化的方法。

另外，需要指出的是，许多利用静力初始化进行天气预报的模式，其温度场资料往往也不是用实际观测或分析的资料。一般是用高度场的资料通过静力平衡方程计算而得到。这实际上是厚度资料或平均温度场资料，它们比用实测温度代入时与高度场有更好的协调性。

3.2.2　动力初始化

这种方法是借助于原始方程模式本身所具有的动力特性（例如能描述地转适应过程），经过一些合理的步骤，使惯性重力波被阻尼或被滤去，而得到接近平衡的初值。这种方法主要有动力迭代法及正规模法。

Nitts-Hovermale（1967）提出了一种动力初始化的方法，称为恢复迭代法，又称 Nitts-Hovermale 法。这种方法同时应用初始观测的风场和气压场资料，利用原始方程模式可以调整风压场的能力，再选用能够阻尼高频振荡的时间积分格式，在初始时刻附近对原始方程模式交替向前、向后积分。在积分过程中，因初始风压场不平衡而产生的惯性重力波被阻尼，从而得到相互适应的风压场。

下面用简单的线性正压原始方程组来说明它的具体做法。线性正压原始方程组为：

$$\frac{\partial u}{\partial t}=-g\frac{\partial z}{\partial x}+fv \tag{3.23}$$

$$\frac{\partial v}{\partial t}=-g\frac{\partial z}{\partial y}-fu \tag{3.24}$$

$$\frac{\partial z}{\partial t}=-H\left(\frac{\partial u}{\partial x}+\frac{\partial v}{\partial y}\right) \tag{3.25}$$

令 $\boldsymbol{F}=(u,v,z)^T$ 为一向量函数，而

$$\boldsymbol{B}=\begin{bmatrix} 0 & f & -g\dfrac{\partial}{\partial x} \\ -f & 0 & -\dfrac{\partial}{\partial y} \\ -H\dfrac{\partial}{\partial x} & -H\dfrac{\partial}{\partial y} & 0 \end{bmatrix}$$

为一矩阵算子。方程组 (3.23) — (3.25) 可改写为矩阵形式：

$$\frac{\partial \boldsymbol{F}}{\partial t}=\boldsymbol{BF} \tag{3.26}$$

利用欧拉后插格式将式 (3.26) 向前积分一步，再向后积分一步，完成一次循环，于是动力

迭代格式可具体写为：

$$\begin{cases} \boldsymbol{F}^{*} = \boldsymbol{F}^{\gamma} + \Delta t \boldsymbol{B} \boldsymbol{F}^{\gamma} \\ \boldsymbol{F}^{\mu} = \boldsymbol{F}^{\gamma} + \Delta t \boldsymbol{B} \boldsymbol{F}^{*} \end{cases} \tag{3.27}$$

$$\begin{cases} \boldsymbol{F}^{**} = \boldsymbol{F}^{\mu} - \Delta t \boldsymbol{B} \boldsymbol{F}^{\mu} \\ \boldsymbol{F}^{\gamma+1} = \boldsymbol{F}^{\mu} - \Delta t \boldsymbol{B} \boldsymbol{F}^{**} \end{cases} \tag{3.28}$$

式中 $\boldsymbol{F}^{\mu}$ 表示 $t = \Delta t$ 时的值，$\boldsymbol{F}^{\gamma}$ 和 $\boldsymbol{F}^{\gamma+1}$ 分别表示完成第 γ 次和第 $\gamma+1$ 次循环后 $t=0$ 的迭代值。在进行 $\gamma+1$ 迭代时，$\boldsymbol{F}^{\gamma}$ 中的位势场已恢复为观测初值。

现分析这一迭代格式的功能。迭代格式 (3.27)、(3.28) 可合并为：

$$\boldsymbol{F}^{\gamma+1} = (\boldsymbol{I} + \Delta t^{2} \boldsymbol{B}^{2} + \Delta t^{4} \boldsymbol{B}^{4}) \boldsymbol{F}^{\gamma} \tag{3.29}$$

设谐波解 $\boldsymbol{F} = \widehat{\mathbf{F}} \mathrm{e}^{i\omega t}$。由式 (3.26) 可得 $\boldsymbol{B} = i\omega \boldsymbol{I}$，这里的 $\boldsymbol{I}$ 为单位矩阵，于是式 (3.29) 可改写为：

$$\boldsymbol{F}^{\gamma+1} = [1 - (\omega \Delta t)^{2} + (\omega \Delta t)^{4}] \boldsymbol{F}^{\gamma} = R_{1} \boldsymbol{F}^{\gamma} \tag{3.30}$$

式中 R_1 为迭代格式 (3.27)、(3.28) 进行一次迭代的衰减因子，它是频率的函数，因而具有选择性衰减作用。在第 2 章已指出，欧拉–后差格式对高频振荡有显著的阻尼作用，反复迭代，可使高频惯性重力波的振幅逐渐减小。但是以上方法收敛速度很慢，相当耗费机时。针对这一问题，Okamura 和 Rivas 提出了一种比较节约时间的改进方案，它们提出的循环迭代格式为：

$$\begin{cases} \boldsymbol{F}^{*} = \boldsymbol{F}^{\gamma} + \Delta t \boldsymbol{B} \boldsymbol{F}^{\gamma} \\ \boldsymbol{F}^{**} = \boldsymbol{F}^{*} + \Delta t \boldsymbol{B} \boldsymbol{F}^{*} \\ \boldsymbol{F}^{\gamma+1} = (n+1) \boldsymbol{F}^{\gamma} - n \boldsymbol{F}^{**} \end{cases} \tag{3.31}$$

n 是一个大于 1 的参数，允许随 γ 而变，此外在迭代过程中不让位势场恢复到原来的初值。迭代格式式 (3.31) 可合并为：

$$\boldsymbol{F}^{\gamma} = (\boldsymbol{I} + n \Delta t^{2} \boldsymbol{B}^{2}) \boldsymbol{F}^{\gamma} \tag{3.32}$$

按照式 (3.30) 的推导思路，式(3.32) 可改写为：

$$\boldsymbol{F}^{\gamma+1} = [1 - n(\omega \Delta t)^{2}] \boldsymbol{F}^{\gamma} = R_{2} \boldsymbol{F}^{\gamma} \tag{3.33}$$

两种格式的对比结果表明，改进方案对高频波的阻尼更为有效，可以大大减少迭代收敛的循环次数，使计算量减少了三分之一，加上进行一次循环之后没有让位势场恢复到原来的初值，有利于风压场之间更快地调整到平衡状态。Nitts 等在一个两层原始方程模式的数值试验中使用了恢复迭代法。为了避免实际观测资料出现的误差，他们把模式方程积分了 17 天的风压场作为“观测的”风压场，然后取风场的有旋部分和位势高度作为“初始场”。循环迭代运算的结果表明，在没有辐散的“初始场”中重新出现一个散度场。它和“观测的”风场的散度场十分相似。这一结果表明，应用恢复迭代法，根据无辐散的观测风场是可以相当精确地求出大尺度运动的辐散场的，从而得到相适应的初始风压场。

用恢复迭代法所确定的风场和气压场之间以及风压场和预报方程之间是相互协调的。然而，该方法的运算量很大，达到收敛往往需要几百次迭代，耗用相当于做 24 h 预报的机时，用于业务则必须加以改进。此外，动力初始化能使风压场自动调整，有效地去掉高频的惯性重力波。方法中的阻尼作用依赖于频率，不能区别较大尺度的惯性重力波与较小尺度的罗斯贝波，从而也很难考虑物理过程参数化的作用。同时，该方法在进行时间积分时，积分方向都是交替变化的。从理论上讲，这要求预报方程是可逆的。但一般说来，预报方程是不可逆的，笼统不加区别地使用这种积分方法缺少依据，这点是该方法在理论上的欠缺。

§ 3.3　变分同化

所谓变分初始化处理，是通过变分原理，使初始资料在一定动力约束下调整，达到各种初始场之间协调一致的方法。

随着观测技术手段的发展，如何在客观分析中引入非常规观测资料成为研究热点。20 世纪 60 年代后期，Danard 等指出气象和海洋分析所面临的问题就是如何利用不同来源的信息，随后变分原理在大气资料分析中得到应用。将问题表述为求一个目标的极小值问题。一个显著的特点是有能力将非模式变量的观测同化进去而无须先行反演。变分方法在 20 世纪 90 年代开始在少数国家实现了业务化，逐步成为了目前资料同化方法的一个主流。

变分（variational）方法适用于求一个系统的极大或极小值，在大气科学的许多分支都有运用，特别是在资料的分析同化方面。利用变分方法对资料进行客观分析的过程与最小二乘估计理论有紧密联系，主要考虑的是在简单的动力约束下如何将空间不规则点上的观测值插值到网格点上。

3.3.1　大气资料的三维变分同化方法

如果已知大气的观测 $\boldsymbol{y}^o$、背景场 $\mathbf{x}_b$，那么按照线性估计理论，在统计意义下 $\mathbf{x}$ 的最优估计（分析场）是：

$$\mathbf{x}^* = \mathbf{x}_b + \boldsymbol{B}\boldsymbol{H}^T\left[\boldsymbol{H}\boldsymbol{B}\boldsymbol{H}^T + \boldsymbol{R}\right]^{-1}(\boldsymbol{y}^o - Hx_b) \tag{3.34}$$

式中 $\boldsymbol{B}$是背景误差协方差矩阵，$\boldsymbol{R}$ 是观测误差协方差矩阵，H 是由 $\mathbf{x}$ 向 $\boldsymbol{y}$ 的映射

（$H(\boldsymbol{x})$+观测误差= $\boldsymbol{y}$ ），称为观测算子（可能是简单的内插算子或复杂的模式，如 $\boldsymbol{y}$ 也是状态变量，则 H 就是插值算子)。$\boldsymbol{H}=\dfrac{\partial H}{\partial \mathbf{x}}$ 是观测算子 H 的切线性算子。从变分的角度产生最优估计，则引入目标函数：

$$J(\boldsymbol{x})=\frac{1}{2}(\mathbf{x}-\mathbf{x}_b)^T\boldsymbol{B}^{-1}(\mathbf{x}-\mathbf{x}_b)+\frac{1}{2}(\boldsymbol{y}^o-H\boldsymbol{x})^T\boldsymbol{R}^{-1}(\boldsymbol{y}^o-H\boldsymbol{x}) \tag{3.35}$$

为了找到 J 的极小，计算其梯度：

$$\frac{\partial J}{\partial \mathbf{x}}=\boldsymbol{B}^{-1}(\mathbf{x}-\mathbf{x}_b)-\boldsymbol{H}^T\boldsymbol{R}^{-1}(\boldsymbol{y}^o-H\boldsymbol{x}) \tag{3.36}$$

由 $\dfrac{\partial J}{\partial \mathbf{x}}=0$ 得出是 J 取极小的必要条件：

$$\mathbf{x}_a=\mathbf{x}_b+\left[\boldsymbol{B}^{-1}+\boldsymbol{H}^T\boldsymbol{R}^{-1}\boldsymbol{H}\right]^{-1}\boldsymbol{H}^T\boldsymbol{R}^{-1}(y^o-Hx_b) \tag{3.37}$$

比较式 (3.34) 和式 (3.37) 在形式上有所不同，但可以证明二者是等价的，这样我们也可以根据式 (3.36) 给出的梯度用下降算法求式 (3.35) 的极小值。在资料同化中，往往要求将各种非观测资料（比如卫星遥感资料）同化进来，这时观测算子一般是非线性的。Courtier 等（1994）为了解决计算量过大的问题，提出了一种所谓增量方法。可以将式 (3.35) 写成扰动量（增量）形式：

$$J(\delta\mathbf{x})=\frac{1}{2}\delta\mathbf{x}^T\boldsymbol{B}^{-1}\delta\mathbf{x}+\frac{1}{2}(\mathbf{d}-\boldsymbol{H}\delta\mathbf{x})^T\boldsymbol{R}^{-1}(d-\boldsymbol{H}\delta\mathbf{x}) \tag{3.38}$$

这里 $\delta\mathbf{x}=\mathbf{x}-\mathbf{x}_b$ ，$\boldsymbol{d}=\boldsymbol{y}^o-H\mathbf{x}_b$，$\boldsymbol{H}$ 是 H 的切线性算子（Jacobian 矩阵)，这里包含了近似 $\boldsymbol{y}^o-H\boldsymbol{x}=\boldsymbol{y}^o-H[\mathbf{x}_b+(\mathbf{x}-\mathbf{x}_b)]\approx[\boldsymbol{y}^o-H\mathbf{x}_b]-\boldsymbol{H}(\mathbf{x}-\mathbf{x}_b)=\boldsymbol{d}-H\delta\mathbf{x}$ 。

$J(\delta x)$ 取极小的必要条件和式 (3.35) 类似，梯度为：

$$\nabla_{\delta\mathbf{x}}J=-\boldsymbol{B}^{-1}\delta\mathbf{x}-\boldsymbol{H}^T\boldsymbol{R}^{-1}(\boldsymbol{d}-\boldsymbol{H}\delta\mathbf{x}) \tag{3.39}$$

不过它只给出近似解，要将 $\delta\mathbf{x}+\mathbf{x}_b$ 重新赋给 $\mathbf{x}_b$ 进行多次迭代计算，才能够给出更加精确的解。通常我们不由 $\mathbf{x}_a$ 的显式表达式 (3.37) 求解，而是根据给出的梯度表达式用下降算法求解。

若我们分析的变量不止一个（如风、温、压等)，这时我们还可能要求变量 $\boldsymbol{x}$ 满足某些物理约束关系（比如风场和高度场满足平衡关系)，即 $G(\boldsymbol{x})=0$，将此约束关系加入的方式有强约束和弱约束两种，强约束要求 $G(\boldsymbol{x})=0$ 严格成立，这时问题成为求有约束的极小。若以弱约束的形式，则在目标函数 (3.35) 中加入一项得到：

$$J'(\boldsymbol{x})=J(\boldsymbol{x})+\sum_k W_k[G(\boldsymbol{x})]^2 \tag{3.40}$$

这里的 J 即式 (3.35)， W_k 是第 k 个约束的权量。

在实际问题中按照式 (3.36) 计算极小值会遇到很大困难：$\boldsymbol{B}$ 是一个维数很高的矩阵（按现在的模式可达到 $10^7 \times 10^7$），现有的计算机内存都不能放下它，更不用说求逆。所以三维变分同化的主要问题是找到简化的算法使问题能够求解。

一般认为不同的观测之间（包括不同变量间）误差的水平方向不相关，在垂直方向可能相关，所以矩阵 $\boldsymbol{R}$ 是对角阵或者接近对角阵，求逆不困难。但是 $\boldsymbol{B}$ 矩阵就不能看为对角阵，而它是一个维数很高的矩阵，求逆实际上是不可能的。这是三维变分同化遇到的一大困难。为了解决这一困难，首先是希望分析变量之间相互独立（这可以使背景误差协方差矩阵成为块对角矩阵）。通常的做法是取模式变量的非平衡部分作为分析变量。它们是互不相关的，这样做还容易控制非平衡模态的增长。

通过这样，背景误差协方差矩阵 $\boldsymbol{B}$ 可表示成为块对角矩阵，例如，NMC（the National Meteorological Center）方法（Parish 和 Derber，1992）统计得到，其核心是用对同一时刻不同时效的预报值之间的差作为预报误差的近似：

$$\varepsilon_{il} = x_{il}^{24} - x_{il}^{12}$$

式中下标 i 和 l 分别表示水平方向和垂直方向的格点标号，而 x_{il}^{24} 和 x_{il}^{12} 表示某一时刻时效分别为 24 h 和 12 h的某一要素的预报值。关于避免求 $\boldsymbol{B}$ 的逆的一些方法在此不做介绍。

3.3.2　大气资料的四维变分同化方法

在进行大气资料分析时，我们有两种基本的可用信息：（1）观测；（2）大气遵循的物理规律。

三维变分假定观测资料在进行估计（分析）的时刻存在，每次分析的时间间隔等于资料更新的周期（6 h、12 h、24 h）。实际上，不同的观测网的观测频率是不同的，定时的分析不考虑时间的变化必然丢失许多有用的信息。另一方面，大气模式作为实际大气的一定程度上的近似，它提供的时间演变的信息也不应忽略。从初始化的角度考虑，模式的初值也应与模式协调一致。从上面几方面的考虑提出了变分四维同化，其基本思想是调整初始场，使由此产生的预报在一定时间区间（同化窗口）内与观测场距离最小。按照这样的思想，四维变分同化可以表述为极小化下面的目标函数：

$$J(\mathbf{x}_0) = \frac{1}{2}(\mathbf{x}_0 - \mathbf{x}_b)^T \boldsymbol{B}^{-1}(\mathbf{x}_0 - \mathbf{x}_b) + \frac{1}{2}\int_0^\tau [\boldsymbol{y}_t - H(\mathbf{x}_t)]^T \boldsymbol{R}_t^{-1} [\boldsymbol{y}_t - H(\mathbf{x}_t)]\,\mathrm{d}t \tag{3.41}$$

式中 $\mathbf{x}_0 = \mathbf{x}(0)$，$\mathbf{x}_t = \mathbf{x}(t)$，$\mathbf{x}_t$ 是由下面的预报模式产生的解：

$$\frac{\partial \mathbf{x}}{\partial t} = F(\mathbf{x}), \quad 0 \leqslant t \leqslant \tau \tag{3.42}$$

这里模式已经在空间离散化，$F(\boldsymbol{x})$ 是大气模式中除时间导数外的所有项，观测 $\boldsymbol{y}_t$ 是时间的函数。修正模式的某些输入（可以是初值、边值、某些参数）使模式的输出在一段时间内（同化期间）与观测相拟合。控制变量（目标函数对该变量求极小）是模式的初始态$\boldsymbol{x}_0$，而时间区间上终止时刻的分析由模式的积分给出。因此，四维变分同化利用完整的大气模式做强约束，即分析解必须满足模式方程。换言之，四维变分在寻求一个使得预报最好地拟合整个同化区间内的观测的初始条件。4DVAR 中假设模式是完美的，这是一个缺点，因为，它将给予初始时刻旧的观测和终止时刻新的观测同样的信任。

将已知微分方程和定解条件（初始条件、边界条件）求方程的解的问题作为正问题，那么，已知方程的解（部分解）或解的某种函数反求定解条件或者方程的一些未知项的问题被称为微分方程的反问题。因此，四维变分同化也是一类微分方程的反问题。

求反问题的解的过程称为反演。我们可将观测 y 近似看作预报模式（方程）的解的某种函数，那么前面表述的四维变分同化就是由观测反演初值的问题。四维变分同化的一个显著特点是利用了过去时间的观测资料，而且同化后的场是模式的一个预报场，不会出现不协调的问题。四维变分同化方法还有能力从一部分观测变量去反演另外的变量。比如，由高度的观测反演风场。

变分方法的物理意义清楚，可保证所要求的守恒性，能较好地滤去惯性重力波。这种方法的好坏取决于约束关系的优劣。对于简单的约束关系，求解方便，数学上遇到问题较少；但对于较复杂的约束关系，数学上存在的问题较多。

§ 3.4　观测资料的质量控制

随着科学技术及现代化探测手段的发展，得到的资料门类众多，数量激增。但观测资料在收集和传输过程中不免会产生错误，所以要在使用前进行必要的质量控制来尽可能地检测并剔除错误的观测资料。质量控制直接影响着整个同化结果，从而间接地影响了数值天气预报的精度。

现在大气观测网主要由以下几方面组成。（1）地面观测站，包括一些船舶，每 3 h提供一次近地面的气压、气温、风和湿度资料（气压平均误差 0.5 hPa，气温 1 K，风速 3 m/s，相对湿度 10 %）。（2）探空和测风气球。分布在陆地和部分岛屿，每 12 h提供一次气温（精度 1 K）、气压、风（误差$3\sim5$ m/s）和湿度（相对湿度误差 10 %）的资料。（3）飞机观测，主要提供 200 hPa 高度的风和气温。（4）卫星遥感资料以及反演的垂直温度、水汽分布和风场等信息。（5）多普勒雷达网：主要提供回波强度和径向速度观测，反映中小尺度系统。（6）GPS系统（global positioning system ）。

上述气象观测仪器基本可以分为三类：（1）直接观测一个“点”（非数字意义的点）的气象要素的仪器，包括各种地面观测仪器和探空仪；（2）测量一个区域或体积（遥感方式）

要素的仪器，如雷达和装在卫星上的探测器；（3）根据 Lagrangian 轨迹计算风的仪器，如测风气球，或由卫星探测的云的移动（云迹风）。

用于初始化的大气观测报告的资料不是完美的。它们主要含有以下几种误差：仪器和人为误差；也可能包含“代表性误差”，即实际上正确的观测可能反映了大气现象的次网格过程，但模式或分析不能够分辨它。代表性误差表明观测不能代表模式网格点所要求的面积平均测量（例如观测网尺度 500 km，一个 10 km尺度的风暴可能“看不见”，如果它刚好落在测站上，也可能被看作一个大尺度系统）。仪器和代表性误差可以是系统性的或随机的。系统性误差和偏差应通过校正或用其他的平均（如时间平均）来确定。随机误差一般假设为正态分布。

除了随机分布误差，观测报告还可能含有很大的误差，以致该观测由于没有有用的信息内容而被淘汰。通常，这些不准确或重大误差是由人为因素或在计算以及资料传输过程中产生的。另外，还有其他的观测误差来源，诸如错误的日期、时间或观测位置，未校正的仪器等。因为有重大误差的观测可能引起分析中不成比例的大的误差，于是在分析中有趋于保守使用观测的倾向。近年来，质量控制系统已趋于成熟，许多原来应被舍弃的资料现在被订正并导致对初始场的改进，因而也使预报改进。较新的质量控制系统考虑给怀疑有误差的观测以连续的加权处理，而不是简单地决定“要或不要”将其舍弃。

质量控制主要根据以下几种原则进行。

（1）合理性原则。如果一个观测值与气候值或模式预报值相差很大, 则可认为观测中有重大误差而删除。

（2）连续性或持续性原则。如果一个观测值与其周围的观测值相差很大可认为有重大误差，这是利用在空间的持续性。如果利用相邻时刻的观测进行比较而检验是否有重大误差，则是利用时间上的持续性。

（3）满足诊断方程的原则。对同一个时刻的不同要素的观测值可以利用是否满足诊断方程来进行检验。

传统质量控制主要根据各个气象要素分布的统计规律、时间变化和空间分布的连续性以及各要素之间的相关性进行审查。常见的方法有以下几种。

（1）垂直检查

根据在垂直方向上各层气象要素分布的相关联性进行检查。

①极值检验：根据各气象要素不同层次所允许变化的范围进行检查，删去超过极值允许范围的显著错误信息。极值检验表示超过极值的数据出现的可能性极小，数据可疑。这是小概率事件的概念。从这一点出发，也可以不取真正的极值，而取第二位、第三位的数据，或者取几倍标准差的数值，尤其是在极值远离其他数据的时候。

②静力学关系检查：利用静力学关系由下向上逐层审查温度和高度资料。设按下式：

$$\Delta Z_{计算}(k,k+1)=\frac{R(T_k+T_{k+1})}{2g}\ln p_k p_{k+1} \tag{3.43}$$

计算的 $\Delta Z_{计算}(k,k+1)$ 为第 k 层到第 $k+1$ 层的计算厚度，$\Delta Z_{实测}(k,k+1)$ 为第 k 层到第 $k+1$ 层的实测厚度，若两个厚度之差：

$$r(k,k+1)=\Delta Z_{计算}(k,k+1)-\Delta Z_{实测}(k,k+1) \tag{3.44}$$

绝对值小于允许的范围，则认为满足静力学关系，否则认为不满足静力学关系，还需下一步再检查。

③垂直稳定度检查：将上述计算厚度乘干绝热递减率进行垂直稳定度检查，使之不出现超绝热现象。

（2）水平检验

①气候值和背景场检验：将每一个观测与气候分布或模式预报的背景场值相比较看其是否在合理范围内（粗检查）。例如，如果报告值落到预定范围之外或气候平均的差大于5倍的标准差，则该观测被淘汰。

②伙伴检查：如果观测通过了气候值和背景场检验，将它再与邻近观测或周围观测的平均值比较，如落到合理范围之外则再次被淘汰。但由于各测站之间的距离通常情况下各不相同，比较时还应该考虑这个因素（梯度比较）。这个检查称为“伙伴检查”，把观测与其“邻居（伙伴）”进行比较，也可以挽回一些原先被淘汰的观测，即使它们可能与期望的气候值非常不同。

③插值比较：将这点观测与周围观测值在测站的插值进行比较，其差的绝对值小于允许值，则认为该站资料正确。最常用的就是求平均值或双线性插值。原则上，分析比第一猜值或观测都更为精确。这样促使了“OI”质量控制的发展，该方法充分考虑了时间窗内的初猜场和观测场信息，兼顾了各种误差的统计特性：每一个观测与简单的 OI 分析值比较，而分析值应在观测位置上用第一猜值（背景值）和邻近的但不包含该被检查的观测来获得。当残差（观测与分析之差）比观测误差的标准差大一定数量时，该观测被舍弃。这个分析过程是迭代的，于是一些观测可能在第一次被淘汰后再被挽回。

（3）时间连续性检查

可以用最近观测的，如 6 h、12 h 等的记录进行外推，与待检查的观测值比较。Gandin（1988）引入了复杂质量控制的概念（这里“复杂”的意思是该方法同时用几种检查方法而不是按次序使用），其基本思想是估计几个独立的残差然后应用于由所有独立残差所提供的信息的决策算法，而不是逐步地按次序来达到最后决定，或者像 OI 质量控制一样把所有的信息一次用进去。Collins 和Gandin（1990）、Collins（1998）把这个方法应用于无线电探空的高度场和温度场，取得了很大的成功。该方法的有效之处在于其中几个独立的检查可以互相支持且减少不确定的水平。另外，如果残差很大且互相合理地一致，他们也将提供一个修正观测的基础。

另一种开始流行的方法是在 3D-Var 或 4D-Var 分析过程中实现的变分质量控制，而不是像 OI 质量控制和复杂质量控制那样在分析之前实现。其优点是质量控制的实现是分析的一部分，而不像 OI 质量控制那样是一个预处理过程。但由于它对每一个观测计算一个（迭代）残差，因而不能像复杂质量控制那样订正观测值。变分质量控制方法以修正变分目标函数 $J = J_b + J_o$ 的观测分量 J_o 为基础来考虑可能的显著误差。注意在变分分析方法中，目标函数对 y_o 的梯度 $\nabla_{y_o} J_o$ 确定分析估计 x 多快可以趋近于观测。

§ 3.5　边界条件

数值模式差分方程的求解必须有水平和垂直边界条件。边界条件的提供不仅是模式积分的需要，而且对于模式守恒格式的构造设计有着非常重要的作用。边界条件一般指三种：一是垂直边界条件，二是内边界条件，三是水平侧边界条件。第一种边界条件已在垂直坐标变换中垂直坐标时做了介绍。模式耦合中的内边界和模式类型及其输出输入的接口方式有关，在这里不做介绍。这里只介绍水平侧边界条件。它是由于预报区域有限（相对于全球来说），而计算上要求必须在边界上取得相应的数值。

以正压原始方程为例。设预报区域为矩形，边界分别与 x 轴和 y 轴平行，区域在 x 方向的长度为 L，在 y 方向的宽度为 D。常用的边界条件有以下几个。

1.固定边界条件

固定边界条件是假定边界上预报量不随时间变化。例如，正压原始方程模式中的三个预报量的边界条件为：

$$x = 0, L \quad 或 \quad y = 0, D; \qquad \frac{\partial u}{\partial t} = \frac{\partial v}{\partial t} = \frac{\partial \Phi}{\partial t} = 0$$

这表明在边界上，u、v 和 Φ 不随时间变化。因此，在边界附近天气系统移动与发展均受到较强的制约，这显然与实际情况不符。使用时不要把所研究的天气系统处于边界附近。如果预报区域取整个北半球，其水平侧边界恰好在赤道附近，那里的天气系统相对比较稳定，则短时间的预报采用固定的边界条件影响会小一些。

2.法向速度为 0 的边界条件

对于前面所设的矩形预报区域，假定速度为 0 的边界条件可表示为：

$$\begin{cases} x = 0, L \quad u = 0 \\ y = 0, D \quad v = 0 \end{cases} \tag{3.45}$$

于是在 $x=0$，L 的边界上，正压原始方程组简化为：

$$\begin{cases} \dfrac{\partial v}{\partial t}+m\left(v\dfrac{\partial v}{\partial y}+\dfrac{\partial \Phi}{\partial y}\right)=0 \\ \dfrac{\partial \Phi}{\partial t}+m^2\dfrac{\partial}{\partial y}\left(\dfrac{\Phi v}{m}\right)=0 \end{cases} \tag{3.46}$$

在 $y=0$，D 的边界上，正压原始方程组简化为：

$$\begin{cases} \dfrac{\partial u}{\partial t}+m\left(u\dfrac{\partial u}{\partial x}+\dfrac{\partial \Phi}{\partial x}\right)=0 \\ \dfrac{\partial \Phi}{\partial t}+m^2\dfrac{\partial}{\partial x}\left(\dfrac{\Phi u}{m}\right)=0 \end{cases} \tag{3.47}$$

这表明，采用法向速度为零的边界条件，在相应的边界上就应当分别使用式 (3.46) 和式 (3.47) 来预报要素的变化。由于这种边界条件假定法向速度为 0，即不允许有穿越边界的流入和流出，对于质量和动量来说，没有通过边界的交换。因此这种边界条件，又称为刚体边界条件。

3.海绵边界条件

固定边界条件等比较简单，使用方便。但如果在边界附近有较大的水平梯度，很容易造成计算不稳定。为了减小边界附近要素的水平梯度，人为地由边界内设置一个过渡带。在过渡带外边，即预报区域边界取固定边界条件；在过渡带内边（即过渡带最内一圈）等于预报值；过渡带中间各格点按给定条件变化。这种边界条件称为海绵边界条件。

设一有限区域，取其内边界的过渡区为例。其格点 i 的值，由其边界处为1变到过渡区结束的 k，任一预报量 F 的海绵边界条件为：

$$\hat{F}_i^{n+1}=(1-\alpha_i)F_k^{n+1}+\alpha_i F_1^0 \tag{3.48}$$

式中 $\hat{F}_i^{n+1}$ 是过渡区中 i 点处，$n+1$ 预报时步是由海绵边界条件协调后的值；α_i 是随 i 变化的一个系数，$\alpha_1=1$，$\alpha_k=0$。F_k^{n+1} 是过渡区内边界 $n+1$ 时步的预报值；F_1^0 是区域最外圈 $i=1$ 处的初值。

这种边界对于向外传播的惯性重力波，过渡带就相当于一个能量的吸收带。这种边界条件的好坏与过渡带的宽度（格点数）有关，与 α_i 的变化有关。一般来说，过渡带需要取 7 圈，即 $k=7$；而 α_i 的值以在边界附近变化较快、接近内点时变化缓慢为好。

4.外推边界条件

设某预报量 F 的移速为 c，当天气系统移动时，其强度如不变，则可以引用平流方程：

$$\frac{\partial F}{\partial t}+c\frac{\partial F}{\partial x}=0 \tag{3.49}$$

式中 F 可以表示 u，v，Φ 等。如边界点的网格坐标用 i 表示，积分时间用 n 表示。如上述平流方程时间微商项采用中央差，空间微商项采用向后差。在边界点 i 处如果 $c>0$，平流方程则可写成：

$$\frac{F_i^n-F_i^{n-2}}{2\Delta t}=-\frac{c}{d}\left(\frac{F_i^n+F_i^{n-2}}{2}-F_{i-1}^{n-1}\right) \tag{3.50}$$

现在的关键是如何估计或计算移速 c。可以用外推方法。如在上式中用 $i-1$ 代替 i，则得：

$$c=-\frac{d}{\Delta t}\frac{F_{i-1}^n-F_{i-1}^{n-2}}{F_{i-1}^n+F_{i-1}^{n-2}-2F_{i-2}^{n-1}} \tag{3.51}$$

这样，利用已知时刻 $i-1$、$i-2$ 点的资料，可以估算出 c 的值。若以 $n+1$ 代替式 (3.50) 中的 n，则得：

$$F_i^{n+1}=\frac{1-\left(\dfrac{\Delta t}{d}\right)c}{1+\left(\dfrac{\Delta t}{d}\right)c}F_i^{n-1}+\frac{2\left(\dfrac{\Delta t}{d}\right)c}{1+\left(\dfrac{\Delta t}{d}\right)c}F_{i-1}^n \tag{3.52}$$

如若当 $c=d/\Delta t$时，$F_i^{n+1}=F_{i-1}^n$ 即 i 点 $n+1$ 时刻的值是由 $i-1$ 点在 n 时刻的值平流而来。这在物理上是合理的。把式 (3.51) 代入式 (3.52)，可得：

$$F_i^{n+1}=\frac{F_{i-1}^n-F_{i-2}^{n-1}}{F_{i-1}^{n-2}-F_{i-2}^{n-1}}F_i^{n-1}-\frac{F_{i-1}^n-F_{i-1}^{n-2}}{F_{i-1}^{n-2}-F_{i-2}^{n-1}}F_{i-1}^n \tag{3.53}$$

上式等号右侧全部是已知时刻的值，可以计算出边界处 $n+1$ 时刻的值。式 (3.53) 又称为辐射边界条件。在实际工作中常使用式 (3.52)，其中 c 值经下列判断后选取：

$$c=\begin{cases} d/\Delta t, & \text{当} -\dfrac{\partial F}{\partial t}\Big/\dfrac{\partial F}{\partial x}>d/\Delta t \\ -\dfrac{\partial F}{\partial t}\Big/\dfrac{\partial F}{\partial x}, & \text{当} 0\leqslant -\dfrac{\partial F}{\partial t}\Big/\dfrac{\partial F}{\partial x}<d/\Delta t \\ 0, & \text{当} -\dfrac{\partial F}{\partial t}\Big/\dfrac{\partial F}{\partial x}<0 \end{cases} \tag{3.54}$$

上述微商均以差商形式来估算。式中控制 c 值最大为 $d/\Delta t$，最小为 0。式 (3.52) 可以给出各预报量的边值，但是有时给出的风场和高度场之间可能不协调，在斜压原始方程中还会产生温度场与厚度场之间的不协调，这时需要进行适当的调整。

5.对称反对称边界条件

如做半球预报，其预报区域的水平侧边界条件在赤道附近。此地区流场与气压场均较微弱。从天气及气候的实况来看，气压场大体对称于赤道分布。因南北半球地转参数 f 的符号相反，与气压系统相对应的环流在南北半球相反。依据上述事实，对采用球面坐标的半球

预报，其水平边界条件可取为:

$$
\begin{cases}
u(\lambda,\varphi,t)=u(\lambda,-\varphi,t) \\
v(\lambda,\varphi,t)=-v(\lambda,-\varphi,t) \\
\Phi(\lambda,\varphi,t)=\Phi(\lambda,-\varphi,t)
\end{cases}
\tag{3.55}
$$

式中 λ 及 φ 分别为经、纬度。容易证明这种边界条件，可保证北半球范围内总质量和总能量守恒。实际工作中，对于半球预报常采用这种边界条件，并称它为对称反对称边界条件。但需要注意，在直角坐标中应用对称反对称边界条件，由于矩形边界不完全与赤道一致，还须适当加以处理才行。

初始资料的处理及边界条件的好坏对预报质量有显著的作用。要减小边界不真实对预报系统的影响，可以把预报区域扩大，例如，可扩大到半球甚至全球。即使这样，预报质量的提高还有一定的限制。还必须从其他方面来寻求提高预报的因子。模式的水平分辨率是其中一个重要因子。要在整个计算区域内提高空间分辨率，会使计算量迅速增加。为了在这种情况下解决预报质量与计算量的矛盾，提出了嵌套网格方法。

所谓嵌套网格是指对计算的大区域取较粗的网格，而对其中关心的小区域取细网格。这样既能改善预报质量，又可使计算量增加不致太大。近来，这种预报方法得到迅速的发展。

嵌套网格中的细网格可以是固定的，也可以是随系统移动的。嵌套网格预报中还可以采用多重嵌套网格技术，即在细网格区域中再取更细网格的预报区域，这样就形成了多重嵌套网格。嵌套网格预报中，粗细网格可以用相同的预报模式，这种方法称为自模式嵌套；粗细网格也可以用不同预报模式，这种方法称为异模式嵌套。一般来说，异模式嵌套会碰到更多的问题。这是因为在两模式嵌套边界附近可能出现较大的差异，须更加小心。

嵌套网格预报中处理粗细两种网格值之间关系有两种方案：单向嵌套方案和双向嵌套方案。

大部分有限区域模式用单向侧边界条件，也就是具有较粗分辨率的主模式给被嵌套细网格模式提供边界值信息，而不受细网格模式解的影响。这种方法有一些优点：（1）允许独立地发展细网格模式；（2）粗网格模式可以长时间积分而不受来自细网格模式或由于分辨率不一致而造成的不良影响。

几种主要的单向嵌套网格边界处理方法如下。

（1）修改的海绵边界条件

在嵌套网格中，海绵边界可以仿照式 (3.48) 取成：

$$
\hat{F}_i^{n+1}=(1-\alpha_i)F_i^{n+1}+\alpha_i\tilde{F}_1^{n+1}
\tag{3.56}
$$

式中 $\hat{F}_i^{n+1}$ 是细网格边界最外圈值，由粗网格预报不断提供；F_i^{n+1} 是过渡区内细网格预报值。这样可以得到协调后过渡区的值。若 α_i 取值不当，有时还不能完全抑制边界附近不协调激发出的短波，因此，需要对边界附近几圈采用空间平滑。

（2）倾向修正方案

以平流方程为例，将它写为：

$$\frac{\partial u}{\partial t}+c\frac{\partial u}{\partial x}=-\gamma\frac{\partial(u-\overline{u})}{\partial t} \tag{3.57}$$

式中 $\overline{u}$ 根据粗网格模式给定（这在边界附近可以设想是正确的），γ 在内部为 0 并随着向边界靠近增为大值。由于粗网格模式遵循平流方程：

$$\frac{\partial \overline{u}}{\partial t}+c\frac{\partial \overline{u}}{\partial x}=0 \tag{3.58}$$

我们可以写出一个关于细网格模式与粗网格模式之差 u' 的“误差”方程：

$$\frac{\partial u'}{\partial t}+c^*\frac{\partial u'}{\partial x}=0 \tag{3.59}$$

其中 $c^*=c/(1+\gamma)$，于是时间倾向方案将误差平流减慢使其在边界附近几乎降为 0，这样也就避免了过度规定。但是在实际使用中仍发现这种方案会产生虚假反射。

（3）Davies 方案

这是一种应用最广的方案，同样还是以平流方程为例，在边界区加上一个牛顿松弛项：

$$\frac{\partial u}{\partial t}+c\frac{\partial u}{\partial x}=-K(u-\overline{u}) \tag{3.60}$$

“误差”方程现在是：

$$\frac{\partial u'}{\partial t}+c\frac{\partial u'}{\partial x}=-Ku' \tag{3.61}$$

这表明误差被平流到边界，从边界被平流出来并被阻尼。在流入边界，只有粗细网格模式之间的差被阻尼，于是这种方案减轻了在流出边界上过度规定的影响，而没有向流入边界上引入的负作用。

如果 K 突然增加，也有可能会引入虚假反射，由于这个原因，可使用一个 K 的平滑增长函数（松弛系数）。考虑一个在边界附近的区域模式的完全预报方程：

$$\frac{\partial u}{\partial t}=F-K(u-\overline{u}) \tag{3.62}$$

此式中，F 包括了所有内部时间导数的常用“强迫项”（如平流、源或汇等）。例如，用蛙跳格式对常用项进行时间离散化而对边界松弛项用向后隐式格式：

$$\frac{u^{n+1}-u^{n-1}}{2\Delta t}=F^n-K(u_i^{n+1}-\overline{u}^{n+1}) \tag{3.63}$$

这里上划线表示粗网格模式上值，$\overline{u}^{n+1}$ 是更新的细网格模式值，下标 i 表示在向粗网格模式值 $\overline{u}^{n+1}$ 松弛前得到的细网格模式解：

$$u_i^{n+1} = u^{n-1} + 2\Delta t F^n \tag{3.64}$$

从上两式可以得到：

$$u^{n+1} = u_i^{n+1} - K2\Delta t u^{n+1} + K2\Delta t \overline{u}^{n+1} = (1-\alpha)u_i^{n+1} + \alpha \overline{u}^{n+1} \tag{3.65}$$

式中 $\alpha = 2\Delta t K$ 从内部的 $0(K=0)$ 变化到在边界上的 1，在边界上规定细网格模式的值和粗网格模式的值相等。

双向嵌套也就是细网格模式的解反过来也影响粗网格模式（假设会更精确）。尽管这看起来会比单向边界条件更精确，但要特别注意的是高分辨率信息不要在粗网格的网格模式中被歪曲，否则会使总体结果变差，尤其积分时间较长的更是如此。双向边界条件基本上有以下两种类型。

第一类对应的是真正的嵌套模式，其分辨率有迅速变化，但内部嵌套细网格格点上的解也用来修改外部粗网格模式的解。这种双向相互作用的第一个业务模式是 Phillips（1979）发展的 NGM。

第二类方法要简单一些，其中包括使用连续伸展水平坐标系，这样只有我们关心的区域才用高分辨率求解。很明显使用这种方法不需要对高分辨率区域内的方程给出特殊边界条件，而且高分辨率区域内的解确实会影响分辨率较粗的区域内的解，所以可以把它们视为双向嵌套。

§ 3.6　集合预报

Lorenz（1963a，b）认为："即使用完美的模式和最完善的观测资料，大气的混沌特性也会对天气的可预报性强加一个约为 2 周的有限的限制。"如何解决大气模式模拟的这种不确定性？用"随机性"预报方法取代目前的单一初始场的"确定性"预报，即"集合预报"，也就是在初始条件中或在模式本身引入一些"扰动"，实现几个不同初始条件或模式预报的集合值。

集合预报有三个主要的目的：第一是它可提供一个比单一的预报更为准确的、几天以上的集合平均预报，可以滤除（平均）掉最不确定的预报分量；第二个，也是更重要的目标，给预报员提供一个预报可靠性的估计，这是因为大气可预报性的变化是随着时间的不同和区域的不同而变化的；第三个目的是为概率预报提供定量基础。

第一个目的如图 3.2 所示，这张图是美国气候预报中心（CPC，原NMC的气候分析中心）为对 1997—1998 年冬季 NCEP（美国国家环境预报中心）集合预报进行检验时给出的。这个冬季出现了 El Niño，大气环流有明显的距平，而业务预报也有非常好的技巧。5 天的对照“确定性”预报（带圆点线）具有 80 % 的“距平相关”（AC，即预报和分析距平的形势相关），这结果是相当好的。但 10 个 5 天的扰动集合成员预报各具有相对较差的结果，其 AC 平均为 73 %。这是因为，对照预报是从大气状态的最好估计（分析结果）的初始条件开始的，而对于每个集合成员，却是把增长扰动加在这分析上开始的。但是，集合平均预报趋向于将不确定的分量平均掉，结果，从第5天开始，它就具有比对照预报更好的技巧。我们可以看到，集合预报延伸 1 天，可用预报（定义为 AC 值大于 60 % 的预报）的时限从对照预报的大约 7 天延伸到了集合平均预报的大约 8 天。

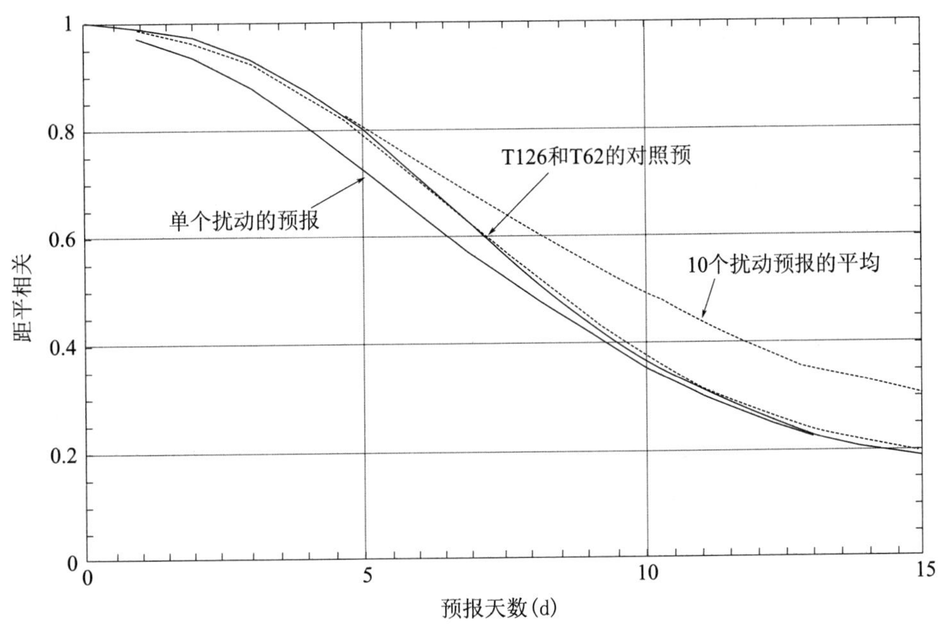

图 3.2　1997 年至 1998 年冬季集合预报的距平相关(对照 T126 和 T62 以及具有 10 个扰动的集合预报)(Eugenia Kalnay，2005)

集合预报的第二个目的是提高预报的可靠性，参加集合预报的成员之间肯定存在差别，但未来的天气结果只有一个可能。其中一些结果肯定是错误的，但无法确定哪些是错误的。因此，通过集合方法可减少错误结果带来的信息。而当集合成员的结果具有较高的一致性，集合的结果则更令人信服。

集合预报的第三个目的是为每个预报的不确定性提供指导。

集合预报的应用还导致了另一项重要的发展，即建立适应性观测系统或有目标观测系统的可能。例如，在参加集合预报的成员之间预报结果不一致时，这些结果表明在某区域内的 3 天预报具有相当高的不确定性，从而应用一些新技术随时间（如 2 天）向后追踪这一不确定的区域。从而得到某一个地区或者几个地区中什么地方的补充观测资料对于提高预报的准确性特别有用，如由飞机施放下投式测风探空仪，或者应用卫星资料、多普勒测风激光雷达资料。如果补充观测的资料，在原来关键的具有不确定的 3 天预报开始后 24 h 使用，就能够有效地提高 2 天预报的可用性。同样，也可以在短期集合预报（12～24 h）最需要的地方实施补充无线电探空观测。

Lorenz（1963a，b）认为天气的可预报性存在两星期的时间限制。集合预报可为那些超出上限的预报提供基本的工具。缓慢变化的地面强迫，尤其是来自于热带海洋或来自于陆面的距平可以造成持续较长时间的大气距平，较之于一些个别的天气型式要具有更高的可预报性。例如，由于海气耦合系统的不稳定振荡而产生的 El Niño ——南方涛动（ENSO），具有 3～7 年的周期。因此在 1 年或更长时间以前应该是可以预报的（与混沌理论相符合）。

天气的可预报性还受到大气本身变化的影响。而大气变化具有较高的随机性，如在一段时间，可以准确地预报 1 周左右的天气，但有时可能只能预报 3 天甚至更短的天气。当受到外强迫的大气变化被天气变率的不可预报性所掩盖时，单一的受到海面温度（SST）异常强迫的天气预报，时限超出 1 周时不可用。但如果利用集合预报的方法，对受海面温度异常强迫（包括受其他陆面缓变过程，如土壤水分和雪盖等异常的作用）的模式的多个预报结果做平均，就能够过滤掉这些结果中的不可预报成分，从而保留较多的受强迫的可预报成分。图 3.2 所示的实际例子中就反映了这种滤波的作用，1997—1998 年冬季第二个星期的集合平均预报具有高达 57 % 的 AC 值，远高于先前所得到的结果。日本气象厅的研究人员做了 28 天预报的平均，同样发现这种集合平均预报显著地增加了第二周以及最后两周预报的信息。NCEP 和 ECMWF 所做的 1997—1998 年 ENSO 事件的预报之所以非常成功，就是利用了集合预报，充分提取了那些受到“天气噪声”影响的有关 El Niño 的有用信息的结果。

复习思考题

1. 为什么要进行初始化？
2. 数值天气预报中初值形成的基本方法有哪些？各自的主要思想和优缺点是什么？
3. 利用尺度分析方法，推导平衡方程。
4. 简述动力初始化的基本思想，主要步骤。如何加速动力初始化过程？
5. 常用的水平侧边界条件有哪几种？
6. 简述海绵边界条件为何能吸收向外传播的波动能量？

7. 简述套网格预报的几种方法和优缺点。

8. 为什么要对观测资料进行质量控制？其主要方法有哪些？

9. 简述三维变分和四维变分同化的异同点。

10. 什么是集合预报？

第 4 章　原始方程模式

第一次成功的数值预报模式是正压过滤模式。正压模式在垂直方向上把大气视为一层，也就不可能描述大气由于热力分布不均匀所产生的大气斜压性。而大气的斜压性不仅是大气环流维持的重要机制，也是中纬度大气系统发展和演变的非常重要的机制。正压过滤大气模式取准地转近似或准无辐散，也就滤除了大气中的惯性重力波，模式包含的只有大气的慢波过程。此外，正压模式仅在大气对流层中层 500 hPa无辐散层上预报。因此，它基本上属于一个简化的理论模式。在实际的数值模拟和天气预报中必须要细致地考虑大气的垂直结构及其演变。因此在 20 世纪 60 年代开始就研制成功多层的、物理过程完善的斜压大气环流模式，许多国家也相继用斜压原始方程模式进行业务数值天气预报。

§ 4.1　正压大气模式

作为数值模式的一个最为简单的基本模型，正压大气模式在垂直方向看作为一层（图 4.1），假定大气是均匀不可压缩的流体，假定初始时刻水平风速不随高度变化，且以后也保持不随高度变化。本节对正压原始方程模式及其数值求解进行介绍。

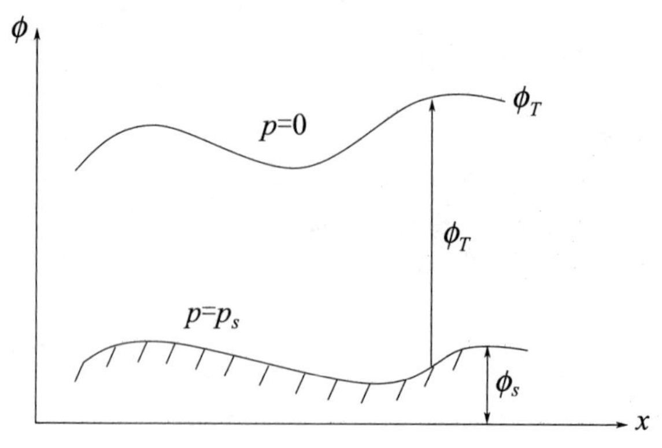

图 4.1 流体垂直剖面

4.1.1　正压原始方程组

1.考虑绝热无摩擦运动，p 坐标的方程组

对绝热无摩擦的运动，p 坐标系的方程组为：

$$
\begin{cases}
\dfrac{\partial u}{\partial t}+m\left(u\dfrac{\partial u}{\partial x}+v\dfrac{\partial u}{\partial y}\right)+\omega\dfrac{\partial u}{\partial p}=-m\dfrac{\partial \phi}{\partial x}+f^{*}v \\
\dfrac{\partial v}{\partial t}+m\left(u\dfrac{\partial v}{\partial x}+v\dfrac{\partial v}{\partial y}\right)+\omega\dfrac{\partial v}{\partial p}=-m\dfrac{\partial \phi}{\partial y}-f^{*}u \\
\dfrac{\partial \phi}{\partial p}=-\dfrac{1}{\rho} \\
m^{2}\left[\dfrac{\partial}{\partial x}\left(\dfrac{u}{m}\right)+\dfrac{\partial}{\partial y}\left(\dfrac{v}{m}\right)\right]+\dfrac{\partial \omega}{\partial p}=0 \\
\dfrac{\partial T}{\partial t}+m\left(u\dfrac{\partial T}{\partial x}+v\dfrac{\partial T}{\partial y}\right)+\omega\left(\dfrac{\partial T}{\partial p}-\dfrac{1}{c_{p}\rho}\right)=0 \\
p=\rho RT
\end{cases}
\tag{4.1}
$$

式中

$$
\phi=gz, \qquad f^{*}=f+m^{2}\left[v\frac{\partial}{\partial x}\left(\frac{1}{m}\right)-u\frac{\partial}{\partial y}\left(\frac{1}{m}\right)\right]
$$

2.两个基本假定

（1）假定大气是均匀不可压缩的流体

即密度 $\rho=\rho_0$ 为常数，它的运动是一种具有自由表面的均匀不可压缩流体运动，大气上界高度为 ϕ_T，该处 $p=0$：下边界地形高度用 $\phi_s(x,y)$ 来表示（图 4.1）。
静力方程两边求水平导数，得：

$$
\nabla\left(\frac{\partial \phi}{\partial p}\right)=0 \tag{4.2}
$$

交换微分符号，上式改写为：

$$
\frac{\partial}{\partial p}(\nabla\phi)=0
$$

即：

$$
\nabla\phi=\nabla\phi_T \tag{4.3}
$$

这表明水平气压梯度力是不随高度变化的，因此在任一高度上的水平气压梯度力都可用自由面的坡度量表示。

（2）假定初始时刻水平风速不随时间变化，则以后也永远保持不随高度变化。

因为 $t=0$ 时，

$$
\frac{\partial u}{\partial p}=\frac{\partial v}{\partial p}=0 \tag{4.4}
$$

考虑 $\nabla\phi = \nabla\phi_T$，得到 $t=0$ 时：

$$\frac{\partial^2 u}{\partial p\partial t} = \frac{\partial^2 v}{\partial p\partial t} = 0 \tag{4.5}$$

即：

$$\frac{\partial u}{\partial p} = \frac{\partial v}{\partial p} = 0 \tag{4.6}$$

表明：u，v 在垂直方向永远保持是均匀的。

3.正压原始方程

在这两个假设之下，水平运动方程与p无关，可看作在垂直方向进行平均结果的方程。连续方程在垂直方向平均，利用垂直边界条件，$p=0$，$\omega=0$；$p=p_s$，$\omega=\omega_s$，考虑到上述假定（2），则连续方程中的水平散度项与 p 无关，即：

$$\frac{\partial}{\partial p}\left[\frac{\partial}{\partial x}\left(\frac{u}{m}\right) + \frac{\partial}{\partial y}\left(\frac{v}{m}\right)\right] = 0 \tag{4.7}$$

则可以得到：

$$\omega_s = -p_s m^2 \nabla\cdot\frac{\boldsymbol{V}}{m} \tag{4.8}$$

式中 s 表示地面上的值。

又已知：

$$\omega_s = \frac{\partial p_s}{\partial t} + m\boldsymbol{V}\cdot\nabla p_s \tag{4.9}$$

为 p 坐标下的地表垂直速度，因而有：

$$\frac{\partial p_s}{\partial t} + m\boldsymbol{V}\cdot\nabla p_s + p_s m^2\nabla\cdot\frac{\boldsymbol{V}}{m} = \frac{\partial p_s}{\partial t} + m^2\nabla\cdot\frac{\boldsymbol{V}}{m}p_s = 0 \tag{4.10}$$

由静力方程垂直方向积分得：$p_s = \rho(\phi-\phi_s)$。
代入上式得：

$$\frac{\partial\phi}{\partial t} + m^2\nabla\cdot\frac{\boldsymbol{V}}{m}(\phi_T - \phi_s) = 0 \tag{4.11}$$

水平运动两个方程构成封闭的方程组，取消 ϕ_T 的下标，可以写成如下形式的正压原始方程组：

$$\left\{\begin{aligned} &\frac{\partial u}{\partial t} + m\left(u\frac{\partial u}{\partial x} + v\frac{\partial u}{\partial x}\right) = -m\frac{\partial\phi}{\partial x} + f^* v \\ &\frac{\partial v}{\partial t} + m\left(u\frac{\partial v}{\partial x} + v\frac{\partial v}{\partial x}\right) = -m\frac{\partial\phi}{\partial y} - f^* u \\ &\frac{\partial\phi}{\partial t} + m^2\left\{\frac{\partial}{\partial x}\left[\frac{u}{m}(\phi-\phi_s)\right] + \frac{\partial}{\partial y}\left[\frac{v}{m}(\phi-\phi_s)\right]\right\} = 0 \end{aligned}\right. \tag{4.12}$$

这组方程也称为浅水方程，若下边界是平坦的，$\phi_s=0$，则上述方程变为：

$$\begin{cases}\dfrac{\partial u}{\partial t}+m\left(u\dfrac{\partial u}{\partial x}+v\dfrac{\partial u}{\partial x}\right)=-m\dfrac{\partial \phi}{\partial x}+f^*v\\ \dfrac{\partial v}{\partial t}+m\left(u\dfrac{\partial v}{\partial x}+v\dfrac{\partial v}{\partial x}\right)=-m\dfrac{\partial \phi}{\partial y}-f^*u\\ \dfrac{\partial \phi}{\partial t}+m^2\left[\dfrac{\partial}{\partial x}\left(\dfrac{u}{m}\phi\right)+\dfrac{\partial}{\partial y}\left(\dfrac{v}{m}\phi\right)\right]=0\end{cases}\tag{4.13}$$

在给定的初始条件：$t=0$，$u=u_0(x,y)$，$v=v_0(x,y)$，$\phi=\phi_0(x,y)$ 和一定的边界条件下，即可求出数值解。正压原始方程模式一般用于大气层中 500 hPa 的预报。

4.1.2　正压原始方程组的空间离散化

空间采用第 2 章介绍的二次平流守恒格式（半动量格式或松野格式），则原始方程模式的有限差分形式为：

$$\begin{cases}\dfrac{\partial u_{i,j}}{\partial t}=-m_{i,j}\left(\overline{\overline{u}^x u_x}^x+\overline{\overline{v}^y u_y}^y+g\overline{z}_x^x\right)+\widetilde{f}_{i,j}^*v_{i,j}=E_{i,j}\\ \dfrac{\partial v_{i,j}}{\partial t}=-m_{i,j}\left(\overline{\overline{u}^x v_x}^x+\overline{\overline{v}^y v_y}^y+g\overline{z}_y^y\right)-\widetilde{f}_{i,j}^*v_{i,j}=G_{i,j}\\ \dfrac{\partial z_{i,j}}{\partial t}=-m_{i,j}^2\left[\overline{\overline{u}^x\left(\dfrac{z}{m}\right)_x}^x+\overline{\overline{v}^y\left(\dfrac{z}{m}\right)_y}^y+\dfrac{z_{i,j}}{m_{i,j}}\left(\overline{x}_x^x+\overline{v}_y^y\right)\right]=H_{i,j}\end{cases}\tag{4.14}$$

上式中存在如下关系式：

$$\begin{cases}\left(\overline{A}^x\overline{B}^x\right)_x=\left(\overline{\overline{B}^x A_x}\right)^x+A\overline{B}_x^x\\ \left(\overline{A}^y\overline{B}^y\right)_y=\left(\overline{\overline{B}^y A_y}\right)^y+A\overline{B}_y^y\end{cases}$$

根据式 (2.159) 可得如下关系：

$$\begin{aligned}\left(\overline{\alpha}^x\overline{u}^x\right)_x-\alpha\overline{u}_x^x&=\frac{1}{4d}\left[\left(\alpha_{i+1}+\alpha_i\right)\left(u_{i+1}+u_i\right)-\left(\alpha_i+\alpha_{i-1}\right)\left(u_i+u_{i-1}\right)\right]-\frac{1}{2d}\alpha_i\left(u_{i+1}-u_{i-1}\right)\\ &=\frac{1}{4d}\left[\left(\alpha_{i+1}+\alpha_i\right)\left(u_{i+1}+u_i\right)-\left(\alpha_i+\alpha_{i-1}\right)\left(u_i+u_{i-1}\right)-2\alpha_i\left(u_{i+1}-u_{i-1}\right)\right]\\ &=\frac{1}{4d}\left[\left(\alpha_{i+1}-\alpha_i\right)\left(u_{i+1}+u_i\right)+\left(\alpha_i-\alpha_{i-1}\right)\left(u_i+u_{i-1}\right)\right]\\ &=\overline{\alpha_x\overline{u}^x}^x\end{aligned}$$

式中

$$\widetilde{f}_{i,j}^*=f_{i,j}+u_{i,j}\overline{m}_y^y-v_{i,j}\overline{m}_x^x\tag{4.15}$$

上式即为正压原始方程模式的预报方程。

4.1.3 初始条件

原始方程模式不但要求给出初始位势高度场，而且还需要给出初始风场。理论分析和预报实践表明，直接用观测的风场和高度场作为原始方程模式的初始值容易产生高频振荡，使数值积分变为不稳定。这是由于观测的风场与高度场之间的不平衡，以及风场、高度场与模式之间的不协调所致。因此，在应用原始方程模式制作数值天气预报之前，必须对初始资料进行初始化。关于初值处理方法，在第 3 章有专门的论述。

为简单起见，正压原始方程组 (4.14) 的初始条件采用如下的地转风初值：

$$t=0,\quad \begin{cases} z_{i,j}=z_{i,j}^0 \\ u_{i,j}=u_{i,j}^0=-\dfrac{m_{i,j}g}{f_{i,j}}\dfrac{\partial z_{i,j}^0}{\partial y} \\ v_{i,j}=v_{i,j}^0=\dfrac{m_{i,j}g}{f_{i,j}}\dfrac{\partial z_{i,j}^0}{\partial x} \end{cases} \tag{4.16}$$

式中 $z_{i,j}^0$ 为初始时刻预报区域网格点上的位势高度。

4.1.4 边界条件

实际大气一般没有水平边界。对于全球范围的预报，无须给出水平边界条件。对于有限区域的预报，在预报区域的边界上必须人为地给出水平侧边界条件。水平侧边界条件的给定方法有多种，如固定边界条件、海绵边界条件等，参见第 3 章的有关内容。

对于正压原始方程模式的有限区域预报而言，采用如下的固定边界条件:

$$\frac{\partial u_{i,j}}{\partial t}|_\beta=\frac{\partial v_{i,j}}{\partial t}|_\beta=\frac{\partial z_{i,j}}{\partial t}|_\beta=0 \tag{4.17}$$

式中 β 表示预报区域的水平侧边界。

4.1.5 时间积分方案

正压大气模式的时间差分常使用时间分离积分方案，把地转适应和调整过程分别求解。

设 $\boldsymbol{F}$ 为一列向量函数，其分量为模式大气的预报变量 u、v 和 z/m。于是，差分形式的正压原始方程组可简写为：

$$\frac{\partial \boldsymbol{F}_{i,j}}{\partial t}=\boldsymbol{A}_{i,j}\boldsymbol{F}_{i,j} \tag{4.18}$$

式中

$$
\boldsymbol{A}_{i,j}=\begin{pmatrix} \boldsymbol{L} & \tilde{f^*_{i,j}} & -m^2_{i,j}g\overline{(\ )}^x_x \\ -\tilde{f^*_{i,j}} & \boldsymbol{L} & -m^2_{i,j}g\overline{(\ )}^y_y \\ -z_{i,j}\overline{(\ )}^x_x & -z_{i,j}\overline{(\ )}^y_y & \boldsymbol{L} \end{pmatrix} \tag{4.19}
$$

为一矩阵算子，而

$$
\boldsymbol{L}=-m_{i,j}\left[\overline{\overline{u}^x(\ )_x}^x+\overline{\overline{v}^y(\ )_y}^y\right] \tag{4.20}
$$

为一有限差分算子。

对方程组 (4.18) 进行数值积分，可先采用欧拉–后差格式。这种格式能有效地抑制高频振荡，使数值积分稳定。借助于矩阵算子 (4.19)，方程组 (4.18) 的欧拉–后差格式可表示为：

$$
\begin{cases} \boldsymbol{F}^{*\ n+1}_{i,j}=\boldsymbol{F}^n_{i,j}+\Delta t\boldsymbol{A}^n_{i,j}\boldsymbol{F}^n_{i,j} \\ \boldsymbol{F}^{n+1}_{i,j}=\boldsymbol{F}^n_{i,j}+\Delta t\boldsymbol{A}^{*\ n+1}_{i,j}\boldsymbol{F}^{*\ n+1}_{i,j} \end{cases} \tag{4.21}
$$

随后，可采用三步法起步的时间中央差格式。这种格式也可形式地表示为：

$$
\begin{cases} \boldsymbol{F}^{n+\frac{1}{2}}_{i,j}=\boldsymbol{F}^n_{i,j}+\dfrac{\Delta t}{2}\boldsymbol{A}^n_{i,j}\boldsymbol{F}^n_{i,j} \\ \boldsymbol{F}^{n+1}_{i,j}=\boldsymbol{F}^n_{i,j}+\Delta t\boldsymbol{A}^{n+1/2}_{i,j}\boldsymbol{F}^{n+1/2}_{i,j} \\ \boldsymbol{F}^{n+2}_{i,j}=\boldsymbol{F}^n_{i,j}+2\Delta t\boldsymbol{A}^{n+1}_{i,j}\boldsymbol{F}^{n+1}_{i,j} \end{cases} \tag{4.22}
$$

在时间积分过程中，为阻尼高频振荡，抑制计算解的增长，须穿插进行时间平滑，时间平滑的公式为：

$$
\widetilde{\boldsymbol{F}^n_{i,j}}^t=(1-S)\,\boldsymbol{F}^n_{i,j}+\frac{S}{2}\left(\boldsymbol{F}^{n+1}_{i,j}+\boldsymbol{F}^{n-1}_{i,j}\right) \tag{4.23}
$$

式中 S 为时间平滑系数。为滤除短波扰动，抑制非线性计算不稳定，必须进行空间平滑。空间平滑公式可采用五点平滑公式：

$$
\widetilde{\boldsymbol{F}^{xy}_{i,j}}=\boldsymbol{F}_{i,j}+\frac{S}{4}\left(\boldsymbol{F}_{i+1,j}+\boldsymbol{F}_{i,j+1}+\boldsymbol{F}_{i-1,j}+\boldsymbol{F}_{i,j-1}-4\boldsymbol{F}_{i,j}\right) \tag{4.24}
$$

S 为空间平滑系数。

§ 4.2　斜压大气的模式方程组及其积分性质

以下我们利用 σ 坐标系的方程组来说明斜压原始方程模式。

4.2.1 模式基本方程组

σ坐标系垂直坐标定义为：

$$\sigma=\frac{p-p_t}{p_s-p_t}=\frac{p-p_t}{p^*} \tag{4.25}$$

式中 p_t 是模式大气上界的气压，$p_s=p_s(x,y,t)$ 为地表气压，$p^*=p_s-p_t$。通量形式的方程组便于推导大气的积分关系，也便于设计守恒的差分格式。下面给出 σ 坐标系中通量形式的方程组：

$$\begin{cases}\dfrac{\partial p^*u}{\partial t}+\dfrac{\partial p^*uu}{\partial x}+\dfrac{\partial p^*uv}{\partial y}+\dfrac{\partial p^*u\dot{\sigma}}{\partial\sigma}-fp^*v=-p^*\left(\dfrac{\partial\varPhi}{\partial x}+\sigma\alpha\dfrac{\partial p^*}{\partial x}\right)+p^*F_x\\ \dfrac{\partial p^*v}{\partial t}+\dfrac{\partial p^*uv}{\partial x}+\dfrac{\partial p^*vv}{\partial y}+\dfrac{\partial p^*v\dot{\sigma}}{\partial\sigma}+fp^*u=-p^*\left(\dfrac{\partial\varPhi}{\partial y}+\sigma\alpha\dfrac{\partial p^*}{\partial y}\right)+p^*F_y\\ \dfrac{\partial\varPhi}{\partial\sigma}=-p^*\alpha\\ \dfrac{\partial p^*}{\partial t}+\dfrac{\partial p^*u}{\partial x}+\dfrac{\partial p^*v}{\partial y}+\dfrac{\partial p^*\dot{\sigma}}{\partial\sigma}=0\\ \dfrac{\partial p^*c_pT}{\partial t}+\dfrac{\partial p^*uc_pT}{\partial x}+\dfrac{\partial p^*vc_pT}{\partial y}+\dfrac{\partial p^*c_pT\dot{\sigma}}{\partial\sigma}=p^*\left(\alpha\omega+\dot{Q}\right)\\ \omega=p^*\dot{\sigma}+\sigma\dfrac{\mathrm{d}p^*}{\mathrm{d}t}\\ \alpha=\dfrac{RT}{\sigma p^*+p_t}\end{cases} \tag{4.26}$$

以及σ坐标系中的上、下边界为：

$$\begin{cases}\sigma=0, & \dot{\sigma}=0\\ \sigma=1, & \dot{\sigma}=0\end{cases}$$

4.2.2 动力学积分关系

下面主要介绍 σ 坐标系下通量方程组 (4.26) 的积分关系，这对构造守恒的差分格式非常有用。

1.模式大气变量 σ 的垂直积分关系

σ 坐标系中的上、下边界分别为 $\sigma=0$ 和 $\sigma=1$，则有：

$$\int_0^1\mathrm{d}\sigma=1 \tag{4.27}$$

2.质量守恒性质

连续方程是描述质量守恒性质的方程。将连续方程对全球进行积分则有：

$$\int_\tau \frac{\partial p^*}{\partial t}\mathrm{d}\tau+\int_\tau \nabla\cdot\left(p^*\boldsymbol{V}\right)\mathrm{d}\tau+\int_\tau \frac{\partial p^*\dot{\sigma}}{\partial \sigma}\mathrm{d}\tau=0 \tag{4.28}$$

式中 $\tau=\mathrm{d}A\mathrm{d}\sigma$ 为全球体积。由于

$$\int_A \nabla\cdot\left(p^*\boldsymbol{V}\right)\mathrm{d}A=0 \tag{4.29}$$

$$\int_0^1 \frac{\partial p^*\dot{\sigma}}{\partial \sigma}\mathrm{d}\sigma=0 \tag{4.30}$$

所以有

$$\int_\tau \frac{\partial p^*}{\partial t}\mathrm{d}\tau=0 \quad 或 \quad \frac{\partial}{\partial t}\int_\tau p^*\mathrm{d}\tau=0 \tag{4.31}$$

这说明大气总质量是守恒的。为了不破坏模式大气的质量守恒，连续方程的水平和垂直差分格式应该分别满足前面两个积分约束条件。

3.变量的个别变化积分关系

在推导方程组的积分性质时，需要对变量的个别变化的积分性质进行讨论。某一个物理量 B 的个别变化可以写成：

$$\frac{\mathrm{d}B}{\mathrm{d}t}=C \tag{4.32}$$

C 表示源汇项，在无源和汇的情况下有：

$$\frac{\mathrm{d}B}{\mathrm{d}t}=0 \tag{4.33}$$

那么 B 是保守量，保守量的任一函数 $F(B)$ 也是保守量，根据函数的微分性质有：

$$\frac{\mathrm{d}F(B)}{\mathrm{d}t}=\frac{\mathrm{d}F(B)}{\mathrm{d}B}\frac{\mathrm{d}B}{\mathrm{d}t}=0 \tag{4.34}$$

将式 (4.34) 展开则有：

$$\frac{\mathrm{d}B}{\mathrm{d}t}=\frac{\partial B}{\partial t}+\boldsymbol{V}\cdot\nabla B+\dot{\sigma}\frac{\partial B}{\partial \sigma}=0 \tag{4.35}$$

式 (4.35) 的通量形式的方程为：

$$p^*\frac{\mathrm{d}B}{\mathrm{d}t}=\frac{\partial p^*B}{\partial t}+\nabla\cdot\left(p^*\boldsymbol{V}B\right)+\frac{\partial p^*B\dot{\sigma}}{\partial \sigma}=0 \tag{4.36}$$

由于

$$\int_A \nabla\cdot\left(p^*\boldsymbol{V}B\right)\mathrm{d}A=0 \tag{4.37}$$

$$\int_0^1 \frac{\partial p^* \dot{\sigma} B}{\partial \sigma} \mathrm{d}\sigma = 0 \tag{4.38}$$

所以有

$$\frac{\partial}{\partial t} \int_A \int_0^1 p^* B \mathrm{d}A \mathrm{d}\sigma = 0 \tag{4.39}$$

这表明物理量 B 在全球范围内是守恒的。

同样地，可以证明 $F(B)$ 在全球范围内也是守恒的。证明如下：

$$p^* \frac{\mathrm{d}F(B)}{\mathrm{d}t} = \frac{\partial p^* F(B)}{\partial t} + \nabla \cdot [p^* \boldsymbol{V} F(B)] + \frac{\partial p^* F(B) \dot{\sigma}}{\partial \sigma} = 0 \tag{4.40}$$

由于

$$\int_A \nabla \cdot [p^* \boldsymbol{V} F(B)] \mathrm{d}A = 0 \tag{4.41}$$

$$\int_0^1 \frac{\partial p^* \dot{\sigma} F(B)}{\partial \sigma} \mathrm{d}\sigma = 0 \tag{4.42}$$

所以有

$$\frac{\partial}{\partial t} \int_A \int_0^1 p^* F(B) \mathrm{d}A \mathrm{d}\sigma = 0 \tag{4.43}$$

如果令 $F(B) = B^2$，那么满足 $F(B)$ 守恒的格式称为二次守恒的垂直差分格式。把满足 B 守恒的格式称为一次守恒的垂直差分格式。

4.气压梯度力的垂直积分

在推导能量方程时，气压梯度力是能量转换项，在位能中也必然存在相同形式的能量转换项。另外由于地形的存在会使得山脉两侧出现气压差，这将使得山脉对大气有一力矩的作用，从而引起大气角动量的变化。静力平衡方程可以改写为：

$$\varPhi - \frac{\partial (\varPhi \sigma)}{\partial \sigma} = p^* \alpha \sigma \tag{4.44}$$

那么气压梯度力可以写成：

$$-p^* (\nabla \varPhi + \alpha \sigma \nabla p^*) = -\nabla (p^* \varPhi) + \frac{\partial}{\partial \sigma} (\varPhi \sigma) \nabla p^* \tag{4.45}$$

上式对 σ 进行垂直积分有：

$$\int_0^1 -p^* (\nabla \varPhi + \alpha \sigma \nabla p^*) \mathrm{d}\sigma$$

$$= \int_0^1 \left[-\nabla (p^* \varPhi) + \frac{\partial}{\partial \sigma} (\varPhi \sigma) \nabla p^* \right] \mathrm{d}\sigma$$

$$= -\nabla \int_0^1 p^* (\varPhi - \varPhi_s) \mathrm{d}\sigma - p^* \nabla \varPhi_s \tag{4.46}$$

再做全球面积分得到:

$$\int_A \int_0^1 -p^* (\nabla \varPhi + \alpha \sigma \nabla p^*) \mathrm{d}\sigma \mathrm{d}A = \int_A -p^* \nabla \varPhi_s \mathrm{d}A \tag{4.47}$$

上式代入球坐标系中的绝对角动量方程有:

$$\frac{\partial}{\partial t} \iiint p^* \left(au \cos\varphi + a^2 \varOmega \cos^2 \varphi \right) a^2 \cos\varphi \mathrm{d}\lambda \mathrm{d}\varphi \mathrm{d}\sigma$$

$$= -\iiint \left(p^* \frac{\partial \varPhi}{\partial \lambda} + p^* \alpha \sigma \frac{\partial p^*}{\partial \lambda} \right) a^2 \cos\varphi \mathrm{d}\lambda \mathrm{d}\varphi \mathrm{d}\sigma$$

$$= -\iint p^* \frac{\partial \varPhi_s}{\partial \lambda} a^2 \cos\varphi \mathrm{d}\lambda \mathrm{d}\varphi \mathrm{d}\sigma \tag{4.48}$$

式中 a 为地球半径，$\varOmega$ 为地球自转角速度，λ, φ 分别为经度和纬度。上式表明如果不存在山脉，则 $\dfrac{\partial \varPhi_s}{\partial \lambda} = 0$，表明地球不对大气产生力矩，那么不考虑摩擦的情况下，大气的绝对角动量守恒。

5.位温及其函数的守恒性

在不考虑非绝热加热过程的情况下，位温 θ 是一个守恒的物理量。

$$\frac{\mathrm{d}\theta}{\mathrm{d}t} = 0 \tag{4.49}$$

其通量形式的方程为:

$$p^* \frac{\mathrm{d}\theta}{\mathrm{d}t} = \frac{\partial p^* \theta}{\partial t} + \nabla \cdot (p^* \boldsymbol{V} \theta) + \frac{\partial p^* \theta \dot{\sigma}}{\partial \sigma} = 0 \tag{4.50}$$

其全球的守恒形式不再证明。关于θ的函数的通量形式的方程为:

$$p^* \frac{\mathrm{d}F(\theta)}{\mathrm{d}t} = \frac{\partial p^* F(\theta)}{\partial t} + \nabla \cdot [p^* \boldsymbol{V} F(\theta)] + \frac{\partial p^* F(\theta) \dot{\sigma}}{\partial \sigma} = 0 \tag{4.51}$$

由于

$$\int_A \nabla \cdot [p^* \boldsymbol{V} F(\theta)] \mathrm{d}A = 0 \tag{4.52}$$

$$\int_0^1 \frac{\partial p^* \dot{\sigma} F(\theta)}{\partial \sigma} \mathrm{d}\sigma = 0 \tag{4.53}$$

所以有

$$\frac{\partial}{\partial t}\int_A\int_0^1 p^* F(\theta)\,\mathrm{d}A\mathrm{d}\sigma = 0 \tag{4.54}$$

这说明全球大气位温守恒。一般由于平流层位温的数值很大，不能在其最大值附近有效地约束密度函数，因此一般不取 $F(\theta)=\theta^2$，而是取 $F(\theta)=\ln\theta$。

6.总能量守恒

利用 σ 坐标系的方程，可以很容易地得到如下的动能方程和位能方程：

$$\begin{aligned}&\frac{\partial p^* K}{\partial t}+\nabla\cdot\left[p^*\boldsymbol{V}(K+\varPhi)\right]+\frac{\partial p^*\dot{\sigma}(K+\varPhi)}{\partial\sigma}+\frac{\partial}{\partial\sigma}\left(\varPhi\sigma\frac{\partial p^*}{\partial t}\right)\\&=-p^*\alpha\omega+p^*\boldsymbol{V}\cdot\boldsymbol{F}\end{aligned} \tag{4.55}$$

$$\frac{\partial p^* c_p T}{\partial t}+\nabla\cdot\left(p^*\boldsymbol{V}c_p T\right)+\frac{\partial p^* c_p T\dot{\sigma}}{\partial\sigma}=p^*\alpha\omega+p^*\dot{Q} \tag{4.56}$$

上面两个方程相加，并对全球进行积分，考虑到：

$$\int_A\nabla\cdot\left[p^*\boldsymbol{V}(K+c_pT+\varPhi)\right]\mathrm{d}A=0 \tag{4.57}$$

$$\int_0^1\frac{\partial}{\partial\sigma}\left[p^*\dot{\sigma}(K+c_pT+\varPhi)\right]\mathrm{d}\sigma=0 \tag{4.58}$$

假设 $\boldsymbol{F}=0,\dot{Q}=0$，则有：

$$\frac{\partial}{\partial t}\int_A\left[p^*\varPhi_s+\int_0^1 p^*(K+c_pT+\varPhi)\,\mathrm{d}\sigma\right]\mathrm{d}A=0 \tag{4.59}$$

上式说明绝热无摩擦情况下，全球大气总能量守恒。这种守恒对于保证数值模式的计算稳定性有非常重要的作用。

§ 4.3　斜压模式方程的数值求解

在差分格式的部分，已经介绍了有关水平守恒格式构造的方法，这里主要介绍垂直差分格式及其守恒性。

1.垂直差分格式的垂直分层

将斜压大气在垂直方向等距或者不等距划分为 n 层，称为 n 层模式。用偶数 k 表示层与层的交界面，用奇数 k 表示模式层内的高度。模式的上边界 $(p=p_t)$ 和下边界 $(p=p_s)$

分别用 $k=0$ 和 $k=K+1$ 表示。各层的厚度$\Delta\sigma=\sigma_{k+1}-\sigma_{k-1}$，则有：

$$\sum_{k=1}^{k=K}\Delta\sigma=1 \tag{4.60}$$

$\sum$ 只对奇数 k 求和，这与前面的积分性质相同。大多数的数值模式将模式物理量在垂直方向交错配置，这与水平方向的变量配置相类似，这样做的目的还是为了更好地描述模式大气中的物理过程。大多数模式将 $\dot{\sigma}$ 与其他变量交错放置。在偶数层上定义 $\dot{\sigma}$，在奇数层上定义 $\boldsymbol{V}$、T、Φ、q 等变量，如图 4.2 所示。对于一个具体的模式，首先要确定其垂直分层和变量分布，然后再根据变量的配置来构造差分格式。我们根据图 4.2 所示的模式结构来进行讨论。

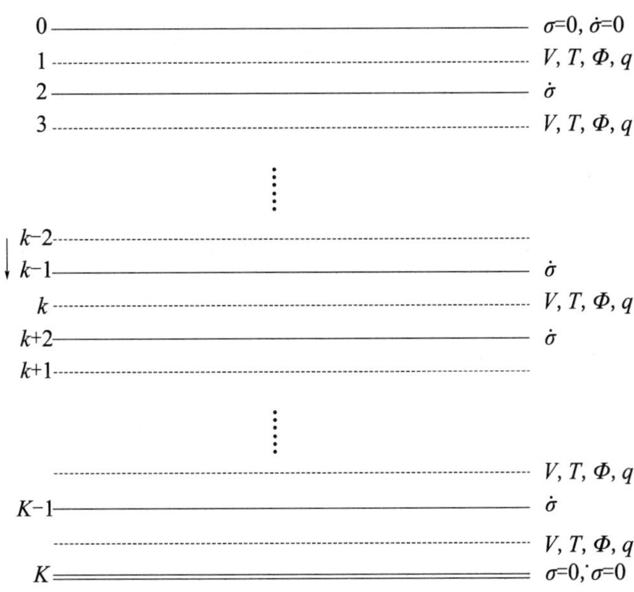

图 4.2　垂直分层及变量在垂直方向的配置

2.连续方程

连续方程写在奇数层上，垂直微商用差商来代替，得到：

$$\frac{\partial p^*}{\partial t}+\nabla\cdot(p^*\boldsymbol{V}_k)+\frac{1}{\Delta\sigma_k}\left[(p^*\dot{\sigma}_{k+1})-(p^*\dot{\sigma}_{k-1})\right]=0 \tag{4.61}$$

将上式对 $\Delta\sigma_k$ 求和，并应用边界条件 $(p^*\dot{\sigma})_0=(p^*\dot{\sigma})_K=0$，则有：

$$\sum_{k=1}^{K}\frac{1}{\Delta\sigma_k}\left[(p^*\dot{\sigma}_{k+1})-(p^*\dot{\sigma}_{k-1})\right]\Delta\sigma_k=0 \tag{4.62}$$

上式表明，连续方程采用上面的差分格式，就能保证单位气柱内质量的垂直通量为 0，与连续大气具有相同的性质。

3.个别变化项

对于个别变化项的差分格式，还是以通量方程为基础来说明。其差分格式为：

$$\left(p^*\frac{\mathrm{d}B}{\mathrm{d}t}\right)_k=\frac{\partial p^*B_k}{\partial t}+\nabla\cdot(p^*\boldsymbol{V}_kB_k)+\frac{1}{\Delta\sigma_k}\left[(p^*\dot{\sigma}_{k+1})\widehat{B}_{k+1}-\left(p^*\dot{\sigma}_{k-1}\widehat{B}_{k-1}\right)\right]=0 \quad (4.63)$$

式中 $\widehat{B}_{k+1},\widehat{B}_{k-1}$ 表示 B 在偶数层上的数值，需要从 k 层的 B 进行插值得到。对上式各项关于 k 求和，可以看出无论采用哪种插值格式，在边界条件下都可以满足：

$$\sum_{k=1}^{k=K}\frac{1}{\Delta\sigma_k}\left(p^*\dot{\sigma}_{k+1}\widehat{B}_{k+1}-p^*\dot{\sigma}_{k-1}\widehat{B}_{k-1}\right)\Delta\sigma_k=0 \quad (4.64)$$

这就是式 (4.42) 表示的垂直积分关系。这是通量形式的垂直差分格式，相应的平流方程满足的积分关系。利用上面通量形式的差分格式和连续方程的差分格式有：

$$\begin{aligned}\left(p^*\frac{\mathrm{d}B}{\mathrm{d}t}\right)_k=&p^*\left(\frac{\partial B_k}{\partial t}+\boldsymbol{V}_k\cdot\nabla B_k\right)\\&+\frac{p^*}{\Delta\sigma_k}\left[\dot{\sigma}_{k+1}\left(\widehat{B}_{k+1}-B_k\right)+\dot{\sigma}_{k-1}\left(B_k-\widehat{B}_{k-1}\right)\right]\end{aligned} \quad (4.65)$$

上式除以 p^*，便可以得到 $\dfrac{\mathrm{d}B}{\mathrm{d}t}$ 的平流形式的差分格式，那么垂直差分格式应为：

$$\left(\dot{\sigma}\frac{\partial B}{\partial\sigma}\right)_k=\frac{1}{\Delta\sigma_k}\left[\dot{\sigma}_{k+1}\left(\widehat{B}_{k+1}-B_k\right)+\dot{\sigma}_{k-1}\left(B_k-\widehat{B}_{k-1}\right)\right] \quad (4.66)$$

这样无论采用什么样的插值公式，通量形式方程的垂直差分格式与平流方程的垂直差分格式是相互协调的。由于 B 是一个守恒量，因此 B 的任意函数也是保守的，可以根据 $F(B)$ 的保守性给出相应的差分格式。这样有：

$$p^*\left(\frac{\partial}{\partial t}+\boldsymbol{V}_k\cdot\nabla\right)F_k+\frac{1}{\Delta\sigma_k}\left[p^*\dot{\sigma}_{k+1}F_k^{'}\left(\widehat{B}_{k+1}-B_k\right)+p^*\dot{\sigma}_{k-1}F_k^{'}\left(B_k-\widehat{B}_{k-1}\right)\right]=0 \quad (4.67)$$

连续方程乘以 F_k 与上式相加，可以得到：

$$\begin{aligned}&\frac{\partial p^*F_k}{\partial t}+\nabla\cdot(p^*\boldsymbol{V}_kF_k)+\frac{1}{\Delta\sigma_k}\left\{p^*\dot{\sigma}_{k+1}\left[F_k^{'}\left(\widehat{B}_{k+1}-B_k\right)+F_k\right]\right.\\&\left.-p^*\dot{\sigma}_{k-1}\left[-F_k^{'}\left(B_k-\widehat{B}_{k-1}\right)+F_k\right]\right\}=0\end{aligned} \quad (4.68)$$

为了使上式满足 $F(B)$ 的个别变化通量形式 (4.40) 的垂直积分，则要求：

$$\begin{cases} \widehat{F}_{k+1} = F_k^{'} \left(\widehat{B}_{k+1} - B_k \right) + F_k \\ \widehat{F}_{k-1} = -F_k^{'} \left(B_k - \widehat{B}_{k-1} \right) + F_k \end{cases} \tag{4.69}$$

在式（4.69）第二个公式中用 $k+2$ 代替 k，并与式（4.69）中第一式消去 $\widehat{F}_{k+1}$，则有：

$$\widehat{B}_{k+1} = \frac{\left(\widehat{F}_{k+2}^{'} B_{k+2} - F_{k+2} \right) - \left(\widehat{F}_k^{'} B_k - F_k \right)}{F_{k+2}^{'} - F_k^{'}} \tag{4.70}$$

上式表明在垂直差分格式中 $\widehat{B}_{k+1}$ 不能任意给定，必须满足一定的约束条件。令 $F(B) = B^2$，则有：

$$\begin{cases} \widehat{B}_{k+1} = \dfrac{1}{2} (B_{k+2} + B_k) \\ \widehat{B}_{k-1} = \dfrac{1}{2} (B_{k-2} + B_k) \end{cases} \tag{4.71}$$

把上式代入式 (4.68) 和式 (4.67) 平流形式的差分格式有：

$$\left(\frac{\mathrm{d}p^* B^2}{\mathrm{d}t} \right)_k = \frac{\partial p^* B_k^2}{\partial t} + \nabla \cdot \left(p^* \boldsymbol{V}_k B_k^2 \right) + \frac{1}{2\Delta\sigma_k} [p^* \dot{\sigma}_{k+1} (B_{k+2} \cdot B_k) - p^* \dot{\sigma}_{k-1} (B_k \cdot B_{k-2})] = 0 \tag{4.72}$$

$$\left(\frac{\mathrm{d}B^2}{\mathrm{d}t} \right)_k = \frac{\partial B_k^2}{\partial t} + \boldsymbol{V}_k \nabla \cdot B_k^2 + \frac{1}{2\Delta\sigma_k} [\dot{\sigma}_{k+1} B_k (B_{k+2} - B_k) + \dot{\sigma}_{k-1} B_k (B_k - B_{k-2})] = 0 \tag{4.73}$$

上面两式是等价的，都是一次和二次守恒的差分格式。

4.气压梯度力

气压梯度力的表达式为：

$$-p^* (\nabla \varPhi + \alpha\sigma \nabla p^*) = -\nabla (p^* \varPhi) + \frac{\partial}{\partial \sigma} (\varPhi \sigma) \nabla p^* \tag{4.74}$$

上式右端的差分格式写成如下形式：

$$-\nabla (p^* \varPhi_k) + \frac{1}{\Delta\sigma_k} \left(\widehat{\varPhi}_{k+1} \sigma_{k+1} - \widehat{\varPhi}_{k-1} \sigma_{k-1} \right) \nabla p^* \tag{4.75}$$

式中 $\widehat{\varPhi}$ 也是未确定的量。将上式关于 $\Delta\sigma_k$ 求和，得到：

$$\sum_{k=1}^{k=K} \left[-\nabla (p^* \varPhi_k) + \frac{1}{\Delta\sigma_k} \left(\widehat{\varPhi}_{k+1} \sigma_{k+1} - \widehat{\varPhi}_{k-1} \sigma_{k-1} \right) \nabla p^* \right] \Delta\sigma_k$$

$$= -\nabla \left[\sum_{k=1}^{k=K} p^* \left(\Phi_k - \widehat{\Phi}_s \right) \Delta\sigma_k \right] - p^* \nabla \widehat{\Phi}_s \tag{4.76}$$

这与气压梯度力所满足的垂直积分关系相协调。

式（4.75）又可以写成：

$$-p^* \nabla \Phi_k - \left[\Phi_k - \frac{1}{\Delta\sigma_k} \left(\widehat{\Phi}_{k+1}\sigma_{k+1} - \widehat{\Phi}_{k-1}\sigma_{k-1} \right) \right] \nabla p^* = -p^* \nabla \Phi_k - p^* \alpha_k \sigma_k \nabla p^* \tag{4.77}$$

式中

$$p^* \alpha_k \sigma_k = \Phi_k - \frac{1}{\Delta\sigma_k} \left(\widehat{\Phi}_{k+1}\sigma_{k+1} - \widehat{\Phi}_{k-1}\sigma_{k-1} \right) \tag{4.78}$$

这说明气压梯度力的垂直差分格式在构造过程中必须和静力平衡方程相协调。

5.动能产生项

绝热无摩擦大气的总能量是守恒的，动能的产生是气压梯度力做功的结果。动能产生项与动能和位能的转换项之间存在密切的关系。动能产生项的差分格式可以写成：

$$\begin{aligned}
&-p^* \boldsymbol{V}_k \cdot \left[\nabla \Phi_k + (\alpha\sigma)_k \nabla p^* \right] \\
&= -\nabla \cdot \left(p^* \boldsymbol{V}_k \Phi_k \right) + \Phi_k \nabla \cdot p^* \boldsymbol{V}_k - p^* (\alpha\sigma)_k \boldsymbol{V}_k \nabla p^* \\
&= -\nabla \cdot \left(p^* \boldsymbol{V}_k \Phi_k \right) - \Phi_k \left[\frac{\partial p^*}{\partial t} + \frac{1}{\Delta\sigma_k} p^* \left(\dot{\sigma}_{k+1} - \dot{\sigma}_{k-1} \right) \right] - p^* (\alpha\dot{\sigma})_k \boldsymbol{V}_k \nabla p^* \\
&= -\nabla \cdot \left(p^* \boldsymbol{V}_k \Phi_k \right) - \frac{1}{\Delta\sigma_k} \left(p^* \dot{\sigma}_{k+1} \widehat{\Phi}_{k+1} - p^* \dot{\sigma}_{k-1} \widehat{\Phi}_{k-1} \right) \\
&\quad - \frac{1}{\Delta\sigma_k} \left[p^* \dot{\sigma}_{k+1} \left(\widehat{\Phi}_{k+1} - \Phi_k \right) + p^* \dot{\sigma}_{k-1} \left(\Phi_k - \widehat{\Phi}_{k-1} \right) \right] - \Phi_k \frac{\partial p^*}{\partial t} - p^* (\alpha\dot{\sigma})_k \boldsymbol{V}_k \nabla p^*
\end{aligned} \tag{4.79}$$

在上面的推导中直接引用了连续方程。动能产生项可继续改写为：

$$\begin{aligned}
&-p^* \boldsymbol{V}_k \cdot \left[\nabla \Phi_k + (\alpha\sigma)_k \nabla p^* \right] \\
&= -\nabla \cdot \left(p^* \boldsymbol{V}_k \Phi_k \right) - \frac{1}{\Delta\sigma_k} \left(p^* \dot{\sigma}_{k+1} \widehat{\Phi}_{k+1} - p^* \dot{\sigma}_{k-1} \widehat{\Phi}_{k-1} \right) + \left[p^* (\alpha\sigma)_k - \Phi_k \right] \frac{\partial p^*}{\partial t} \\
&\quad - p^* \left\{ (\alpha\sigma)_k \left(\frac{\partial p^*}{\partial t} + \boldsymbol{V}_k \cdot \nabla p^* \right) - \frac{1}{\Delta\sigma_k} \left[\dot{\sigma}_{k+1} \left(\widehat{\Phi}_{k+1} - \Phi_k \right) + \dot{\sigma}_{k-1} \left(\Phi_k - \widehat{\Phi}_{k-1} \right) \right] \right\} \\
&= -\nabla \cdot \left(p^* \boldsymbol{V}_k \Phi_k \right) - \frac{1}{\Delta\sigma_k} \left[\left(p^* \dot{\sigma}_{k+1} + \sigma_{k+1} \frac{\partial p^*}{\partial t} \right) \widehat{\Phi}_{k+1} \right. \\
&\quad \left. - \left(p^* \dot{\sigma}_{k-1} + \sigma_{k-1} \frac{\partial p^*}{\partial t} \right) \widehat{\Phi}_{k-1} \right] - p^* (\alpha\omega)_k
\end{aligned} \tag{4.80}$$

式中 $p^*(\alpha\omega)_k$ 为动能转化项，表达式如下：

$$p^*(\alpha\omega)_k = \left\{(\alpha\sigma)_k\left(\frac{\partial p^*}{\partial t} + \boldsymbol{V}_k\cdot\nabla p^*\right)\right.$$

$$\left.-\frac{1}{\Delta\sigma_k}\left[\dot{\sigma}_{k+1}\left(\widehat{\varPhi}_{k+1} - \varPhi_k\right) + \dot{\sigma}_{k-1}\left(\varPhi_k - \widehat{\varPhi}_{k-1}\right)\right]\right\}p^* \tag{4.81}$$

动能转化项必须在热力学方程中出现才能保证总能量守恒。

6.热力学方程

绝热情况下，位温守恒。

$$\frac{\mathrm{d}\theta}{\mathrm{d}t} = 0 \tag{4.82}$$

其通量形式的方程为：

$$p^*\frac{\mathrm{d}\theta}{\mathrm{d}t} = \frac{\partial p^*\theta}{\partial t} + \nabla\cdot(p^*\boldsymbol{V}\theta) + \frac{\partial p^*\theta\dot{\sigma}}{\partial\sigma} = 0 \tag{4.83}$$

其通量形式的差分方程为：

$$\frac{\partial\theta_k p^*}{\partial t} + \nabla\cdot(p^*\boldsymbol{V}_k\theta_k) + \frac{1}{\Delta\sigma_k}\left(\dot{\sigma}_{k+1}p^*\widehat{\theta}_{k+1} - \dot{\sigma}_{k-1}p^*\widehat{\theta}_{k-1}\right) = 0 \tag{4.84}$$

由于 θ 全球守恒，那么关于 θ 的任一函数也是全球守恒的。

如果取 $F(\theta) = \theta^2$，则有：

$$\widehat{\theta}_{k+1} = \frac{1}{2}(\theta_{k+2} + \theta_k) \tag{4.85}$$

如果取 $F(\theta) = \ln\theta$，则有：

$$\widehat{\theta}_{k+1} = \frac{\ln\theta_k - \ln\theta_{k+2}}{1/\theta_{k+2} - 1/\theta_k} \tag{4.86}$$

将式 (4.84) 改写成平流形式的差分方程：

$$p^*\left(\frac{\partial\theta_k}{\partial t} + \boldsymbol{V}_k\cdot\nabla\theta_k\right) + \frac{1}{\Delta\sigma_k}\left[\dot{\sigma}_{k+1}p^*\left(\widehat{\theta}_{k+1} - \theta_k\right) + \dot{\sigma}_{k-1}p^*\left(\theta_k - \widehat{\theta}_{k-1}\right)\right] = 0 \tag{4.87}$$

令$P_k = \left(\dfrac{p_k}{p_0}\right)^{R/c_p}$，$p_0 = 1000\ \mathrm{hPa}$，利用$\theta_k = T_k/P_k$代入上式，得到：

$$p^*\left(\frac{\partial}{\partial t} + \boldsymbol{V}_k\cdot\nabla\right)T_k - p^*\frac{T_k}{P_k}\frac{\partial P_k}{\partial p^*}\left(\frac{\partial}{\partial t} + \boldsymbol{V}_k\cdot\nabla\right)p^*$$

$$+\frac{1}{\Delta\sigma_k}\left[p^*\dot{\sigma}_{k+1}\left(P_k\widehat{\theta}_{k+1} - T_k\right) + p^*\dot{\sigma}_{k-1}\left(T_k - P_k\widehat{\theta}_{k-1}\right)\right] = 0 \tag{4.88}$$

重新组合上式，可以得到关于温度通量形式的方程：

$$\begin{aligned}&\frac{\partial p^* c_p T_k}{\partial t}+\nabla\cdot\left(p^*\boldsymbol{V}_k c_p T_k\right)+\frac{c_p}{\Delta\sigma_k}\left(p^*\dot{\sigma}_{k+1}\widehat{T}_{k+1}-p^*\dot{\sigma}_{k-1}\widehat{T}_{k-1}\right)\\&=p^*\frac{c_p T_k}{P_k}\frac{\partial P_k}{\partial p^*}\left(\frac{\partial}{\partial t}+\boldsymbol{V}_k\cdot\nabla\right)p^*+\frac{c_p}{\Delta\sigma_k}\left[p^*\dot{\sigma}_{k+1}\left(\widehat{T}_{k+1}-P_k\widehat{\theta}_{k+1}\right)\right.\\&\left.+p^*\dot{\sigma}_{k-1}\left(P_k\widehat{\theta}_{k-1}-\widehat{T}_{k-1}\right)\right]\end{aligned}\tag{4.89}$$

为了保证总能量守恒，在热力学方程中也应该出现与动能方程中一样出现的动能和位能转换项，因此有：

$$\begin{aligned}(\omega\alpha)_k=&\frac{c_p T_k}{P_k}\frac{\partial P_k}{\partial p^*}\left(\frac{\partial}{\partial t}+\boldsymbol{V}_k\cdot\nabla\right)p^*\\&+\frac{c_p}{\Delta\sigma_k}\left[\dot{\sigma}_{k+1}\left(\widehat{T}_{k+1}-P_k\widehat{\theta}_{k+1}\right)+\dot{\sigma}_{k-1}\left(P_k\widehat{\theta}_{k-1}-\widehat{T}_{k-1}\right)\right]\end{aligned}\tag{4.90}$$

为了和动能方程中的转换项相同，那么应该有如下的关系式成立：

$$(\sigma\alpha)_k=\frac{c_p T_k}{P_k}\frac{\partial P_k}{\partial p^*}\tag{4.91}$$

$$c_p\left(\widehat{T}_{k+1}-P_k\widehat{\theta}_{k+1}\right)=-\left(\widehat{\varPhi}_{k+1}-\varPhi_k\right)\tag{4.92}$$

$$c_p\left(P_k\widehat{\theta}_{k-1}-\widehat{T}_{k-1}\right)=-\left(\varPhi_k-\widehat{\varPhi}_{k-1}\right)\tag{4.93}$$

同时可以得到如下状态方程，

$$(\sigma)_k=\frac{RT_k}{p_k}\tag{4.94}$$

约束条件式 (4.91) — (4.93) 就是满足总能量守恒的条件。

7.静力方程

前面构造总能量守恒时得到的约束条件实际上是构造了静力方程的差分格式，这样可以得到：

$$\varPhi_k-\frac{1}{\Delta\sigma_k}\left(\widehat{\varPhi}_{k+1}\sigma_{k+1}-\widehat{\varPhi}_{k-1}\sigma_{k-1}\right)=p^*\frac{\partial P_k}{\partial p^*}\cdot\frac{c_p T_k}{P_k}\tag{4.95}$$

另外两个约束条件可以改写为：

$$\left(c_p\widehat{T}_{k+1}+\widehat{\varPhi}_{k+1}\right)-\left(c_p T_k+\varPhi_k\right)=c_p P_k\left(\widehat{\theta}_{k+1}-\theta_k\right)\tag{4.96}$$

$$\left(c_p T_k+\varPhi_k\right)-\left(c_p\widehat{T}_{k-1}+\widehat{\varPhi}_{k-1}\right)=c_p P_k\left(\theta_k-\widehat{\theta}_{k-1}\right)\tag{4.97}$$

上面两个公式中 $\widehat{\Phi}_k,\widehat{T}_k$ 都是偶数层上的未知量，第二个公式中以 $k+2$ 代替 k，消去$\widehat{\Phi}_k,\widehat{T}_k$ 后得：

$$\Phi_{k+2}-\Phi_k=-c_p\widehat{\theta}_{k+1}\left(P_{k+2}-P_k\right) \tag{4.98}$$

这是静力平衡方程的另外一种形式，可以求得模式最低奇数层的 Φ_K：

$$\begin{aligned}\Phi_K=&\Phi_s+\sum_{k=1}^{K}p^*\frac{c_pT_k}{P_k}\frac{\partial P_k}{\partial p^*}\Delta\sigma_k\\&-\sum_{k=1}^{K-2}\sigma_{k+1}c_p\left(P_{k+2}-P_k\right)\frac{\theta_{k+2}+\theta_k}{2}\end{aligned} \tag{4.99}$$

这样给定地形高度之后就可以计算 Φ_K，从数值模式的守恒性上考虑它满足各种守恒条件，但从计算精度上考虑，这种格式有较大的离散化误差。如果用 P_k的特定关系式而不直接用 $P_k=\left(\dfrac{p_k}{p_0}\right)^{R/c_p}$ 来计算，则可以大大减少静力方程的计算误差。

8.斜压方程的时间积分方案

在斜压原始方程中，不仅要考虑模式变量的水平配置，也要考虑变量的垂直配置，当变量的配置确定之后，同样必须考虑使模式稳定有效积分的时间积分方案问题。我们在前面已经介绍过有关的时间积分方案，包括显式方案、隐式方案、半隐式方案以及显式分离方案，这些方案有各自的优缺点，应该根据模式研究的问题和计算条件等因素来确定。

复习思考题

1. 试推导 σ 坐标系中通量形式的大气运动基本方程组。

2. 试推导 σ 坐标系中的气压梯度力所做功的功率。

3.若不考虑地形作用 Φ_s，试证明大气的绝对角动量 $M=r\cos\phi\left(u+\Omega r\cos\phi\right)$ 守恒：

$$\frac{\partial}{\partial t}\iiint p^*Mr^2\cos\phi\mathrm{d}\lambda\mathrm{d}\phi\mathrm{d}\sigma=0$$

4.函数

$$H\left(x,y,\zeta,t\right)=a_0-\frac{\overline{u}}{y}+a_1\zeta\cos\left[m\left(x-ct\right)+ny\right]$$

式中 g、$\overline{u}$、a_0、a^1 和 r 为常数，$\zeta=\dfrac{p}{P}$，$m=\dfrac{2\pi}{L_x}$，$n=\dfrac{2\pi}{L_y}$，导出它满足准地转斜压大气模式的预报方程。

$$\Delta\frac{\partial H}{\partial t}+\frac{1}{m_1^2}\frac{\partial}{\partial\zeta}\zeta^2\frac{\partial H}{\partial t}=-\left[\frac{g}{l}(H,\Delta H)+\beta\frac{\partial H}{\partial x}\right]-m_1^2\frac{g}{l}\frac{\partial}{\partial\zeta}\left[\zeta^2\left(H,\frac{\partial H}{\partial\zeta}\right)\right]$$

式中 $\beta=\dfrac{\partial l}{\partial y}$，$m_1^2=\left[R^2T\left(v_a-v\right)/gl^2\right]$，在此条件下有：

$$c=\overline{u}-\frac{\beta m_1^2}{m_1^2\left(m^2+n^2\right)-r\left(r+1\right)}$$

5. 已知静力方程$\dfrac{\partial\phi}{\partial\sigma}=-\alpha\pi$，求证：

$$\frac{\partial\phi\sigma}{\partial\sigma}=\phi-\alpha\pi\sigma$$

6.考虑扩散方程$\dfrac{\partial u}{\partial t}+K\dfrac{\partial^2u}{\partial x^2}$，（1）写出欧拉-后差格式和，（2）三步法起步的时间差分格式。空间导数都用中央差分来近似。

第 5 章　谱模式

在前面章节指出，数值求解大气运动基本方程组主要有两种方法：一种是在第 2 章讲述的差分方法（即格点法）；另一种就是本章将介绍的谱方法。

用谱方法求解偏微分方程的数值解，就是利用变量分离的思想，将变量在某一空间基函数的基础进行谱展开，并将因变量展开成某一基函数的截断级数，把因变量转化为其对应的谱系数，把偏微分方程组转化为常微分方程组。

用谱方法求解的大气模式称为谱模式。与经典的格点模式相比，谱模式具有计算精度高、稳定性好、模式程序简单等突出的优点。20 世纪 60 年代以来，许多气象学者用谱模式和格点模式进行对比预报试验，结果表明，谱方法具有较高的实用价值。因此，谱模式在大气科学的理论研究和数值天气预报业务中得到越来越广泛的应用。

§ 5.1　球面谱模式的展开函数和因变量的选择

由于大气具有高度的各向异性（anisotropy）的性质，所以在数值模式中，一般采用不同的数值方法来分别处理控制方程组中的水平和垂直方向的运算。目前，大多数的谱模式都仅在水平方向上应用谱展开，在垂直方向上仍然使用有限差分方法。也有少数模式在垂直方向上应用有限元法或谱方法。下面提到的谱展开都仅限于用谱展开式来表达某一变量场的水平结构。

5.1.1　展开函数的选择

在谱模式中，因变量是用展开函数表示的。这种展开函数与有限元方法中的基函数不同，它是定义在整个研究区域之上的一种非局地的连续函数。在球面谱模式中所处理的是全球或半球范围的问题。因此，自然希望所选择的展开函数能够适合于球坐标。另外，还希望所选择的展开函数能使控制方程组中的微分或积分运算比较简单。

球谐函数不但其本身构成一个完备的正交系，而且还恰好可以满足上述的两个要求。因此，它被广泛地选作球面谱模式中的展开函数。虽然在试验性的研究中也有采用霍夫（Hough）函数、三角函数等作为球面谱模式的展开函数的，对于充分光滑的函数，其球谐函数的展开式收敛得非常快。对于在某些点上出现间断而在其他地方都是光滑的函数，其展开式也是收敛的，但是收敛的速度会大大减慢，尤其是在间断点附近还会出现吉布斯（Gibbs）现象。

目前世界各国投入业务运行的全球或半球谱模式中，基本都采用了球谐函数作为展开函数。

5.1.2 因变量的选择

基于上面的介绍，在设计球面谱模式时，所选择的因变量应尽量避免在球面上出现间断的情形。在气象要素中，位势高度和温度等物理量场在球面上是连续。然而水平风场一般并不是在整个球面上都连续。因此，在选择适当的因变量用以描述水平风场时，应特别注意这个问题。

水平风速矢量 $\boldsymbol{V}$ 可用向东的风速分量 u 和向北的风速分量v 来描述。图 5.1 给出了北极附近风速矢量的分布。由图中可见，从点 A 趋向于北极点 N 时，u 的极限值为 $-|\boldsymbol{V}_n|$（东风），但是从点 C 趋向于点 N 时，u 的极限值为$|\boldsymbol{V}_n|$（西风）。由此可知，在北极点 N 风速分量 u 是不连续的。类似地，从点 B 趋向于北极点 N 时，v 的极限值为 $|\boldsymbol{V}_n|$（南风）；但是从点 D 趋向于点 N 时，v 的极限值变为 $-|\boldsymbol{V}_n|$（北风）。由此可知，在北极点 N，风速分量 v 也是不连续的。由于在极地附近 u 和 v 都不连续，这就给它们的谱展开造成了困难。

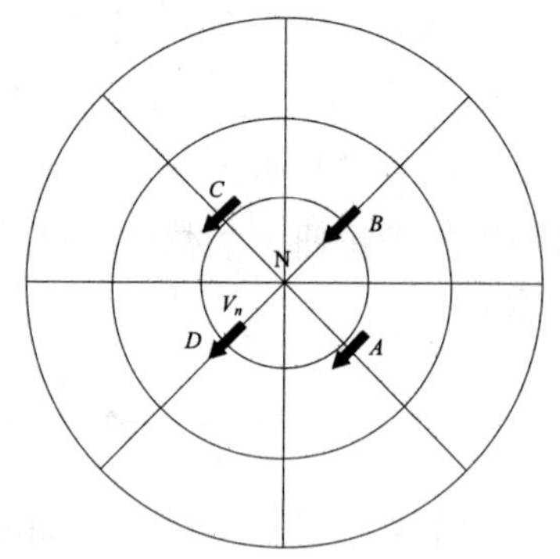

图 5.1 北极附近的风速矢量

在设计球面谱模式时，一般是对 u 和 v 进行特殊的处理，即选择：

$$\begin{cases} U = u\cos\varphi \\ V = v\cos\varphi \end{cases} \tag{5.1}$$

作为因变量来描述水平风场，在南、北极点，因变量 U 和 V 满足关系式：

$$\begin{cases} U \equiv 0 \\ V \equiv 0 \end{cases} \tag{5.2}$$

因此，在整个球面上U、V都是连续的。

水平风速矢量 $\boldsymbol{V}$ 也可用流函数 ψ 和势函数 χ 来描述。即：

$$\boldsymbol{V} = \boldsymbol{V}_\psi + \boldsymbol{V}_\chi = \boldsymbol{k} \times \nabla\psi + \nabla\chi \tag{5.3}$$

式中 $\boldsymbol{V}_\psi$ 和 $\boldsymbol{V}_\chi$ 分别为旋转风和辐散风。应当指出，如果 $\boldsymbol{V}$ 在整个球面上连续，则 ψ 和 χ 也在球面上连续。但是正如前面所讨论的，除非在极地 $\boldsymbol{V}$ 恒等于 0，否则 $\boldsymbol{V}$ 在极地是不连续的。在极地 $\boldsymbol{V}\equiv 0$ 的条件一般是不成立的，因为极地也有大气运动。还应当指出，在球谐谱模式中，由于要求因变量在球面上任意一点都必须有定义，所以在选择垂直坐标时，应避免采用坐标面与大气下边界相截的垂直坐标。

§ 5.2　任意函数的球谐函数及其性质

本节介绍对任意函数如何用球谐函数展开、球谐函数的性质，并介绍球谐函数中的连带勒让德函数（Associated Legendre Function）的计算方法。在球坐标系中，三维拉普拉斯方程为：

$$\frac{1}{r^2\cos^2\varphi}\frac{\partial^2 u}{\partial\lambda^2}+\frac{1}{r^2\cos^2\varphi}\frac{\partial}{\partial\varphi}\left(\cos\varphi\frac{\partial u}{\partial\varphi}\right)+\frac{1}{r^2}\frac{\partial}{\partial r}\left(r^2\frac{\partial u}{\partial r}\right)=0 \tag{5.4}$$

式中 u 为因变量（标量），λ 为经度，φ 为纬度，而 r 为质点到球心的距离。方程 (5.4) 可用分离变量法求解，因而设：

$$u\left(\lambda,\varphi,r\right)=Y\left(\lambda,\varphi\right)R\left(r\right) \tag{5.5}$$

将上式代入方程 (5.4)，经分离变量后得到：

$$\begin{cases} r^2\dfrac{\partial^2 R}{\partial r^2}+2r\dfrac{\partial R}{\partial r}+\upsilon R=0 \\ \upsilon=\dfrac{1}{Y}\left[\dfrac{1}{\cos^2\varphi}\dfrac{\partial^2 Y}{\partial\lambda^2}+\dfrac{1}{\cos\varphi}\dfrac{\partial}{\partial\varphi}\left(\cos\varphi\dfrac{\partial Y}{\partial\varphi}\right)\right] \end{cases} \tag{5.6}$$

和

$$\begin{cases} \dfrac{1}{\cos^2\varphi}\dfrac{\partial^2 Y}{\partial\lambda^2}+\dfrac{1}{\cos\varphi}\dfrac{\partial}{\partial\varphi}\left(\cos\varphi\dfrac{\partial Y}{\partial\varphi}\right)+\overline{\upsilon}Y=0 \\ \overline{\upsilon}=\dfrac{1}{R}\left(r^2\dfrac{\partial^2 R}{\partial r^2}+2r\dfrac{\partial R}{\partial r}\right) \end{cases} \tag{5.7}$$

式中 υ、$\overline{\upsilon}$ 是分离变量时引进的参数。

方程 (5.7) 称为球调和方程。满足球调和方程且有连续二阶导数的有界解称为球谐函数。继续应用分离变量法求解方程 (5.7)，得到球谐函数的表达式为：

$$Y_n^m\left(\lambda,\varphi\right)=\sin m\lambda P_n^m\left(\sin\varphi\right) \tag{5.8}$$

或

$$Y_n^m\left(\lambda,\varphi\right)=\cos m\lambda P_n^m\left(\sin\varphi\right) \tag{5.9}$$

$$\left(m=0,1,2,\cdots,n;\qquad n=0,1,2,\cdots\right)$$

式中 n 称为球谐函数的阶。显然，独立的 n 阶球谐函数共有 $2n+1$。因为方程 (5.7) 是线性的，所以球谐函数的线性组合仍然是球谐函数，根据欧拉公式：

$$\cos(m\lambda)\pm i\sin(m\lambda)=\mathrm{e}^{\pm im\lambda}$$

球谐函数也可表示为：

$$Y_n^m\left(\lambda,\varphi\right)=\mathrm{e}^{im\lambda}P_n^m\left(\sin\varphi\right) \tag{5.10}$$

$$\left(m=0,\pm1,\pm2,\cdots,\pm n;\qquad n=0,1,2,\cdots\right)$$

球面上任意一个连续函数都可表示为：

$$F\left(\lambda,\mu\right)=\sum_{m=-\infty}^{\infty}\sum_{n=|m|}^{\infty}F_n^mY_n^m\left(\lambda,\mu\right) \tag{5.11}$$

式中 F_n^m 称为谱分量或谱系数，它可按下式计算：

$$F_n^m=\frac{1}{4\pi}\int_{-1}^{1}\int_{0}^{2\pi}F\left(\lambda,\mu\right)Y_n^{m*}\left(\lambda,\mu\right)\mathrm{d}\lambda\mathrm{d}\mu \tag{5.12}$$

即 F_n^m 为 $F\left(\lambda\mu\right)$ 在 $Y_n^m\left(\lambda\mu\right)$ 所生成和子空间上的正交投影。

在球谐函数的表达式中，$P_n^m(\sin\varphi)$ 是连带勒让德函数，它有多种解析表达式。其中比较经典的一个微分表达式为 Rodrigues 公式：

$$P_n^m\left(\mu\right)=\sqrt{(2n+1)\frac{(n-|m|)!}{(n+|m|)!}}\frac{\left(1-\mu^2\right)^{|m|/2}}{2^nn!}\frac{\mathrm{d}^{n+|m|}}{\mathrm{d}\mu^{n+|m|}}\left(\mu^2-1\right)^n \tag{5.13}$$

式中$\mu=\sin\varphi$。应当指出，式 (5.13) 所定义的连带勒让德函数是标准化的，即有如下的正交性条件：

$$\frac{1}{2}\int_{-1}^{1}P_n^m\left(\mu\right)P_n^m\left(\mu\right)\mathrm{d}\mu=\begin{cases}1, & n=n'\\0, & n\neq n'\end{cases} \tag{5.14}$$

还应当指出，式 (5.13) 中的 m 取了绝对值。也就是说，当 m 取负整数或取相应的正整数时，该项式所对应的连带勒让德函数完全相等，即：

$$P_n^m\left(\mu\right)=P_n^{-m}\left(\mu\right) \tag{5.15}$$

如果在式 (5.13) 中不取绝对值，则上式右端还应增加一个因子 $(-1)^m$。

根据式 (5.13)，连带勒让德函数还可以写成如下的形式：

$$P_n^m(\mu) = \left(1-\mu^2\right)^{|m|/2} Q_{n-|m|}(\mu) \tag{5.16}$$

式中$Q_{n-|m|}(\mu)$为一关于 μ 的 $n-|m|$ 次多项式。显然，当 $m=0$ 时，$P_n^m(\mu)$ 就变为标准化的勒让德多项式 $P_n(\mu)$ ，表 5.1 给出了前几个连带勒让德函数的具体表达式。

表 5.1 标准化的连带勒让德函数$P_n^m(\mu)$

n \ m	0	1	2	3
0	1			
1	$\sqrt{3}\mu$	$\sqrt{\frac{3}{2}}\sqrt{1-\mu^2}$		
2	$\frac{\sqrt{5}}{2}(3\mu^2-1)$	$\frac{\sqrt{15}}{2}\mu\sqrt{1-\mu^2}$	$\frac{1}{2}\sqrt{\frac{15}{2}}(1-\mu^2)$	
3	$\frac{\sqrt{7}}{2}(5\mu^3-3\mu)$	$\frac{\sqrt{21}}{4}(5\mu^2-1)\sqrt{1-\mu^2}$	$\frac{1}{2}\sqrt{\frac{105}{2}}(\mu-\mu^3)$	$\frac{\sqrt{35}}{4}\sqrt{(1-\mu^2)^3}$

在谱模式的计算程序中，要反复用到球谐函数中的连带勒让德函数 $P_n^m(\mu)$ 的值。这些值一般作为内部数据函数库。在计算时，可以直接调用。有许多递推公式可用来计算 $P_n^m(\mu)$，因而计算方案也有多种。

球谐函数的性质主要有以下几个方面。

1.球谐函数的对称性

由式 (5.16) 可以得到连带勒让德函数的一个很重要的性质，即：

$$P_n^m(-\mu) = (-1)^{n-|m|} P_n^m(\mu) \tag{5.17}$$

上式表明，当 $n-|m|$ 为偶数时，$P_n^m(\mu)$ 是关于赤道对称的；当 $n-|m|$ 为奇数时，$P_n^m(\mu)$ 是关于赤道反对称的。这种对称性在半球谐模式的设计中是很有用的。

连带勒让德函数 $P_n^m(\mu)$ 的对称性决定了球谐函数 $Y_n^m(\lambda,\mu)$ 的对称性。在气象应用中，球谐函数 $Y_n^m(\lambda,\mu)$ 中的 $m\,(m>0)$ 称为纬向波数，它表示在一个纬圈上的谐波个数。而 $n-m$ 表示在南、北极之间（除两个极点以外） $P_n^m(\mu)$ 的零点个数，通常称 n 为二维指数或全波数。在球谐函数 $Y_n^m(\lambda,\mu)$ 中，$\sin m\lambda$ 或$\cos m\lambda$ 在$2m$ 条经线上等于 0 。而 $P_n^m(\mu)$ 在 $n-m$ 个纬圈上等于 0。这些经、纬线把整个球面划分成许多区域。在每一个区域内，$Y_n^m(\lambda,\mu)$ 的符号不变；而在两个相邻的区域内，$Y_n^m(\lambda,\mu)$ 的符号则相反。

2.球谐函数是纬向微分算子的特征函数

根据球谐函数的表达式 (5.10)，易得：

$$\frac{\partial Y_n^m(\lambda,\mu)}{\partial\lambda} = imY_n^m(\lambda,\mu) \tag{5.18}$$

3.球谐函数不是经向微分算子 $\partial/\partial\mu$ 的特征函数

一般应用下面的递推公式：

$$\left(\mu^2-1\right)\frac{\mathrm{d}P_n^m\left(\mu\right)}{\mathrm{d}\mu}=nD_{n+1}^mP_n^m\left(\mu\right)-\left(n+1\right)D_n^mP_{n-1}^m\left(\mu\right) \tag{5.19}$$

来计算沿经圈方向的导数，式中

$$D_n^m=\sqrt{\frac{n^2-m^2}{4n^2-1}} \tag{5.20}$$

4.球谐函数是球坐标系中二维拉普拉斯算子的特征函数

应用式 (5.19) 和下面的递推公式

$$D_{n+1}^mP_{n+1}^m\left(\mu\right)=\mu P_n^m\left(\mu\right)-D_n^mP_{n-1}^m\left(\mu\right) \tag{5.21}$$

可以证明：

$$\nabla^2Y_n^m\left(\lambda,\mu\right)=-\frac{n\left(n+1\right)}{r^2}Y_n^m\left(\lambda,\mu\right) \tag{5.22}$$

式中

$$\nabla^2\left(\quad\right)\equiv\frac{1}{r^2}\left\{\frac{1}{1-\mu^2}\frac{\partial^2\left(\quad\right)}{\partial\lambda^2}+\frac{\partial}{\partial\mu}\left[\left(1-\mu^2\right)\frac{\partial\left(\quad\right)}{\partial\mu}\right]\right\} \tag{5.23}$$

为球坐标系中的二维拉普拉斯算子。严格地说，式 (5.22) 仅对于几何球面坐标系 $(\lambda\varphi r)$ 成立。在 σ 坐标系 $(\lambda\varphi\sigma)$ 中，由于等 σ 面上 r 不是一个常数，因而式 (5.22) 并不成立，但该式仍然可作为一个相当精确的公式而被应用。

5.球谐函数的正交性

根据三角函数和连带勒让德函数的正交性导出球谐函数的正交性，得到：

$$\frac{1}{4\pi}\int_{-1}^{1}\int_{0}^{2\pi}Y_n^m\left(\lambda,\mu\right)Y_{n'}^{m'^*}\left(\lambda,\mu\right)\mathrm{d}\lambda\mathrm{d}\mu=\begin{cases}1, & (m,n)=(m',n')\\ 0, & (m,n)\neq(m',n')\end{cases} \tag{5.24}$$

式中 $Y_{n'}^{m'^*}\left(\lambda,\mu\right)$ 为 $Y_{n'}^{m'}\left(\lambda,\mu\right)$ 的复共轭（complex conjugate）函数。根据式 (5.15) 可得到以下的关系式：

$$Y_{n'}^{m'^*}\left(\lambda,\mu\right)=Y_{n'}^{-m'}\left(\lambda,\mu\right) \tag{5.25}$$

6.球谐函数构成希尔伯特（Hilbert）空间的一组基底

在球面上所有连续复变量函数所构成的空间 $H(s)$ 上定义标量积：

$$(f,g)=\frac{1}{4\pi}\int_{-1}^{1}\int_{0}^{2\pi}fg^*\mathrm{d}\lambda\mathrm{d}\mu \tag{5.26}$$

则球谐函数 $Y_n^m(\lambda,\mu)$ 便构成一个正交系。在上述标量积的定义下，$H(s)$ 是一个希尔伯特空间，并且可以证明 $Y_n^m(\lambda,\mu)$ 构成 $H(s)$ 空间的一组基底。因此，球面上任意一个连续函数都可表示为：

$$F(\lambda,\mu)=\sum_{m-\infty}^{\infty}\sum_{n=|m|}^{\infty}F_n^mY_n^m(\lambda,\mu) \tag{5.27}$$

式中 F_n^m 称为谱分量或谱系数，它可按下式计算：

$$F_n^m=\frac{1}{4\pi}=\int_{-1}^{1}\int_{0}^{2\pi}F(\lambda,\mu)\,Y_n^{m*}(\lambda,\mu)\,\mathrm{d}\lambda\mathrm{d}\mu \tag{5.28}$$

即 F_n^m 为 $F(\lambda\mu)$ 在 $Y_n^m(\lambda\mu)$ 所生成的子空间上的正交投影。

§ 5.3　谱展开中的波数截断

上一节给出的球面上任意连续函数 $F(\lambda,\mu)$ 的谱展开式 (5.11) 中包含了无穷多个谱分量。但是在实际的数值计算中，我们仅能考虑有限个谱分量。因此，数值预报和数值模拟的实践中应考虑无穷项展开式的波数截断问题。

在谱展开式 (5.11) 中，当 m 和 n 增大时，对应的谱分量所描述的大气运动的水平尺度减小。因此，在球谐函数的谱展开式中，通过适当地选取 m 和 n，就可滤除我们所不需要的较小尺度的波动系统。这种滤波方法与格点法中通过选择网格距进行滤波是一致的。

通常以如下的形式来截断一个物理量场的谱展开式：

$$\overline{F}(\lambda,\mu)=\sum_{m=-M}^{M}\sum_{n=|m|}^{N(m)}F_n^mY_n^m(\lambda,\mu) \tag{5.29}$$

式中求和下标 m 取为从 $-M$ 至 M 可以保证 $\overline{F}(\lambda,\mu)$ 为一实函数。可以证明：

$$\begin{aligned}\overline{F}(\lambda,\mu)&=\sum_{n=|m|}^{N(m)}\left\{F_n^0P_n^0(\mu)+\sum_{m=1}^{M}\left[F_n^m\mathrm{e}^{im\lambda}+F_n^{-m}\mathrm{e}^{-im\lambda}\right]P_n^m(\mu)\right\}\\&=\sum_{n=|m|}^{N}\left\{F_n^0P_n^0(\mu)+2\sum_{m=1}^{M}[\mathrm{Re}(F_n^m)\cos m\lambda-\mathrm{Im}(F_n^m)\sin m\lambda]P_n^m(\mu)\right\}\end{aligned} \tag{5.30}$$

式中 F_n^{-m} 为 F_n^m 的共轭复数，而 $\mathrm{Re}(F_n^m)$ 和 $\mathrm{Im}(F_n^m)$ 分别为谱系数 F_n^m 的实部和虚部，即有：

$$\begin{cases}F_n^m=\mathrm{Re}(F_n^m)+i\mathrm{Im}(F_n^m)\\F_n^{-m}=\mathrm{Re}(F_n^m)-i\mathrm{Im}(F_n^m)\end{cases} \tag{5.31}$$

对于某一 λ , μ 值，式 (5.30) 中的$[\mathrm{Re}(F_n^m)\cos m\lambda-\mathrm{Im}(F_n^m)\sin m\lambda]\,P_n^m(\mu)$ 为一实数，

从而保证 $\overline{F}(\lambda,\mu)$ 为一实数。

注意到，如果 $F(\lambda,\mu)$ 是无限可微的函数，则其截谱展开式中的 $\overline{F}(\lambda,\mu)$ 将以很快的速度收敛于 $F(\lambda,\mu)$ 。这种特别快的收敛性是球谐函数被广泛地用作谱展开的基函数的一个重要原因。并且它也说明了为什么用球谐函数展开能以较小的自由度便可达到与格点法相比拟的精确度，当然，如果 $F(\lambda,\mu)$ 不是足够光滑的函数，例如，$F(\lambda,\mu)$ 表示地球表面的地形高度，则 $\overline{F}(\lambda,\mu)$ 的收敛速度是很慢的。

5.3.1 波数截断方式

在截谱展开式 (5.29) 中 $N(m)$ 的选择，涉及波的截断方式问题。在大气数值模式中，三角形和菱形截断应用最普遍。

1.三角形截断（triangular truncation）

三角形截断所保留的谱分量为：

$$\sum_{m=-M}^{M}\sum_{n=|m|}^{J}$$

由于按这种截断方式展开的所有的波都限制在波数平面 (m,n) 上的一个三角形区域内，如图 5.2 所示，所以称其为三角形截断。

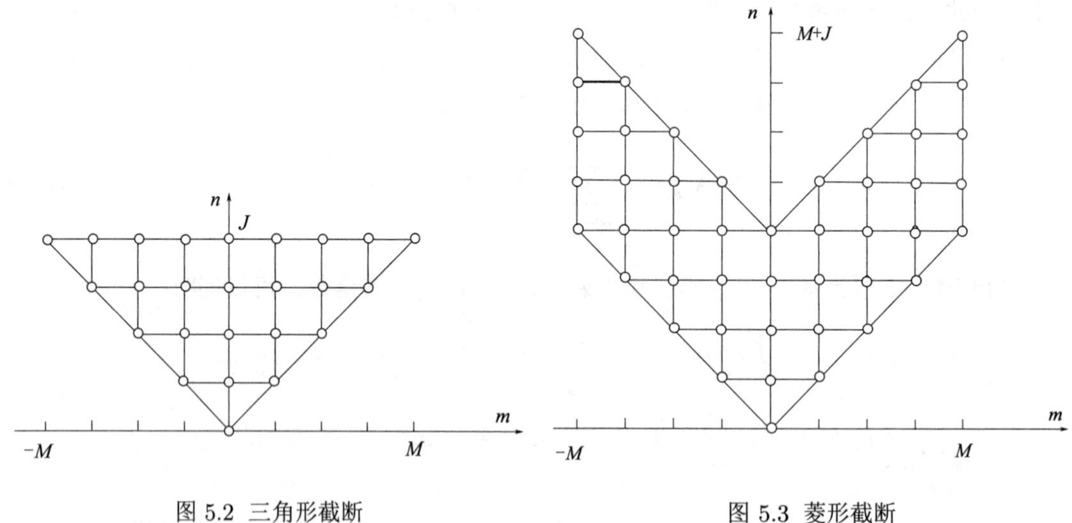

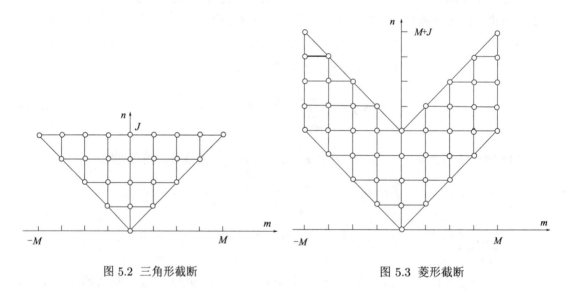

图 5.2 三角形截断

图 5.3 菱形截断

2.菱形截断（rhomboidal truncation）

菱形截断所保留的谱分量为：

$$\sum_{m=-M}^{M}\sum_{n=|m|}^{|m|+J}$$

由于按这种截断方式展开的所有波都限制在波数平面 (m,n) 上的一个菱形区域内，如图 5.3 所示，故称其为菱形截断。

应当指出，在上述两种波数截断方式中，原则上并不一定要求 J 与 M 相等，但在许多数值模式中常把二者取为同一个正整数，尤其是三角形截断更是如此。

5.3.2　波数截断方式的特点

1.三角形截断的特点

（1）三角形截断的一个突出的优点就是它具有各向同性。这就是说，如果 $\overline{F}_1(\lambda,\mu)$ 是函数 $F(\lambda,\mu)$ 在某一球面坐标系 (λ_1,φ_1) 中以波数 M 做三角形截断所得到的近似，而 $\overline{F}_2(\lambda,\mu)$ 是 $F(\lambda,\mu)$ 在另一球面坐标系 (λ_2,φ_2) 中以同样方式截断所得到的近似，则有：

$$\overline{F}_1(\lambda,\mu)=\overline{F}_2(\lambda,\mu) \tag{5.32}$$

这一性质可由球谐函数本身所固有的性质得到证明。

三角形截断的各向同性性质式 (5.32) 表明，无论我们把球坐标系的极轴定在什么位置，经截断后的有限项展开式所表示的物理量场都不会发生变化。这意味着三角形截断所得到的分辨率在整个球面上是均匀的。

（2）三角形截断能更好地描述平均纬向环流和超长波。实际大气中的流场不可能是纯粹沿纬向的，但是它确实具有相当强的纬向谐波分量 $(m=0)$，而且在行星波段 $(m=1,2,3)$，其振幅也相当大。因此，我们来考虑一个如图 5.4 所示的理想纬向流场。由图中可见，该纬向流场是轴对称的，它不随经度 λ 而变化，纬向波数 m 为 0，故只需用 $Y_n^0(\mu)$ 对其进行分析。

根据式 (5.10) 和式 (5.13) ，则有：

$$Y_n^0(\mu)=P_n^0(\mu)=\frac{\sqrt{2n+1}}{2^n n!}\frac{\mathrm{d}^n}{\mathrm{d}\mu^n}\left(\mu^2-1\right)^n$$

式中 $P_n^0(\mu)$ 为勒让德多项式 $P_n(\mu)$，而 $Y_n^0(\mu)$ 称为纬向谐波。

图 5.5 给出了具有相同自由度的三角形截断和菱形截断。所谓“具有相同自由度”意指在两种波数截断方式中保留相同数目的谱分量。如图所示，谱分量被分为 A、B、C 和 D 四个部分。其中 A 是两种截断方式共有的部分；B 和 D 是在三角形截断中被保留而在菱形截断中被舍弃的部分；C 是在三角形截断中被舍弃而在菱形截断中被保留的部分。

由图 5.5 中的区域 B 可知，三角形截断比菱形截断保留了更多的纬向谐波 $(m=0)$，因而它能更精确地描述如图 5.4 所示的纬向流场的南北向的梯度。在冬季对流层顶附近，西风急流很强，而且低波数分量的振幅也相当大。这种情况下，三角形截断能更好地描述平均纬

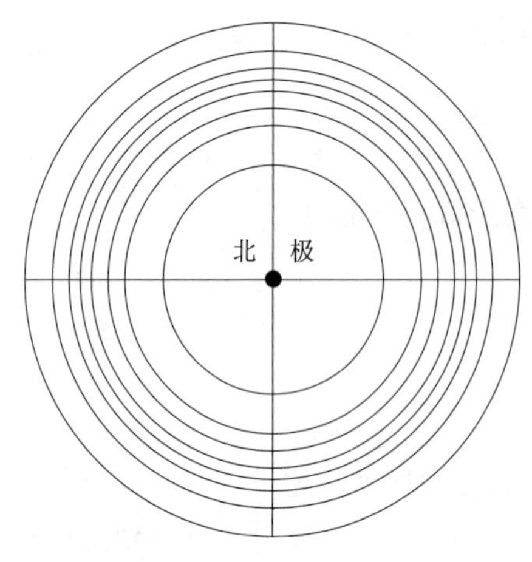

图 5.4 理想纬向流场的流线

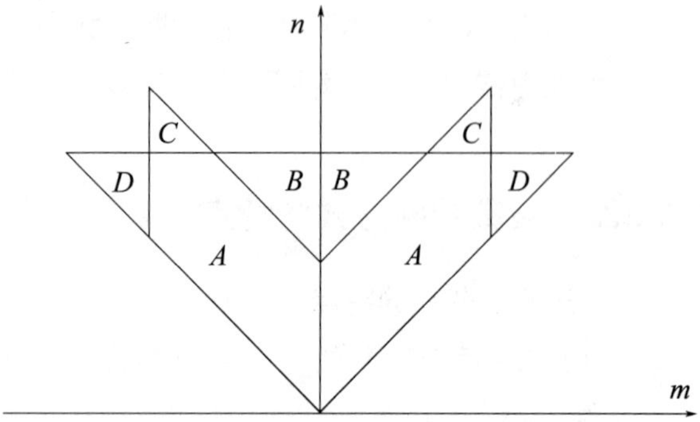

图 5.5 具有相同自由度的三角形截断和菱形截断

向环流和超长波的优点就显得格外重要。

（3）从计算的角度来看，三角形截断要比同样自由度的菱形截断的计算量小一些。

2.菱形截断的特点

（1）菱形截断具有各向异性性质。与三角形截断不同，菱形截断在新、老坐标系中以同样方式截断而得到的 $F(\lambda,\mu)$ 的两个近似表达式 $\overline{F_1}(\lambda,\mu)$ 和 $\overline{F_2}(\lambda,\mu)$ 并不完全相等。这种截断的有限项展开式所表示的物理量场仅仅对于围绕地球极轴的坐标旋转变换保持不变。这就是菱形截断的各向异性。

（2）菱形截断使低纬地区东西向的分辨率减少。由图 5.5 可见，对于菱形截断来说，区域 D 这一部分纬向波数 m 较大的谱分量被舍弃掉了。当 m 较大时，对应的连带勒让德函数$P_n^m(\mu)$ 在高纬的数值较小，而在低纬的数值较大。因此，舍弃区域 D 中的谱分量主要使低纬地区东西向的分辨率减小。

（3）菱形截断使高纬地区中等纬向波数的分辨率增加。由于菱形截断所具有的各向异性性质，要说明图 5.5 中区域 C 对应的谱分量的作用是困难的。由前面的讨论可知，由于这一部分谱分量被引入模式，使得菱形截断对比对应的三角形截断包含了更多的较小空间尺度的波分量。在高纬度，当 μ 趋近于 1 时，有下列不等式成立：

$$\left|P_{n_2}^m(\mu)\right| > \left|P_{n_1}^m(\mu)\right| \ , \quad \text{当} n_2 > n_1$$

于是，对于给定的纬向波数 m，包含具有较高二维指数 n 的谱分量将会使高纬地区具有中等纬向波数的物理量场的分辨率增加。

（4）菱形截断的计算量较大。首先，由于菱形截断包含了区域 C 所对应的较短的波分量，所以数值积分的时间步长就要相应缩短。其次，与相应的三角形截断相比，菱形截断所采用的沿经圈方向的计算格点（即高斯格点）要多 20 % 左右。上述两个原因使得菱形截断的计算量要比同样自由度的三角形截断多 25 % 左右。

5.3.3　选择波数截断方式的原则

选择波数截断方式的原则应当是最充分地利用给定的自由度。也就是说，在一定的计算量下（即保留一定数目的谱分量的条件下）获得最精确的计算结果；或者是在一定精度的要求下花费最小的计算量。当然，具体选择哪一种波数截断方式还有赖于我们所研究问题的性质和具有的计算机设备条件。

对于甚低的分辨率（即仅取 5～10 个纬向波数）的模式，菱形截断可使 500 hPa 旋转流场的动能保留最大的方差。中等分辨率的模式应采用三角形截断方式。

ECMWF 应用 T_{42} 和 R_{28} 两种谱模式，根据 1976 年 2 月的资料选择同样的初始条件，共进行了 6 次对比试验，每次预报 10 天。试验结果表明，当预报时效超过两天以后，尤其是对于高层的预报，三角形截断具有明显的优点。因此，ECMWF 选择了三角形截断作为它们谱模式中的基本截断方式。

早期的模式采用菱形截断的较多。目前大多数取三角形截断。模式的标识一般表示为截断形式、截断阶数、垂直分层、层数，R表示菱形截断，T表示三角形截断。如美国的 T85L26 中，T 85 表示三角形截断，截断阶数为 85，L26 表示垂直分 26 层。同样，如 R42L26 表示菱形 42 阶截断，垂直分 26 层。

§ 5.4　离散傅里叶变换和勒让德变换

在谱模式的数值计算中，经常遇到这样的问题，即已知某物理量沿某一纬圈等距离散格点上的分布，求该物理量的各谱分量（或谱系数），或者由已知的各谱系数合成该物理量在各等距离散格点上的数值。这就需要进行离散傅里叶变换（Discrete Fourier Transform），英文简称 DFT，以下也简称离散傅氏变换。

5.4.1　DFT

为简单起见，仅以一维问题为例给出离散傅氏变换公式。首先定义：

$$W = \mathrm{e}^{i2\pi/N} \tag{5.33}$$

上式表明 W 是 1 的一个 N 次原根，即：

$$W^N = 1$$

而且，仅当 j 为 N 的整数倍时，则有 $W^N = 1$。用数学式来表达这个意思，可写为：

$$W^j = 1, \quad 当且仅当\ j \equiv 0(\mathrm{mod}N) \tag{5.34}$$

式中 $j \equiv 0(\mathrm{mod}N)$ 的含义是 $(j-0)$ 是 N 的整数倍。这个简单的性质即三角函数的周期性，是 DFT 的一个基本点。

如图 5.6 所示，设在某一纬圈上共有 N 个（如 $N=8$）等距离散格点，即 $j=0,1,\cdots,N-1,(N-1=7)$，在这些格点上某一物理量的数值为 f_i。令 k 为纬向波数，$\lambda_j = 2\pi j/N = j\Delta\lambda$ 为各格点所在的经度，则 DFT 定义为：

$$F_k = \frac{1}{N}\sum_{j=0}^{N-1} f_j W^{-jk} = \frac{1}{N}\sum_{j=0}^{N-1} f_j \mathrm{e}^{-ik\lambda_j}$$

$$(k=0,1,\cdots,N-1) \tag{5.35}$$

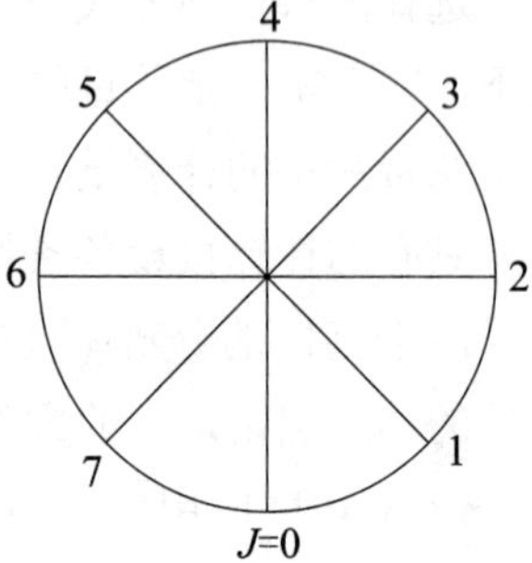

图 5.6 某一纬圈上的等距离散格点

DFT 的逆变换为：

$$f_j = \sum_{k=0}^{N-1} F_k W^{jk} = \sum_{k=0}^{N-1} F_k \mathrm{e}^{ik\lambda_j} \tag{5.36}$$

式 (5.35) 和 (5.36) 表示了向量 $(f_0, f_1, \cdots, f_{N-1})$ 与向量 $(F_0, F_1, \cdots, F_{N-1})$ 之间的线性互逆关系。

1.DFT的一般公式

式 (5.35) 和 (5.36) 不仅对于 k、$j=0,1,\cdots,N-1$ 有意义，而且对于 k、j 为一切整数均有意义。此时只需理解：

$$\begin{cases} f_j = f_{j'}, \ 当 j \equiv j'(\mathrm{mod}N) \\ F_k = F_{k'}, \ 当 k \equiv k'(\mathrm{mod}N) \end{cases} \tag{5.37}$$

式中 $j \equiv j'(\mathrm{mod}N)$ 的含义是 $(j-j')$ 是 N 的整数倍。

实际上，两个周期为 N 的无穷序列：

$$\{f_j\}, \quad j = 0, \pm1, \pm2, \cdots$$
$$\{F_k\}, \quad k = 0, \pm1, \pm2, \cdots$$

都只有 N 个自由度。也就是说，由任意 N 个相连的分量 $(f_p, f_{p+1}, \cdots, f_{p+N-1})$ 和 $(F_q, F_{q+1}, \cdots, F_{q+N-1})$ 用周期性延拓就可以分别决定全序列 $\{f_j\}$ 和 $\{F_k\}$。应用式 (5.33) 和式 (5.34) 不难证明，互逆关系式 (5.35) 和 (5.36) 等价于：

$$F_k = \frac{1}{N}\sum_{j=p}^{p+N-1} f_j \mathrm{e}^{-ik\lambda_j} \quad (k=q, q+1, \cdots, q+N-1) \tag{5.38}$$

$$f_j = \sum_{k=q}^{q+N-1} F_k \mathrm{e}^{-ik\lambda_j} \quad (j = p, p+1, \cdots, p+N-1) \tag{5.39}$$

上两式为 N 点 DFT 的一般形式。在实际的数值计算中，通常是应用周期性将原序列化为 $(f_0, f_1, \cdots, f_{N-1})$ 和 $(F_0, F_1, \cdots, F_{N-1})$，并按标准形式 (5.35) 或 (5.36) 进行 DFT 或其逆变换。

2.DFT的性质

（1）如果 $\{f_j\}$ 为实数列，即 $f_j = f_j^*$，则其 DFT 满足共轭关系 $F_{N-k} = F_k^*$。如果序列 $\{F_k\}$ 有周期性，前式等价于 $F_{-k} = F_k^*$ 。

（2）如果 $\{f_j\}$ 为实数列并且对称，即 $f_{N-j} = f_j = f_j^*$ ，则 $\{F_k\}$ 也是实数列并且对称。

（3）如果 $\{f_j\}$ 为实数列并且反对称，即 $f_{N-j} = -f_j = -f_j^*$ ，则 $\{F_k\}$ 为纯虚数列并且反对称。

应用上述的DFT的对称性或反对称性可使数值计算量减少一半。

3.DFT的例子

设在某一纬圈上从 0°E 到 357.5°E 共有 144 个等距离散格点，即 $j = 0, 1, \cdots, 143$。在各格点上的位势高度值为 z_j，试求 z_j 的 DFT 及其逆变换。

根据式 (5.35)，z_j 的 DFT 为：

$$Z_k = \frac{1}{144} \sum_{j=0}^{143} z_j \mathrm{e}^{-ik\lambda_j} = \frac{1}{144} \sum_{j=0}^{143} z_j \left(\cos k\lambda_j - i \sin k\lambda_j\right) \quad (k = 1, 2, \cdots, 143) \tag{5.40}$$

式中 k 为纬向波数，而 $\lambda_j = \pi j/72$ 为各格点所在的经度（以弧度表示）。显然，谱系数 Z_k 为一复数。

由 z_j 为一实数列，所以其 DFT 的逆变换一般按下式计算：

$$\begin{aligned} z_j &= \sum_{k=-M}^{M} Z_k \mathrm{e}^{ik\lambda_j} \\ &= Z_0 + \sum_{k=1}^{M} \left(Z_k \mathrm{e}^{ik\lambda_j} + Z_{-k} \mathrm{e}^{-ik\lambda_j}\right) \quad (j = 0, 1, \cdots, 143) \end{aligned} \tag{5.41}$$

式中 $M = N - 1 = 143$。由DFT的性质（1）可知：

$$Z_{-k} = Z_k^* \tag{5.42}$$

即有：

$$
\begin{cases}
Z_k = \mathrm{Re}\,(Z_k) + i\mathrm{Im}\,(Z_k) \\
Z_k = \mathrm{Re}\,(Z_k) - i\mathrm{Im}\,(Z_k)
\end{cases}
\tag{5.43}
$$

式中 $\mathrm{Re}\,(Z_k)$ 和 $\mathrm{Im}\,(Z_k)$ 分别表示 Z_k 的实部和虚部。将上式代入式 (5.41)，经整理后，得：

$$
z_j = Z_0 + 2\sum_{k=1}^{143}[\mathrm{Re}(Z_k)\cos k\lambda_j - \mathrm{Im}(Z_k)\sin k\lambda_j] \quad (j = 0, 1, \cdots, 143) \tag{5.44}
$$

上式表明，经过 DFT 变换之后得到的 Z_j 确实是一个实数列。

5.4.2 勒让德变换

在大气谱模式的数值计算中，不但要进行 DFT，而且要进行勒让德变换（Legendre transform)。勒让德变换是通过应用高斯求积公式来实现的。

1.代数精确度

数值积分法是从近似计算的角度采用某种数值过程来求出定积分的数值。这种数值过程通常是用一有限项的求和来代替积分运算。因此，它必然存在一定的误差。

一般常用“代数精确度”的概念来衡量一个数值积分公式的精确程度。如果一个求积公式对于 $f(x) = x^k (k = 0, 1, \cdots, n)$ 都是精确的等式，而对于 $f(x) = x_{n+1}$ 就不再精确成立，则称这个求积公式具有 n 次代数精确度。一般说来，求积公式的代数精确度越高，它的计算结果就越精确。

例如，梯形求积公式：

$$
\int_a^b f(x)\mathrm{d}x \simeq \frac{b-a}{2}\,[f(a) + f(b)] \tag{5.45}
$$

容易验证，它对于 $f(x) = 1$ 和 $f(x) = x$ 都是精确成立的，但是对于 $f(x) = x^2$ 便不再精确成立。因此，梯形求积公式 (5.45) 具有一次代数精确度。

又如，辛普森求积公式：

$$
\int_a^b f(x)\mathrm{d}x \approx \frac{b-a}{6}\left[f(a) + 4f(\frac{a+b}{2}) + f(b)\right] \tag{5.46}
$$

容易证明，它具有三次代数精确度。

一般而言，n 个结点的内插求积公式至少具有 $n-1$ 次代数精确度。因此，可以通过增加结点的数目来提高数值积分的精度。对于包含有相同结点数的求积公式，我们自然希望采用其中一种代数精确度较高的公式，以期付出相同的代价而获得更为精确的计算结果。因此，在建立数值积分公式的过程中，需要考虑的问题：能否适当地选择 n 个结点和相应的

n 个系数，使得求积公式具有最高的代数精确度？从这个观点导出的积分公式便是高斯型求积公式。

2.高斯型求积公式

（1）高斯型求积公式的一般形式

为了具有一般性，考虑如下形式的积分：

$$I = \int_a^b \omega(x) f(x) \mathrm{d}x \tag{5.47}$$

式中 $\omega(x) \geqslant 0$ 称为权函数。当取 $\omega(x) = 1$ 时，上式即为普通的积分。对于任何普通的积分 $\int_a^b f(x)\mathrm{d}x$，都可将它写成：

$$\int_a^b \omega(x) \frac{f(x)}{\omega(x)} \mathrm{d}x$$

从而化为形如式 (5.47)的积分。

假设我们采用具有 n 个结点的积分公式来近似计算定积分式 (5.47)，则有：

$$\int_a^b \omega(x) f(x) \mathrm{d}x \approx \sum_{i=1}^{n} c_i f(x_i) \tag{5.48}$$

式中系数 $c_i = (i = 1, 2, \cdots, n)$ 与函数 $f(x)$ 无关，但可依赖于权函数 $\omega(x)$。我们的目的就是要适当地选择 n 个结点的坐标 $x_1, x_2, \cdots, x_n$ 和相应的 n 个系数 $c_1, c_2, \cdots, c_n$，使得求积公式 (5.48) 具有最高次的代数精确度。一般称这样的求积公式为高斯型求积公式。

（2）高斯型求积公式的代数精确度

下面考虑对于固定的 n 值，高斯型求积公式 (5.48) 最高可以达到多少次代数精确度。

假设公式（5.48）对于 m 次多项式（m 待定）

$$f(x) = a_m x^m + a_{m-1} x^{m-1} + \cdots + a_1 x + a_0 \tag{5.49}$$

是精确成立的，将上式代入式 (5.48)，得到：

$$\begin{aligned} & a_m \int_a^b \omega(x) x^m \mathrm{d}x + a_{m-1} \int_a^b \omega(x) x^{m-1} \mathrm{d}x + \cdots + a_0 \int_a^b \omega(x) \mathrm{d}x \\ = & \sum_{i=1}^{n} c_i \left(a_m x_i^m + a_{m-1} x_i^{m-1} + \cdots + a_0 \right) \end{aligned} \tag{5.50}$$

令

$$\mu_k = \int_a^b \omega(x) x^k \mathrm{d}x \qquad (k = 0, 1, \cdots, m)$$

则式 (5.50) 可简化为:

$$a_m\mu_m + a_{m-1}\mu_{m-1} + \cdots + a_0\mu_0$$
$$= a_m\sum_{i=1}^{n} c_i x_i^m + a_{m-1}\sum_{i=1}^{n} c_i x_i^{m-1} + \cdots + a_0\sum_{i=1}^{n} c_i \tag{5.51}$$

由于权函数 $\omega(x)$ 的形式已给定，所以上式中的 $\mu_k(k=0,1,\cdots,m)$ 为已知的常数。根据多项式(5.49) 的系数$a_m,a_{m-1},\cdots,a_0$ 所具有的任意性，则式 (5.51) 成立的充分必要条件是:

$$\begin{cases} c_1 + c_2 + \cdots + c_n = \mu_0 \\ c_1x_1 + c_2x_2 + \cdots + c_nx_n = \mu_1 \\ c_1x_1^2 + c_2x_2^2 + \cdots + c_nx_n^2 = \mu_2 \\ \cdots \\ c_1x_1^m + c_2x_2^m + \cdots + c_nx_n^m = \mu_n \end{cases} \tag{5.52}$$

由于 $2n$ 个待定的参数 $(c_1,c_2,\cdots,c_n;x_1,x_2,\cdots,x_n)$ 最多只能给出 $2n$ 个独立的条件，所以由上式可知 m 最多为 $2n-1$。

根据上面的讨论可以得出：具有 n 个结点的高斯型求积公式 (5.48) 可能达到的最高代数精确度为 $2n-1$ 次。可以证明，当取 $m=2n-1$ 时，方程 (5.52) 是可解的。因此，确实可以找到一组 x_i 和 $c_i(i=1,2,\cdots,n)$ 使求积公式 (5.48) 达到 $2n-1$ 次的代数精确度。

（3）高斯型求积公式的结点和系数

高斯型求积公式的结点和系数可由方程组 (5.52) 解出，但是求解这样一个非线性方程组相当困难。一般是应用正交多项式来确定它们。由于推导过程比较复杂，这里仅给出有关的结果。

高斯型求积公式 (5.48) 的 n 个结点 $x_1,x_2,\cdots,x_n$ 是在区间 $[a,b]$ 上关于权函数 $\omega(x)$ 的 n 次标准化正交多项式 $Q_n(x)$ 的 n 个零点，$Q_n(x)$ 满足下式:

$$\frac{1}{b-a}\int_a^b \omega(x)Q_n^2(x)\mathrm{d}x = 1 \tag{5.53}$$

高斯型求积公式的 n 个系数为:

$$c_i = \frac{a_n(b-a)}{a_{n-1}Q'_n(x_i)Q_{n-1}(x_i)} \quad (i=1,2,\cdots,n) \tag{5.54}$$

式中 a_n 和 a_{n-1} 分别为 n 次和$n-1$ 次标准化正交多项式 $Q_n(x)$ 和 $Q_{n-1}(x)$ 的首项系数。

此外，可以证明，如果 $f(x)$ 在区间 $[a,b]$ 上连续，当 $n\to\infty$ 时，则高斯型求积公式

(5.48) 收敛于定积分，即：

$$\lim_{n\to\infty}\sum_{i=1}^{n}c_if(x_i)=\int_a^b\omega(x)f(x)\mathrm{d}x \tag{5.55}$$

§ 5.5　正压涡度方程谱模式

本节以球坐标系中的正压涡度方程谱模式为例，说明用谱方法求模式方程数值解的具体思路和计算方法。

5.5.1　控制方程

球坐标系的正压涡度方程为：

$$\frac{\partial\zeta}{\partial t}=-\frac{1}{a}\left(\frac{u}{\cos\varphi}\frac{\partial}{\partial\lambda}+v\frac{\partial}{\partial\varphi}\right)(\zeta+f) \tag{5.56}$$

式中

$$\zeta=\frac{1}{a\cos\varphi}\left[\frac{\partial v}{\partial\lambda}-\frac{\partial}{\partial\varphi}(u\cos\varphi)\right]$$

由于速度场是水平无辐散的，因而可以引入流函数，将方程 (5.56) 中的风速分量 u，v 以及相对应的涡度 ζ 分别表示为：

$$u=-\frac{1}{a}\frac{\partial\psi}{\partial\varphi}$$

$$v=\frac{1}{a\cos\varphi}\frac{\partial\psi}{\partial\lambda}$$

$$\zeta=\nabla^2\psi$$

式中 ∇^2 为球坐标系中的二维拉普拉斯算子，令 $\mu=\sin\varphi$，将方程 (5.56) 改写为：

$$\nabla^2\frac{\partial\psi}{\partial t}=-\frac{2\Omega}{a^2}\frac{\partial\psi}{\partial\lambda}+\frac{1}{a^2}F(\psi) \tag{5.57}$$

式中$F(\psi)=\left(\dfrac{\partial\psi}{\partial\mu}\dfrac{\partial\nabla^2\psi}{\partial\lambda}-\dfrac{\partial\psi}{\partial\lambda}\dfrac{\partial\nabla^2\psi}{\partial\mu}\right)$为非线性项。

5.5.2　谱截断方程

选择球谐函数作为展开函数，并取三角形截断，则流函数 ψ 的截谱展开式为：

$$\psi(\lambda,\mu,t)=\sum_{m=-M}^{M}\sum_{n=|m|,n\neq0}^{M}\psi_n^m(t)\,\mathrm{e}^{im\lambda}P_n^m(\mu) \tag{5.58}$$

式中加的限制 $n \neq 0$ 相当于选择谱系数 $\psi_0^0(t)=0$，这是因为流函数可以相差任意一个常数，将式 (5.58) 代入方程 (5.57) 的左端项和右端第一项，并利用关系式

$$
\begin{aligned}
\frac{\partial Y_n^m(\lambda,\mu)}{\partial \lambda} &= imY_n^m(\lambda,\mu)\\
\nabla^2 Y_n^m(\lambda,\mu) &= -\frac{n(n+1)}{r^2}Y_n^m(\lambda,\mu)
\end{aligned}
$$

可以得到：

$$
\begin{aligned}
&\sum_{m=-M}^{M}\sum_{n=|m|}^{M}-\frac{n(n+1)}{a^2}\frac{\mathrm{d}\psi_n^m(t)}{\mathrm{d}t}\mathrm{e}^{im\lambda}P_n^m(\mu)\\
&=-\frac{2\Omega}{a^2}\sum_{n=-M}^{M}\sum_{n=|m|}^{M}im\psi_n^m(t)\,\mathrm{e}^{im\lambda}P_n^m(\mu)+\frac{1}{a^2}F(\psi)
\end{aligned}
\tag{5.59}
$$

将上式两端乘以 $Y_n^m(\lambda,\mu)$ 后对整个球面积分，并利用球谐函数的正交性可得：

$$
\frac{\mathrm{d}\psi_n^m(t)}{\mathrm{d}t}=\frac{1}{n(n+1)}\left[2i\Omega m\psi_n^m(t)-\frac{1}{4\pi}\int_{-1}^{1}\int_0^{2\pi}F(\psi)\,\mathrm{e}^{-im\lambda}P_n^m(\mu)\,\mathrm{d}\lambda\mathrm{d}\mu\right] \tag{5.60}
$$

上式即为正压涡度方程 (5.57) 的谱截断方程。

5.5.3 非线性项的计算方式

谱截断方程式 (5.60) 中的 $F(\psi)$ 为非线性项，包含有流函数空间微商的乘积。早期的谱模式采用所谓相互作用系数法计算非线性项，即把 $F(\psi)$ 中的流函数都按式 (5.58) 展开，在谱空间计算非线性项中各项的乘积。用相互作用系数法计算正压涡度方程谱模式中的非线性项，如果用平行四边形截断，且截断波数取为 M，则每积分一个时间步长便需要 $O(M^5)$ 次计算，并且需要 $O(M^5)$ 存储单元，当截断波数 M 取得比较大时，这种方法所需要的计算量和存储量都大得惊人，很难用于实际预报。Orszag 和 Eliasen 于 1970 年分别提出了采用变换法计算非线性平流项的方案，使计算量和存储量大为减少，为谱模式的应用和发展铺平了道路。

变换法的基本思想是：首先将有关的场变量从谱空间 (m,n) 变换到几何空间 (λ,φ)，在经纬网格点上直接计算非线性项的值，然后从几何空间 (λ,φ) 变换回谱空间 (m,n)，即根据非线性项的格点值计算它们所对应的谱系数。

采用变换法计算非线性项可按以下步骤进行。

(1)计算网格点上的非线性平流项

令 (λ_j,μ_k) 为网格点坐标，其中 μ_k 为勒让德多项式 $P_n(\mu)=0$ 的根 $(k=1,2,\cdots,K_2)$，

与 μ_k 对应的维度称为高斯纬度；j 表示某一纬圈上的格点序号；$\lambda_j=\frac{2\pi}{k_1}(j-1)\,(j=1,2,\cdots,K_1)$。$\lambda_j$ 和 μ_k 所对应经线和纬线构成的球面网格称为高斯网格。对于经纬网格点 (λ_j,μ_k)，根据流函数的截谱展开式 (5.58) 以及球谐函数的微分性质可得：

$$\left(\frac{\partial\psi}{\partial\lambda}\right)_{j,k}=\sum_{m=-M}^{M}\sum_{n=|m|}^{M}im\psi_n^m P_n^m(\mu_k)\,\mathrm{e}^{im\lambda_j}$$

$$\left(\frac{\partial\psi}{\partial\mu}\right)_{j,k}=\sum_{m=-M}^{M}\sum_{n=|m|}^{M}\psi_n^m\mathrm{e}^{im\lambda_j}\frac{\mathrm{d}P_n^m(\mu_k)}{\mathrm{d}\mu}$$

$$\left(\frac{\partial\nabla^2\psi}{\partial\lambda}\right)_{j,k}=\sum_{m=-M}^{M}\sum_{n=|m|}^{M}-\frac{imn(n+1)}{a^2}\psi_n^m\mathrm{e}^{im\lambda_j}P_n^m(\mu_k)$$

$$\left(\frac{\partial\nabla^2\psi}{\partial\mu}\right)_{j,k}=\sum_{m=-M}^{M}\sum_{n=|m|}^{M}-\frac{n(n+1)}{a^2}\psi_n^m\mathrm{e}^{im\lambda_j}\frac{\mathrm{d}P_n^m(\mu_k)}{\mathrm{d}\mu}$$

式中 $\frac{\mathrm{d}P_n^m(\mu_k)}{\mathrm{d}\mu}$ 按如下递推公式计算：

$$(\mu^2-1)\frac{\mathrm{d}P_n^m(\mu)}{\mathrm{d}\mu}=nD_{n+1}^m P_{n+1}^m(\mu)-(n+1)D_n^m P_{n-1}^m(\mu)$$

式中 $D_n^m=\sqrt{\frac{n^2-m^2}{4n^2-1}}$。

根据以上各式便可计算出几何空间各经纬网格点上的非线性项 $F(\psi)_{j,k}$，计算公式为：

$$F(\psi)_{j,k}=\left[\left(\frac{\partial\psi}{\partial\lambda}\right)_{j,k}\left(\frac{\partial\nabla^2\psi}{\partial\mu}\right)_{j,k}-\left(\frac{\partial\psi}{\partial\mu}\right)_{j,k}\left(\frac{\partial\nabla^2\psi}{\partial\lambda}\right)_{j,k}\right] \tag{5.61}$$

(2)计算非线性项的展开系数 F_n^m

将非线性项 $F(\psi)$ 按球谐函数展开为：

$$F(\psi)=\sum_{m=-M}^{M}\sum_{n=|m|}^{M}F_n^m(t)\,Y_n^m(\lambda,\mu) \tag{5.62}$$

展开系数 F_n^m 为：

$$F_n^m=\frac{1}{4\pi}\int_0^{2\pi}\int_{-1}^{1}F(\lambda,\mu,t)\,Y_n^{m*}(\lambda,\mu)\,\mathrm{d}\mu\mathrm{d}\lambda \tag{5.63}$$

或：

$$F_n^m=\frac{1}{4\pi}\int_0^{2\pi}\int_{-1}^{1}F(\lambda,\mu,t)\,\mathrm{e}^{-im\lambda}P_n^m(\mu)\,\mathrm{d}\mu\mathrm{d}\lambda \tag{5.64}$$

式 (5.63) 或式 (5.64) 与正压涡度方程的谱截断方程式 (5.60) 相比较可以看出，若采用某种数值积分方法计算出展开系数 F_n^m，则可解决谱截断方程 (5.60) 中的非线性项的计算问题。式 (5.63) 或式 (5.64) 中的积分可通过离散傅氏变换和勒让德变换求得。具体做法如下：令

$$F^m = \frac{1}{2\pi}\int_0^{2\pi} F(\lambda,\mu,t)\,\mathrm{e}^{-im\lambda}\mathrm{d}\lambda \tag{5.65}$$

则可将式 (5.64) 改写为

$$F_n^m = \frac{1}{2}\int_{-1}^{1} F^m(\mu)\,P_n^m(\mu)\,\mathrm{d}\mu \tag{5.66}$$

式 (5.65) 中，F 在经纬网格点上的值为已知，应用离散傅里叶变换可计算出 $F^m(\mu)$，即：

$$F^m(\mu_k) = \frac{1}{K_1}\sum_{j=1}^{K_1} F(\psi)_{j,k}\,\mathrm{e}^{-im\lambda_j} \tag{5.67}$$

式中 K_1 为某一纬圈上的格点总数。

再利用高斯求积公式，式 (5.66) 可写为：

$$F_n^m = \frac{1}{2}\sum_{k=1}^{K_2} G_k F^m(\mu_k)\,P_n^m(\mu_k) \tag{5.68}$$

式中 K_2 为由南极到北极之间高斯格点的总数。G_k 为高斯系数，计算公式为：

$$G_k = \frac{2\left(1-\mu_k^2\right)}{\left[k_2 P_{K_2-K_1}(\mu_k)\right]^2}$$

为了保证计算 $F^m(\mu_k)$ 和 F_n^m 的代数精确度，K_1和K_2的取值应满足以下关系：

$$\begin{cases} K_1 \geqslant 3M-1 \\ K_2 \geqslant (3M-1)/2 \end{cases} \tag{5.69}$$

根据式 (5.67) 和式 (5.68) 便可计算出非线性项 $F(\psi)$ 的展开系数 F_n^m。于是正压涡度方程的谱截断方程 (5.60) 可改写为：

$$\frac{\mathrm{d}\psi_n^{m(t)}}{\mathrm{d}x}) = \frac{1}{n(n+1)}\left[2i\Omega m\psi_n^m(t) - F_n^m(t)\right] \tag{5.70}$$

5.5.4 正压涡度方程谱模式的求解步骤

1.计算初始时刻流函数的谱系数

由初始时刻全球经纬网格点上的相对涡度 $\zeta(\lambda,\mu,t)$ 计算其对应的谱系数：

$$\zeta_n^m(t_0)=\frac{1}{4\pi}\int_{-1}^{1}\int_{0}^{2\pi}\zeta(\lambda,\mu,t_0)\,\mathrm{e}^{-im\lambda}P_n^m(\mu)\,\mathrm{d}\lambda\mathrm{d}\mu$$

再根据流函数与相对涡度的关系可求出初始时刻流函数谱系数：

$$\psi_n^m(t_0)=-\frac{a^2}{n(n+1)}\zeta_n^m(t_0),\quad (n\neq 0)$$

2.计算非线性项的谱系数

利用变换法，先计算出经纬网格点上的非线性项 $F(\psi)_{j,k}$，再通过式 (5.67) 和式 (5.68) 计算其谱系数 $F_n^m(t)$。

3.时间积分

根据谱截断方程 (5.70)，由已知的 $\psi_n^m(t)$ 和 $F_n^m(t)$ 可以计算出流函数谱系数的时间变换倾向 $\mathrm{d}\psi_n^m(t)/\mathrm{d}t$，采用某种时间积分方案，求出下一时间步的流函数谱系数 $\psi_n^m(t+\Delta t)$。不断重复第 2 至 3 的计算步骤，便可得到预定时刻的流函数谱系数。

4.由流函数的谱系数合成流函数的格点值

利用流函数的截谱展开式 $\psi(\lambda,\mu,t)=\sum\limits_{m=-N}^{N}\sum\limits_{n=|m|}^{N}\psi_n^m(t)P_n^m(\mu)$ 可在需要的时刻，由流函数的谱系数合成流函数的格点值，并打印或绘图输出。

以上讨论的求解正压涡度方程的谱方法，原则上也适用于多层斜压原始方程模式。

5.5.5 谱模式的优缺点

谱模式的优点主要有：

（1）对空间微商的计算精确，因此用谱方法估计的位相速度一般比差分法准确；

（2）对二次型的非线性项的计算，消除了非线性混淆现象，可避免由此引起的计算不稳定；

（3）用谱方法展开求解球坐标下的控制方程组，不需要像有限差分法那样，对球面网格中的极点做特殊处理，因而特别适合于全球或半球模式。尤其是三角形截断的球谐函数展开式，可以得到在整个球面均匀的水平分辨率，这是网格点法难以完全做到的；

（4）易于应用半隐式时间积分方案，其计算比网格点简单，可节省计算时间；

（5）能自动并彻底地滤去短波，效果比一般差分法中用平滑算子要好；

（6）由于在全球模式中通常选择球谐函数作为谱展开式的基函数，而球谐函数正好是球面上的 Laplace 算子的特征函数，所以在模式中计算 ∇^{2p}（p 为正整数）型的水平扩散项非常方便。同理，用谱方法解泊松（Poisson）方程或赫姆霍兹（Helmholtz）方程也特别方便，不需进行迭代。

谱模式的缺点主要有：

（1）运算量和存储量均较大，对于计算机的存储和数据交换要求较高。特别当模式的水平分辨率提高时，谱方法的计算量比格点法增加得更快；

（2）对分布连续性较差的物理量，容易发生吉布斯（Gibbs）现象，需要较大的谱分量才能表示；

（3）当 $m \neq 0$ 时，在高纬度连带勒让德函数 $P_{m,n}(\mu)$ 的值很小，用球谐函数展开地形高度，误差较大；

（4）制作有限区域或套网格预报，不如差分法灵活方便。

复习思考题

1. 简述谱模式的基本原理及其优缺点。

2. 简述谱模式中的波数截断方法及其优缺点。

3. 在南、北极之间以 $\Delta\phi = 5^\circ$ 等距地取 37 个格点，试用 ECMWF 所使用的递推关系式编制一个计算连带勒让德函数 $P_n^m(\mu_j)$ 的程序。（$\mu_j = \sin\phi_j, j = 0, 1, \cdots, 37; m = 0, 1, \cdots, 20; n = 0, 1, \cdots, 20$）。

4. 试证明标准化的勒让德多项式

$$P_2(\mu) = \frac{\sqrt{5}}{2}(3\mu^2 - 1)$$

是在区间 $[-1, 1]$ 上关于权函数 $\Omega(x) = 1$ 的正交多项式。

5. 试证明标准化的勒让德多项式的首项系数为

$$P_n(x) = \sqrt{2n-1}\frac{1}{2^n n!}\frac{\mathrm{d}^n}{\mathrm{d}x^n}(x^2 - 1)^n$$

第6章　模式物理过程参数化

一方面，大气中包含着各种不同尺度的大气运动，其空间尺度的变化可从几十米到上万千米，尽管模式的水平和垂直分辨率不断提高，但连续的控制方程的离散化受到模式最小可分辨尺度的限制（如在有限差分格式中，大气运动的最小可分辨尺度是二倍格距的波长），数值差分模式无法把一些小于网格尺度的大气运动过程描述出来，将不能被模式网格显式分辨的过程称为“次网格尺度过程”；另一方面，由于缺少观测，我们对大气中发生的许多过程的物理机制了解甚少。基于上述原因，需要把这些物理过程用模式格点的可分辨尺度场的值表示出来，这称为模式次网格尺度过程的参数化处理。

小尺度的大气过程依赖于大尺度背景的同时又影响着数值模式能显示分辨的大尺度场和过程。不能忽略次网格过程对可分辨尺度场的影响，否则将降低预报准确率。参数化是模式设计的重要内容，本章仅对模式参数化做最基本的介绍。

§ 6.1　次网格尺度过程和雷诺平均

考虑在 z 坐标中通量形式的水汽预报方程：

$$\frac{\partial \rho q}{\partial t} = -\frac{\partial \rho u q}{\partial x} - \frac{\partial \rho v q}{\partial y} - \frac{\partial \rho w q}{\partial z} + \rho E - \rho C \tag{6.1}$$

在实际大气中，u 和 q 含有模式网格可分辨尺度和次网格尺度。可以写成：

$$\begin{cases} u = \overline{u} + u' \\ q = \overline{q} + q' \end{cases} \tag{6.2}$$

式中带“$-$”的是在一个格距上的空间平均，带“$'$”的是次网格尺度的值，密度 ρ 的次网格尺度变化可以忽略，由定义可知，所有线性扰动量的格点盒子平均为 0，即 $\overline{q'} = 0$，$\overline{u'\overline{q}} = 0$。此外，格点平均量的平均不变化，即：

$$\overline{\overline{u}\,\overline{q}} = \overline{u}\,\overline{q}$$

这种雷诺平均的方法最初由雷诺（1895）用于时间平均，这里则将它用格点盒子平均。将式 (6.2) 代入水汽方程 (6.1)，并取格点平均，可得：

$$\frac{\partial \rho\overline{q}}{\partial t} = -\frac{\partial \rho\overline{u}\overline{q}}{\partial x} - \frac{\partial \rho\overline{v}\overline{q}}{\partial y} - \frac{\partial \rho\overline{w}\overline{q}}{\partial z} - \frac{\partial \rho\overline{u'q'}}{\partial x} - \frac{\partial \rho\overline{v'q'}}{\partial y} - \frac{\partial \rho\overline{w'q'}}{\partial z} + \rho E - \rho C \tag{6.3}$$

方程右边的前三项是网格尺度（可分辨的）的平流项，在第 2 章中已讨论了它们的数值离散化过程。接着的四、五、六项是水汽的涡动通量散度项或称为湍流水汽输送项。最后两项（蒸发和凝结）是发生在分子尺度的次网格过程。方程右端后五项统称为“次网格过程”，必须进行参数化。

用可分辨尺度来表示湍流输送项作用的参数化有几种方法。例如，对于水汽的垂直湍流通量（由于垂直梯度较强，尤其是在行星边界层中，因此认为它是涡动通量的主要分量），可以选择如下几种。

（1）忽略垂直湍流通量，即假定在边界层中网格尺度场充分混合：

$$-\rho\overline{w'q'} = 0 \tag{6.4}$$

这也称为“零阶”闭合，只要寻找平均量的性质即可。例如，混合边界层的总体参数化方案中位温、水汽和风都假设是充分混合的，仅预报边界层的厚度。

（2）将垂直通量看成“湍流扩散过程”进行参数化，用其他网格尺度变量来表示（这称为一阶闭合，也是最常用的)：

$$-\rho\overline{w'q'} = K\frac{\partial \overline{q}}{\partial z} \tag{6.5}$$

这个公式是这样来表示湍流混合的作用的：即认为向上或向下位移的气块携带其在初始高度的水汽，在到达新的高度后，再与环境混合。这种方法被称为“K 理论”，它的主要问题是要寻找合适的表示涡动扩散率的公式，又依赖于格点平均场和流体的稳定度。

（3）为了得到 $\overline{u'w'}$ 的预报方程，将与垂直运动方程的乘积以及与式 (6.1) 的乘积相加，则可得到方程:

$$\frac{\partial \rho wq}{\partial t} = -\frac{\partial \rho uwq}{\partial x} - \cdots \tag{6.6}$$

然后对它取雷诺平均，并从式 (6.6) 中减去这个平均方程，则可得湍流通量预报方程。该方程也可以作为补充方程包括在模式方程中，由于它含有湍流项的三次乘积项，因此又必须用二次乘积项来参数化：

$$-\rho\overline{w'w'q'} = K'\frac{\partial \rho\overline{w'q'}}{\partial z} \tag{6.7}$$

这称为二阶闭合。二阶闭合模式有许多附加的预报方程（以求出湍流变量的乘积项），但它仅是高分辨模式中为得到湍流输送估计的一种方法。如果发生在实际大气中且不能被模式分辨的重要物理过程没有被参数化，它将在模式积分时“混淆”进入可分辨尺度。

§ 6.2　辐射参数化

6.2.1　辐射作用的描述

大气辐射过程是大气数值模式中必须考虑的非常重要的过程。但是，大气辐射过程是很复杂的。随着人们对大气物理过程认识的不断深入，模式中开始考虑大气的化学过程、温室气体效应等。在本章中，我们只介绍一些简单的基本内容，更为详细的处理方法参见相关的文献。由于太阳短波辐射和地气间的长波辐射交叉很少，因此，大气的辐射过程大致可以分为太阳短波辐射加热率和大气长波辐射冷却率两部分来计算。

1.太阳辐射加热率的计算

由于数值模式主要是用于描写对流层的物理过程。所以，可以只考虑大气中水汽和云对辐射的影响。一般地，把到达大气上界的太阳辐射通量 S_0 分成两部分来处理，即分子散射削弱部分 $S_0^S=0.651S_0$ 和大气吸收部分 $S_0^A=0.349S_0$，则到达任一高度 z 的太阳辐射通量为：

$$S=S_0^A\cos\theta[1-A(u^*,\theta)] \tag{6.8}$$

式中 A 为吸收率，u^* 为高度 z 以上垂直气柱内所包含的水汽量，即光学厚度。令水汽密度 ρ_v，$u(z)=\int_0^z\rho_v\mathrm{d}z$，则 $u^*=u_\infty-u(z)$，θ 为太阳天顶距，规定通量向上为正，净向上通量 $R_s=-S$，则某层大气的加热率为：

$$\dot{H}_R^S=-\frac{1}{c_p\rho_a}\frac{\partial R_s}{\partial z}=\frac{1}{c_p\rho_a}\cdot\frac{\partial S}{\partial z} \tag{6.9}$$

式中 ρ_a 是空气密度，c_p 是空气定压比热容。

令 $\mu=u^*\sec\theta$，则：

$$\begin{aligned}\frac{\partial S}{\partial z}&=-S_0^A\cos\theta\frac{\partial A}{\partial z}=-S_0^A\cos\theta\frac{\partial A}{\partial\mu}\cdot\frac{\partial\mu}{\partial z}\\&=S_0^A\cos\theta\cdot\frac{\partial A}{\partial\mu}\sec\theta\rho_v=S_0^A\rho_v\cdot\frac{\partial A}{\partial\mu}\end{aligned} \tag{6.10}$$

代回式 (6.9)，则：

$$\dot{H}_R^S=-\frac{1}{c_p}\cdot\frac{\rho_v}{\rho_a}\cdot S_0^A\cdot\frac{\partial A}{\partial\mu}=\frac{S_0^A}{c_p}q\frac{\partial A}{\partial\mu} \tag{6.11}$$

式中 q 是比湿。当考虑压力加宽效应时，应换成 $\left(\dfrac{p}{p_0}\right)^n\cdot q$，$p_0$ 是地面气压，n 是经验系数

常数。式 (6.11) 的物理意义是清楚的，$\dfrac{\partial A}{\partial \mu}$ 表示在太阳照射方向上，单位面积气柱中，单位质量的水汽对太阳辐射的吸收。q 表征该层中吸收物质的多少。对于 $A(u^*,\theta)$ 表达式，可用如下经验公式：

$$A = 1.4327 \exp\left[-2.751 + 0.44591 \ln u^* - 0.015(\ln u^*)^2\right] \tag{6.12}$$

在实际计算中，n 取为 1。则:

$$u^* = u_\infty - u(z) = \int_z^\infty \rho_v^* \mathrm{d}z = \frac{1}{g}\int_0^p \left(\frac{p}{p_0}\right) q \mathrm{d}p \tag{6.13}$$

由于模式最上面的两层没有湿度的资料，假设 q 分布满足指数关系即：

$$q_k = q_0 \left(\frac{p_k}{p_3}\right)^r \tag{6.14}$$

式中 $r = 3.15$ 。上式代入式 (6.13) 便可求出 $k = 3$ 以上层次的 u^*；进一步用式 (6.9) —(6.10) 可以得到各层次的 $A(u^*,\theta)$ 。

把式 (6.9) 改写为：

$$\dot{H}_R^S = \frac{S_0^A}{c_p} q \cos\theta \frac{\partial A}{\partial u^*} = \frac{S_0^A}{c_p} q \cos\theta \frac{A}{u^*}(0.4459 - 0.030 \ln u^*) \tag{6.15}$$

式中 $\cos\theta = \sin\varphi \sin\delta + \cos\varphi \cos\delta \cos H$，其中 φ 为地理纬度，δ 为太阳倾斜角，$H = \Omega t$ 为太阳角，Ω 为地转角速度，t 为地方时，把以上的天顶距地公式代入式 (6.15) 可以求出局地各个层次太阳短波辐射加热率的日变化。

2.长波辐射冷却率的计算

在晴空情况下，对流层中的辐射冷却过程主要决定于温度层结及大气层结中的水汽分布，为了简化，我们只计算水汽的放射作用，二氧化碳对地面有效辐射的影响则采用经验订正的办法加以考虑。

设大气上界向下的长波辐射为 0，地面向上的辐射为黑体辐射，单色波的积分辐射传输方程：

$$U_\upsilon(z) = \pi B_\upsilon(T_0)\tau(k_\upsilon u) + \int_0^u \pi B_\upsilon(u') \frac{\mathrm{d}\tau\{B_\upsilon(u-u')\}}{\mathrm{d}u'} \mathrm{d}u'$$

$$D_\upsilon(z) = -\int_u^{u_\infty} \pi B_\upsilon(u') \frac{\mathrm{d}\tau\{B_\upsilon(u-u')\}}{\mathrm{d}u'} \mathrm{d}u'$$

式中 $U_\upsilon(z)$ 和 $D_\upsilon(z)$ 分别为高度 z 处频率为υ 的向上和向下的辐射通量，B_υ 为黑体辐射通量，τ 为透射率，对上式做分部积分，将变量 u' 换成 T，并且考虑到大气上界没有什么吸收物质取 $B_\upsilon(T_\infty) = 0$，则有：

$$U_v(z) = \pi B_v(T_z) + \int_{T_z}^{T_0} \pi \frac{\mathrm{d}B_v(T)}{\mathrm{d}T} \tau \left[k_v(u - u')\right] \mathrm{d}T$$

$$D_v(z) = \pi B_v(T_z) + \int_{T_z}^{T_\infty} \pi \frac{\mathrm{d}B_v(T)}{\mathrm{d}T} \tau \left[k_v(u - u')\right] \mathrm{d}T$$

再对所有频率进行积分，并取：

$$\overline{\tau}(u,T) = \int_0^\infty \pi \frac{\mathrm{d}B_v(T)}{\mathrm{d}T} \tau k_v u \mathrm{d}v \bigg/ \int_0^\infty \pi \frac{\mathrm{d}B_v(T)}{dT} \mathrm{d}v$$

则有：

$$U(z) = \pi B(T_z) + \int_{B(T_z)}^{B(T_0)} \tau[(u - u'), T] \pi \mathrm{d}B \tag{6.16}$$

$$D(z) = \pi B(T_z) + \int_{B(T_z)}^{B(T_0)} \tau[(u' - u), T] \pi \mathrm{d}B \tag{6.17}$$

式中 $U(z)$，$D(z)$ 分别为到达高度 z 的全频率向上和向下的长波辐射通量。u 为从 $z = 0 \rightarrow z$ 的光程，u' 为 $z = 0$ 到任一高度 z' 的光程。$\pi B(T) = \sigma T^4$ 为黑体辐射，$\sigma = (5.6696 \pm 0.0025) \times 10^{-8}\ \mathrm{W \cdot m^{-2} \cdot K^{-4}}$，为 Stefen 常数，$\tau$ 是以 $\pi \dfrac{\mathrm{d}B}{\mathrm{d}T}$ 为权重的平均透射率。根据 Yamamoto（1952）工作，对于固定 u 来说，在 T 为 210 ~320 K 之间，τ 几乎与 T 无关。可以假定当 $T > 220$ K 时，$\tau(u,T) = \tau(u,\overline{T})$，在大气中取平均温度 $\overline{T} = 260$ K。

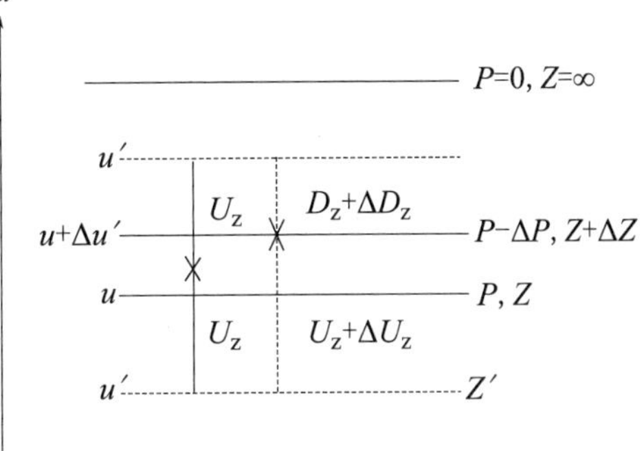

图 6.1　长波辐射通量示意图

若令 $R_L(z) = U(z) - D(z)$，为长波净向上辐射通量，长波辐射冷却率（图 6.1）公式可以写为：

$$\dot{H}_R^L = -\frac{q}{c_p}(\frac{\partial U}{\partial u} - \frac{\partial D}{\partial u}) = -\frac{q}{c_p}\frac{\partial R_L}{\partial u} \tag{6.18}$$

把式 (6.16)、(6.17) 代入上式则有

$$\dot{H}_R^L = -\frac{q}{c_p}\left[\int_{B(T_z)}^{B(T_0)} \frac{\mathrm{d}\overline{\tau}(u - u')}{\mathrm{d}u} \pi \mathrm{d}B - \int_{B(T_z)}^{B(T_0)} \frac{\mathrm{d}\overline{\tau}(u - u')}{\mathrm{d}u} \pi \mathrm{d}B\right] \tag{6.19}$$

利用 $\overline{\tau}_U(u)$ 和 $\overline{\tau}_D(u)$ 的经验公式可得：

$$\frac{\mathrm{d}\overline{\tau}_U}{\mathrm{d}u} = -\frac{m}{1+m}\frac{Cbu^{c-1}}{(1+b\overline{u^c})^2} \tag{6.20}$$

$$\frac{\mathrm{d}\overline{\tau}_D}{\mathrm{d}u} = -n\frac{Cbu^{c-1}}{(1+bu^c)^2} \tag{6.21}$$

这里的 $\frac{\mathrm{d}\overline{\tau}_U}{\mathrm{d}u}$ 和 $\frac{\mathrm{d}\overline{\tau}_D}{\mathrm{d}u}$ 分别表示 $\frac{\mathrm{d}\overline{\tau}}{\mathrm{d}u}$ 在 z 层以上和以下的平均值。$b=1.750$ ，$c=0.416$；n 和 m 是根据所在的高度和气层厚度决定的参数。式 (6.19) 中 $\frac{\mathrm{d}\overline{\tau}}{\mathrm{d}u}$ 用 z 层以上和以下的平均值来代替，则可以写成：

$$\dot{H}_R^L = -\frac{q}{c_p}\left\{\frac{\mathrm{d}\overline{\tau}_U}{\mathrm{d}u}\left[\pi B(T_0)-\pi B(T_z)\right]-\frac{\mathrm{d}\overline{\tau}_D}{\mathrm{d}u}\left[\pi B(T_\infty)-\pi B(T_z)\right]\right\}$$

用黑体辐射公式代入上式，则：

$$\dot{H}_R^L = -\frac{q}{c_p}\left\{(\sigma T_0^4-\sigma T_z^4)\frac{\mathrm{d}\overline{\tau}_U}{\mathrm{d}u}+\sigma T_z^4\frac{\mathrm{d}\overline{\tau}_D}{\mathrm{d}u}\right\} \tag{6.22}$$

3.考虑云层影响的辐射计算方案

云层对大气辐射过程的影响是很大的，据计算，整个大气的辐射冷却，平均而言云天（云量 8 ∼ 10）较晴空（云量0 ∼ 2）要多 −0.34 °C/d。

各种云影响差别也很大，简单起见，只考虑单一云型，如图 6.2 所示，即层状云，并以 u_c 表示云内液体水的等效水量，则云顶以上各层的垂直光程为：

$$u(v) = \int_0^z \rho_v \mathrm{d}z + u_c \tag{6.23}$$

对于云内：

$$u(z) = \int_0^z \rho_v \mathrm{d}z + u_c\frac{z-z_B}{z_T-z_B} \tag{6.24}$$

对于云底以下各层：

$$u(v) = \int_0^z \rho_v \mathrm{d}z \tag{6.25}$$

式中 z_T，z_B 分别为云顶和云底高度。如果 R 表示辐射通量，则：

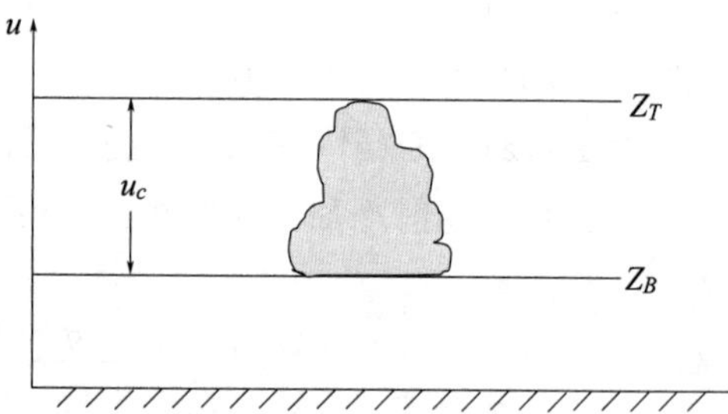

图 6.2 云层对辐射示意图

$$R = R_L + R_S = U - D - S$$

那么任一层的加热率为：

$$\frac{\partial T}{\partial t} = \dot{H}_K^L + \dot{H}_K^S = -\frac{1}{c_p\rho_a}\frac{\partial u}{\partial z}\cdot\frac{\partial R}{\partial u} \tag{6.26}$$

对于云内情况，上式写为：

$$\frac{\partial T}{\partial t}=-\frac{1}{c_p}\left[\frac{\rho_w}{\rho_a}+\frac{u_c}{\rho_a(z_T-z_B)}\right]\frac{\partial R}{\partial u} \tag{6.27}$$

对于云外情况，则写为：

$$\frac{\partial T}{\partial t}=-\frac{1}{c_p}q\frac{\partial R}{\partial u} \tag{6.28}$$

令$q_c=\dfrac{u_c}{\rho_a(z_T-z_B)}$，则式 (6.27) 变为：

$$\frac{\partial T}{\partial t}=-\frac{1}{c_p}(q+q_c)\frac{\partial R}{\partial u} \tag{6.29}$$

由式 (6.9) 和式 (6.14) 比较可以得到：

$$\frac{\partial R_S}{\partial u}=-S_0^A\cos\theta\cdot\frac{A}{u^*}(0.4459-0.030\ln u^*) \tag{6.30}$$

由式 (6.19) 和式 (6.22) 比较可得：

$$(\sigma T_0^4-\sigma T_z^4)\overline{\frac{\mathrm{d}\tau_U}{\mathrm{d}u}}+\sigma T_z^4\overline{\frac{\mathrm{d}\tau_D}{\mathrm{d}u}} \tag{6.31}$$

而

$$\frac{\partial R}{\partial u}=\frac{\partial R_S}{\partial u}+\frac{\partial R_L}{\partial u} \tag{6.32}$$

这样利用式 (6.27) 和式 (6.28) 就可以计算云内外各层次的加热率。应该提一下，若考虑云层对短波的散射作用，可以在计算短波辐射，按 Elsasser 理论结果，把云顶以下部分的光程放大 1.66 倍。

6.2.2　简单短波辐散参数化方案

本节以 MM5 中的 Cloud 方案（Dudhia，1989）为例进行介绍。该方案简单地计算了由于晴空散射和水汽吸收以及由于云的反射率吸收引起的向下短波辐散通量：

$$S_d(z)=\mu S_0-\int_z^{top}(\mathrm{d}S_{cs}+\mathrm{d}S_{ca}+\mathrm{d}S_s+\mathrm{d}S_a) \tag{6.33}$$

式中 μ 为太阳天顶角的余弦，S_0 为太阳常数。

晴空情况下，水汽吸收作为水汽量的函数计算：

$$A_{wv}(y)=2.9/(1+14.15y)^{0.635}+5.925y \tag{6.34}$$

式中 y 为水汽量，它是水汽路径和太阳天顶角的函数：

$$y = \rho q \Delta z / \mu \tag{6.35}$$

另外，考虑了近似的瑞利（Rayleigh）散射和气溶胶散射，有：

$$s = \rho \Delta z / \mu \tag{6.36}$$

式中 $\rho\Delta z$ 称为质量路径长度。

有云的情况下，云的后向散射（或反射）和吸收根据 μ 和 $\ln(w/\mu)$ 的双线形插值得到，其中 w 为垂直积分的液态水路径。该方案给出了反射（ALB）表和吸收（ABS）表，液态水路径为：

$$LWP = \rho \Delta z (Q_c + 0.1Q_i + 0.05Q_r + 0.02Q_s + 0.05Q_h) \tag{6.37}$$

式中 Q_c、Q_i、Q_r、Q_s、Q_h 分别为云水、云冰、雨、雪和霾的混合比。这是云方案的最显著特征，即在计算液态水路径时，考虑了各种液态和固态水对液态水路径的贡献。

透射率为：

$$\tau = 1 - S - A_{wv} - R_{cld} - A_{cld} \tag{6.38}$$

式中 S、A_{wv}、R_{cld} 和 A_{cld} 分别为晴空瑞利散射和气溶胶散射、水汽吸收、云的反射和云的吸收。

于是，第 $k+1$ 层的短波通量可写为：

$$S_d(k+1) = \tau_k S_d(k) \tag{6.39}$$

加热率

$$R_T = \frac{1}{\rho c_p} \frac{\partial}{\partial z} S_{abs} \tag{6.40}$$

式中 S_{abs} 为短波通量向下分量 S_d 的吸收部分，因为只有云和晴空的吸收对太阳加热有贡献。

§ 6.3　湿物理过程参数化

小尺度的积云对流在一定的大尺度环境中产生，又反过来影响大尺度环境场的变化。研究小尺度对流和大尺度运动的相互作用有两种方法，一种是求解描述两类不同尺度运动的耦合方程组，直接求解积云尺度运动，可视为直接法；另一种是用参数化方法考虑小尺度运动对大尺度运动的总体影响，而不考虑小尺度运动的细微结构。由于第一种方法要求模式分辨率很高，从而计算量相当巨大，现仅限于在一些非静力模式和云模型中采用。而第二种方法简单易行，当前各国数值天气预报模式和大气环流模式多采用此种方法。此节主要介绍第二种方法的基本思路和对应的方程组。

取一水平面积为单位面积，为将小尺度对流用大尺度的物理量来表示，此面积必须足够大，以包括相当多的性质相同的积云体。而对于大尺度运动来说，此面积又很小，使各种物理量在此面积内的平均值对于大尺度运动有足够高的分辨率。设单位面积内积云所占面积为 σ_c，无云面积为 $1-\sigma_c$，σ_c 称为积云覆盖比。G_c、$\widetilde{G}$ 和 $\overline{G}$ 分别表示云内 G 值、云外环境 G 值和单位面积的 G 的平均值，$\overline{G}$ 也表示大尺度运动物理量。G 可表示温度 T、比湿 q 等物理量。对于物理量 G 的平均值可写为：

$$\overline{G}=\sigma_c G_c+(1-\sigma_c)\widetilde{G} \tag{6.41}$$

实际分布为平均值与扰动值之和，即：

$$G=\overline{G}+G' \tag{6.42}$$

式中 G' 表示对流引起的扰动。式 (6.42) 表明，任一物理量均可分解为大尺度部分物理量与小尺度对流部分物理量之和，从而可按研究湍流的经典参数方法导得包含小尺度对流参数化的大尺度运动基本方程组。

基本方程组可写成如下形式：

$$\frac{\partial u}{\partial t}+\mathbf{V}\cdot\nabla u+\omega\frac{\partial u}{\partial p}=-\frac{\partial \varPhi}{\partial x}+fv+D'_u \tag{6.43}$$

$$\frac{\partial v}{\partial t}+\mathbf{V}\cdot\nabla v+\omega\frac{\partial v}{\partial p}=-\frac{\partial \varPhi}{\partial y}-fu+D'_v \tag{6.44}$$

$$\frac{\partial \varPhi}{\partial p}=-\frac{RT}{p} \tag{6.45}$$

$$\nabla\cdot\mathbf{V}+\frac{\partial \omega}{\partial p}=0 \tag{6.46}$$

$$\frac{\partial \theta}{\partial t}+\mathbf{V}\cdot\nabla \theta+\omega\frac{\partial \theta}{\partial p}=\frac{L\kappa}{c_p}\left(F+F^*\right)D'_\theta \tag{6.47}$$

$$\frac{\partial q}{\partial t}+\mathbf{V}\cdot\nabla q+\omega\frac{\partial q}{\partial p}=-\left(F+F^*\right)D'_q \tag{6.48}$$

式中 $\kappa=\left(\dfrac{p_0}{p}\right)^{R/c_p}$、$p_0=1000\ \text{hPa}$，$F$ 和 F^* 分别表示大尺度凝结和对流凝结，D'_u、

D'_v 、D'_θ、D'_q 分别表示湍流运动引起的动量、位温和比湿的变化，L 是凝结潜热或者是融解潜热，此处没有考虑辐射过程。将式 (6.43) — (6.48) 中所有的物理量按式 (6.42) 分解后，并对单位面积做平均，注意到：

$$\overline{\left[\boldsymbol{V}\cdot\nabla G+\omega\frac{\partial G}{\partial p}\right]}=\overline{(\overline{\boldsymbol{V}}+\boldsymbol{V}')\cdot\nabla\left(\overline{G}+G'\right)+(\overline{\omega}+\omega')\frac{\partial}{\partial p}\left(\overline{G}+G'\right)} \tag{6.49}$$

或

$$\begin{aligned}\overline{\left[\boldsymbol{V}\cdot\nabla G+\omega\frac{\partial G}{\partial p}\right]}&=\left[\overline{\boldsymbol{V}}\cdot\nabla\overline{G}+\overline{\omega}\frac{\partial\overline{G}}{\partial p}\right]+\overline{(\boldsymbol{V}'\cdot\nabla G')+\omega'\frac{\partial G'}{\partial p}}\\&=\left(\overline{\boldsymbol{V}}\cdot\nabla\overline{G}+\overline{\omega}\frac{\partial\overline{G}}{\partial p}\right)+\left(\nabla\cdot\overline{\boldsymbol{V}'G'}+\frac{\partial}{\partial p}\overline{\omega'G'}\right)\end{aligned} \tag{6.50}$$

上式中用到了扰动运动所满足的连续方程。运用上式则得下列方程组：

$$\frac{\partial\overline{u}}{\partial t}+\overline{\boldsymbol{V}}\cdot\nabla\overline{u}+\overline{\omega}\frac{\partial\overline{u}}{\partial p}+\frac{\partial\overline{\Phi}}{\partial x}-f\overline{v}=-\frac{\partial}{\partial p}\overline{(\omega'u')}+D_u \tag{6.51}$$

$$\frac{\partial\overline{v}}{\partial t}+\overline{\boldsymbol{V}}\cdot\nabla\overline{v}+\overline{\omega}\frac{\partial\overline{v}}{\partial p}+\frac{\partial\overline{\Phi}}{\partial y}+f\overline{u}=-\frac{\partial}{\partial p}\overline{(\omega'v')}+D_v \tag{6.52}$$

$$\frac{\partial\overline{\Phi}}{\partial p}=-\frac{\overline{RT}}{p} \tag{6.53}$$

$$\frac{\partial\overline{u}}{\partial x}+\frac{\partial\overline{v}}{\partial y}+\frac{\partial\overline{\omega}}{\partial p}=0 \tag{6.54}$$

$$\frac{\partial\overline{\theta}}{\partial t}+\overline{\boldsymbol{V}}\cdot\nabla\overline{\theta}+\overline{\omega}\frac{\partial\overline{\theta}}{\partial p}-\frac{L\kappa}{c_p}\overline{F}=\frac{L\kappa}{c_p}\overline{F}^*-\frac{\partial}{\partial p}\overline{(\omega'\theta')}+D_\theta \tag{6.55}$$

$$\frac{\partial\overline{q}}{\partial t}+\overline{\boldsymbol{V}}\cdot\nabla\overline{q}+\overline{\omega}\frac{\partial\overline{q}}{\partial p}+\overline{F}=-\overline{F}^*-\frac{\partial}{\partial p}\overline{(\omega'q')}+D_q \tag{6.56}$$

式中 $D_u=D'_u+\overline{(\nabla\cdot\boldsymbol{V}'u')}$，$D_v$、$D_\theta$、$D_q$ 与 D_u 类似，表示其中含有次网格尺度过程的影响。积云对流主要是在垂直方向有很强的垂直运动，将各种 物理量向上输送，在式 (6.51) — (6.56) 中主要由 $\frac{\partial}{\partial p}\overline{(\omega'(\quad)')}$ 项来表示。积云对流运动是由水汽凝结过程产生的非绝热加热所激发，并通过对动量、热量和水汽的垂直输送影响大尺度环境场。为求 $\frac{\partial}{\partial p}\overline{(\omega'(\quad)')}$，可应用平均垂直运动一般比云内垂直运动小得多，即：

$$\overline{\omega}\ll\omega_c \tag{6.57}$$

又由式 (6.41)、式 (6.42) 得：

$$G'_c = G_c - \overline{G} = (1-\sigma_c)\left(G_c - \widetilde{G}\right) \tag{6.58}$$

$$\widetilde{G}'_c = \widetilde{G} - \overline{G} = -\sigma_c\left(G_c - \widetilde{G}\right) = -\frac{\sigma_c}{1-\sigma_c}\left(G_c - \overline{G}\right) \tag{6.59}$$

式 (6.58)、式 (6.59)两式中的第一等式应用平均值定义式 (6.42)，其第二等式应用了式 (6.41)，式 (6.59) 的第三等式应用了式 (6.58) 的第二等式，即：

$$G_c - \widetilde{G} = \frac{(G_c - \overline{G})}{1-\sigma_c} \tag{6.60}$$

则按式 (6.41)，有：

$$\overline{\omega' G'} = \sigma_c\left(\omega'_c G'_c\right) + (1-\sigma_c)\,\widetilde{\omega}'\widetilde{G}' = \frac{\sigma_c}{1-\sigma_c}\left(\omega_c - \overline{\omega}\right)\left(G_c - \overline{G}\right) \tag{6.61}$$

式 (6.61) 的后一等式应用了式 (6.58) 和式 (6.59)。利用式 (6.57) 和 $\sigma_c \ll 1$，式 (6.61) 简化为：

$$\overline{\omega' G'} \simeq \frac{\sigma_c\omega_c}{1-\sigma_c}(G_c - \overline{G}) \simeq -M_c(G_c - \overline{G}) \tag{6.62}$$

式中 $M_c = -\sigma_c\omega_c$，为积云内总质量垂直通量。式 (6.62) 表示积云对流所产生的某物理量的垂直通量与积云内的质量通量和该项物理量在云内的偏差成正比。由于云内的 M_c 和 G_c 很难用观测准确计算，通常采用一些近似计算方法。

通常而言，由于数值模式水平格点分辨率不能完全地解析（分辨）所有尺度的云结构，目前模式将降水分为格点尺度的降水和次网格尺度的积云降水，二者分别由云微物理参数化方案和积云对流参数化方案计算得到。云微物理参数化方案和积云对流参数化方案共同构成了湿物理过程的核心，将在本节中重点介绍。关于方程 (6.51) — (6.56) 中的大尺度凝结项 $\overline{F}$ 的计算可通过凝结函数法、饱和凝结法和湿绝热法确定，此处不做介绍。

6.3.1 Kain-Fritsch Eta积云对流参数化

积云对流参数化要解决的问题简单归结为：确定对流过程使加热大气、变干效应的垂直分布，估算对流降水量。对流参数方案较多，从云内物理过程的调整方面可以简单地概括为湿对流调整方案和质量通量方案两类。从是否形成对流降水大致可分为浅对流和深对流参数化方案。

Kain-Fritsch Eta 积云对流参数化方案（可简称 KFeta 方案）为对流调整方案。该方案通过确定一个小气（云）块的对流有效位能和消耗其对流有效位能的时间，来控制或者调整中尺度模式网格面积内的积云对流，同时考虑了卷入、卷出烟羽流以及上升气流和下沉气流过程。该方案的主要特点为加入了积云过程对环境场的反馈作用，考虑了环境卷入率和上升气流的卷出率，使模式每层在浮力的控制下不断有周围环境和云层内质量通量的交换，从而更真实地表现反映对流加热和干化效应的垂直特征。Kain-Fritsch Eta 积云对流参数化方案的基本框架主要包括以下四个部分，分别是对流触发机制、上升质量通量、下沉质量通量和闭合假设。

1.对流触发机制

积云对流参数化方案并非对于模式中所有格点单元都进行了对流参数化降水过程的计算，而是首先通过一定的条件来确定深对流发生的时间和地点，这一类标准或是条件称为对流触发条件，随后通过使用单个云模型进行相应的对流过程参数化计算。对流触发机制是从动力学角度上对所选模拟区域判定对流不稳定是否存在，存在的对流不稳定能否导致云增长的理论过程，也是次网格参数化过程应用的重要组成部分。该方案假定在距地面 300 hPa 的高度范围内，对每一格点逐 15 hPa 垂直方向上分层，将邻近 50 hPa 的气柱近似认为一个小气（云）块，本质上是通过拉格朗日气块法来判定对流触发机制。为了使计算简化且不失准确性，方案将 50 hPa 小气块视为一个单位质量小气块整体。

2.上升质量通量

对流云内的上升运动（updraft）是对流性降水产生的主要机制，方案中假定上升运动起始于小气块受外力强迫抬升的逃离层，由于其上升速度较快，可以认为该过程是绝热的，该气块经过干绝热上升到达抬升凝结高度处（云底处），而在抬升凝结层到对流上限（云顶）层之间发生上升的侧向卷入卷出混合过程；当上升运动到达平衡温度层，气块开始做减速运动，直至对流上限（云顶）处速度减小至零，整个上升运动结束。其中的主要计算过程包括：（1）计算云侧向夹卷过程后各层的垂直速度；（2）根据温度确定云内水成物相态，进而考虑了降水凝结潜热的贡献；（3）根据各层包含的液态水和冻结冰含量，计算每层上升运动引起的液态或固态降落物；（4）计算云内各层的质量通量；（5）确定由上升运动引起的总降落通量。

3.下沉质量通量

相比上升运动的计算，下沉运动中的凝结过程和冻结过程更为重要。下沉运动假定由冰相融化和液态水蒸发冷却过程驱动，其开始于云内的自由下沉层（LFS；模式中气块层顶以上 150 hPa 处），结束于下沉运动层层底（DBL；地面或浮力为零所处高度），其中，自由下沉层（LFS）定义为 LCL 和 ETL 之间最小环境饱和相当位温的一层，且假定以 1 m/s 的下沉速度起始于该层。下沉运动过程主要包括：（1）考虑下沉运动中水成物蒸发造成的冷却作用；（2）确定下沉运动层层底DBL，其特征为该层下沉运动虚温大于环境虚温；（3）计算下沉运动卷入卷出过程后的物理量；（4）确定最终降落物（雨或雪）的含量。因此，在下沉运动过程中，物理机制主要包括中层相对冷、干环境空气的浸入到湿上升气流中的混合，以及随后出现的云滴和雨水蒸发过程。

4.闭合假设

在方案的最后，一个闭合假设需要用来控制对流的强度。其基础为一个格点上的所有对流有效位能在对流调整时间尺度内全部移除，即使对流不稳定到稳定大气在特定对流调整时间内能够完成。这一理论假设是由于观测到大尺度通常需要几个小时才能产生浮力势能，而在中尺度对流过程中将其耗尽则仅需要其产生时间的一小部分。在计算过程中，最终的对流调整后的环境值则是通过一个迭代程序在对流调整时间尺度内进行时间积分。

图 6.3 概括了 KFeta 积云对流参数化方案的物理过程。当小云块受外力强迫穿过自由对流层（LFC）不断向上运动，最终在云顶层（CTL）垂直速度减少至零，表明了对流云的形成过程。在整个对流云云内，以上升运动为主，也同时存在与周围环境质量通量的交换，即夹卷过程。同时，上升引起的水凝物聚集增加产生了下沉运动，期间也伴随着环境的夹卷过程；当降落物下降至云底以下时，产生蒸发冷却效应，其蒸发强度与环境空气的相对湿度密切相关，导致低层或近地面冷空气堆积，形成冷池。此时降落至地面的降落物即为对流方案计算的对流降水。此外，周围环境空气与上升和下沉云顶中的夹卷过程要保持质量通量的守恒，这使得在整个对流云发展过程中，云内与环境时刻进行着物质交换。

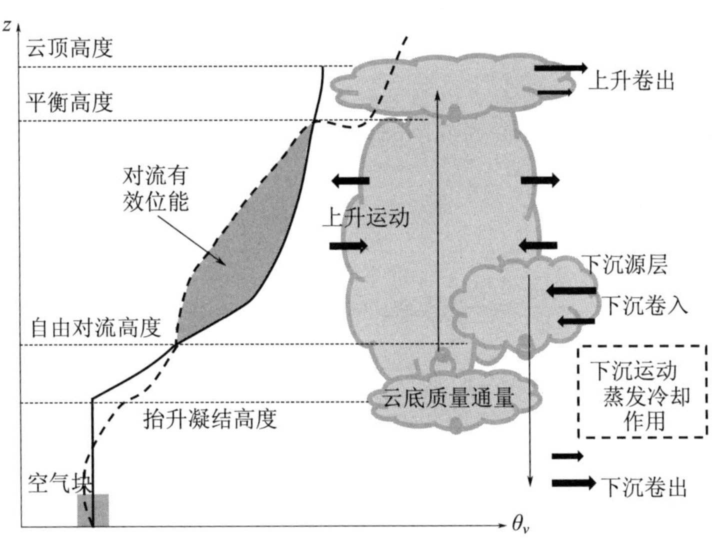

图 6.3 KFeta 方案中对流云发展概念图（改绘自吴迪，2018）

6.3.2　WDM6云微物理过程参数化

云微物理参数化方案显著地影响着模拟的云和降水过程。云微物理方案描述了大气中几种液态水和冻结水成物之间的相互转化以及复杂的相互作用过程。

根据描述云微物理过程的预报参数差异，可将云微物理方案分为单参数、双参数和多参数方案。目前模式中常使用的是单参数和双参数方案。单参数方案采用了水成物含量这一单参数来描述云微物理过程（例如只预报云和水凝物的质量混合比）；双参数方案则采用了含水量和数浓度两个参数共同描述云微物理过程，理论上更好地模拟了云的结构和演变特征（Milbrandt 和Yau，2005）。普遍认为，随着参数的增加，对于云微物理过程的描述应该更为准确和合理。

根据方案的复杂程度和包含的相态，云微物理方案又可分为暖雨、简化冰相和复杂冰相方案。暖雨（无冰水）方案仅考虑温度都大于冻结温度的物理量。简化冰相方案显式地考虑了冰相过程。复杂冰相方案则考虑了多种水成物，如云水、雨滴、冰晶、雪晶、霰等，包含了冰水粒子相互作用而引发的混合相过程。一般而言，当水平格距小于 10 km，可以认为能够在一定程度上分辨大部分云内垂直上升气流，则应使用混合相方案，尤其在对流及结冰条件下更应该使用。而在较粗的网格分辨率下，由于不能很好解析淞化过程，因此没有必要使用混合冰相方案。本节以 WDM6 方案为例介绍云微物理参数化的基本思路。

WRF Double-Moment 6 class（WDM6）方案预报含水量和数浓度两个参数，其中数浓度的预报目前仅针对暖云过程，包括了云凝结核的预报，而冷云过程遵循 WSM6 方案（Hong 和Lim，2006），包括了冰、雪、霰的预报。此外，该方案适用于云分辨尺度的高分辨率模拟。

WDM6 方案的预报量包括云水、雨水、云冰、雪、霰或雹的混合比，以及云凝结核、云水、雨水的数浓度。其混合比和数浓度的连续方程为：

$$\frac{\partial q_x}{\partial t} = -\boldsymbol{V}\nabla q_x - \frac{q_x}{\rho}\frac{\partial}{\partial z}(\rho V_x) + S_x \tag{6.63}$$

$$\frac{\partial N_x}{\partial t} = -\boldsymbol{V}\nabla N_x - \frac{1}{\rho}\frac{\partial}{\partial z}(\rho N_x V_x) + S_x \tag{6.64}$$

其中，式 (6.63) 和 (6.64) 分别为云微物理过程中各项水成物混合比和数浓度的贡献，公式右边各项分别为平流项、下沉项和源汇项。云微物理方案不同于积云对流参数化方案，模式中的每个单元格都进行了云微物理过程的计算，主要基于连续方程 (6.63) 和 (6.64)。方案首先确定了最小的积分步长，使整个过程在有限的循环过程中完成。在循环过程中，方案先考虑了各水成物的沉降过程，包括水滴、雪、霰或雹的下落末速度，更新了各层降落的水成物混合比和数浓度，其到达底层的水成物累积值即为总降落量（层云降水）。随后，计算各物理量的源汇项转化过程，同时也考虑其相变过程对大气温度的影响，具体而言，方案先处理了暖云过程，再处理了冷云过程，图 6.4 给出了方案中各水成物混合比云中的转化过程示意图。

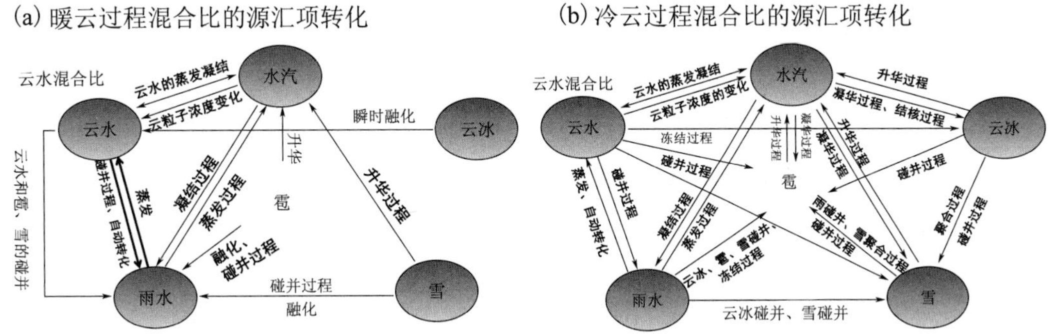

图 6.4 WDM6方案中水成物混合比在暖云（左）和冷云（右）中的源汇项转化流程图（引自吴迪2018）

§ 6.4　边界层和陆面参数化

陆面过程作为大气模式的下边界条件，在大气模式发展初期就得到了重视。最初的陆面过程模式以 Manabe 等（1965）的“水箱模式”为代表。此后随着各种土壤温度参数化方法：辐射相关法（Niekerson，1975）、土壤模式法（Carlalaw，1959）、余项强迫法（Bhumralkar，1975）、强迫恢复法（Deardorff，1978）和土壤湿度参数化（Deardorff，1978；Clapp，1978）的提出，土壤中的水热输运问题得到了很大的发展。进入 20 世纪 80 年代，逐渐出现了耦合植被过程的陆面模式（Sellers，1986；Dickinson，1986）。进入 20 世纪 90 年代以来，陆面模式都是用于三维气候模式的单点土壤—植被—雪盖—大气传输系统，不受周围格点的影响，并逐渐涵盖了陆面上发生的所有物理、化学、生物和水文过程的相互作用。

大气边界层和地球表面相接，运动具有明显的湍流特征。湍流过程对动量、热量和水汽在垂直方向上有明显的输送作用。边界层参数化方案负责垂直次网格尺度通量的垂直输送，从而提供温度、湿度（包括云）、风速等的趋势。边界层方案假设次网格尺度的涡旋通量和可分辨尺度通量之间存在明显的尺度分离（Wyngaard，2004）。

本节介绍 YSU边界层参数化方案和 SLAB 陆面过程参数化方案。

6.4.1　YSU边界层参数化方案

YSU 方案是在 Troen 和 Mahrt（1986）基础上发展的一阶非局地闭合方案。网格尺度变量的预报方程可表示为：

$$\frac{\partial C}{\partial t} = \frac{\partial}{\partial z}(-\overline{w'c'}) = \frac{\partial}{\partial z}\left[K_c(\frac{\partial C}{\partial z} - \gamma_c) - (\overline{w'\theta'})_h(\frac{z}{h})^3\right] \tag{6.65}$$

式中 C 为网格尺度变量（如 u，v，θ，q）；$\overline{w'c'}$表示边界层中变量 C 的垂直次网格尺度湍流通量，K_c 表示垂直湍流涡旋扩散系数，记 K_m 为动量（u、v）的垂直湍流涡旋扩散系数，K_h 为热量和水汽（θ、q）的垂直湍流涡旋扩散系数。$(\overline{w'\theta'})_h\left(\frac{z}{h}\right)^3$ 表示边界层顶部夹卷层中垂直湍流涡旋对网格尺度变量的影响。

传统的垂直湍流涡旋扩散系数的计算是建立在风场和位温等的局地梯度基础上的，即局地K方法。该方法中扩散系 K_c 是局地 Richardson 数的函数。然而，许多研究表明该方案存在许多不足之处，其中最重要的缺点是行星边界层中动量和热量等的输送是通过大的涡旋来完成的，而这种涡旋应当由行星边界层的总体特征而不是局地特征来决定。例如，当大气处于很好的混合状态时，由于“反梯度通量”的存在使该方案不能处理这种情况。因此该方案在不稳定大气条件下的模拟效果不佳。为了克服这种缺点提出了几种解决方案，一种是应用高阶闭合方案，这种方案可以很好地表示混合边界层的结构，但由于计算湍流动能的增加而使计算量太大，此外，高阶闭合方案对局地扩散方案具有很强的敏感性，当大气处于很好的混合状态时很容易发生低估现象；另一种方案则是非局地闭合方案，即在方程 (6.65) 中加入反梯度 γ_c，用于考虑在不稳定大气条件下动量（u,v）、位温（θ）和水汽（q）的非局地垂直湍流涡旋通量的输送。YSU 边界层参数化方案的核心是求解混合层和自由大气中 K_c，以及混合层中不稳定大气条件下 γ_c。

1.混合层中垂直湍流涡旋扩散系数的计算

YSU 方案中动量的垂直湍流涡旋扩散系数的计算公式如下：

$$K_m = kw_s z\left(1-\frac{z}{h}\right)^p \tag{6.66}$$

式中 $k=0.4$ 为冯・卡曼常数，z 为离地球表面的高度，h 为边界层高度，p 为常数（取值为2.0）。混合层速度尺度（w_s）表示为：

$$w_s = (u_*^3 + \phi_m k w_{*b}^3 z/h)^{1/3} \tag{6.67}$$

式中 u_* 为地表摩擦速度，ϕ_m 为近地层顶部的风廓线函数，$w_{*b}=\left[(g/\theta_{va})(\overline{w'\theta'_v})_0 h\right]^{\frac{1}{3}}$ 表示湿空气的对流速度尺度。

YSU方案中用于计算不稳定大气条件下位温和水汽的非局地垂直湍流涡旋通量输送的反梯度项由下式给出：

$$\gamma_c = b\frac{(\overline{w'c'})_0}{w_{s0}h} \tag{6.68}$$

式中$(\overline{w'c'})_0$ 是 θ，u，v 对应的地表通量，通常由陆面参数化方案给定。$b=7.8$ 为比例系数，w_{s0} 定义为 $z=0.5h$ 时式 (6.67) 中的混合层速度尺度。

热量和水汽的垂直湍流涡旋扩散系数的计算公式如下：

$$K_h = \frac{K_m}{P_r} \tag{6.69}$$

式中P_r为普朗特数，由下式给出：

$$P_r = 1 + (P_{r_0} - 1)\exp\left[-3(z - \epsilon h)^2/h^2\right] \tag{6.70}$$

式中 $P_{r_0} = \dfrac{\phi_h}{\phi_m} + \epsilon bk$ 为近地层顶部的普朗特数，$\epsilon = 0.1$，$\dfrac{\phi_h}{\phi_m}$ 为近地层顶部的无量纲温度梯度函数和风廓线函数的比值。

综上可知，为了计算K_c和γ_c，还需要给出边界层高度（h）、近地层顶部的无量纲温度梯度函数（ϕ_h）和无量纲风廓线函数（ϕ_m）的表达式。

边界层高度的计算表达式为：

$$h = Rib_{cr}\frac{\theta_{va}|U(h)|^2}{g\left[\theta_v(h) - \theta_s\right]} \tag{6.71}$$

式中 Rib_{cr} 为临界里查森数，$U(h)$ 为边界层高度处的风速，θ_{va} 为近地层顶处的虚位温，$\theta_v(h)$ 为边界层高度处的虚位温，θ_s 为近地面的位温。

在不稳定近地层条件下（$(\overline{w'\theta_v'})_0 > 0$）：

$$\phi_m = \left(1 - 16\frac{0.1h}{L}\right)^{-\frac{1}{4}} \quad 对\ u\ 和\ v \tag{6.72}$$

$$\phi_t = \left(1 - 16\frac{0.1h}{L}\right)^{-\frac{1}{2}} \quad 对\ \theta\ 和\ q \tag{6.73}$$

在不稳定近地层条件下（$(\overline{w'\theta_v'})_0 < 0$）：

$$\phi_m = \phi_t = \left[1 + 5\frac{0.1h}{L}\right] \tag{6.74}$$

式中 L 是莫宁-奥布霍夫长度。

2.自由大气中垂直湍流涡旋扩散系数的计算

由于自由大气中动量、热量和水汽等湍流涡旋通量的垂直输送主要表现为局地特征的输送，因此 YSU 方案中采用 Louis（1979）提出的局地扩散方案计算自由大气中动量和热量的垂直湍流涡旋扩散系数：

$$K_{m\_loc,t\_loc} = l^2 f_{m,t}(Rig)\left(\frac{\partial U}{\partial z}\right) \tag{6.75}$$

式中 K_{t_loc} 表示位温和水汽的垂直湍流涡旋扩散系数，K_{m_loc} 则表示动量的垂直湍流涡旋扩散系数。

l 为湍流混合长度，由下式给出：

$$\frac{1}{l}=\frac{1}{kz}+\frac{1}{\lambda_0} \tag{6.76}$$

式中 $k=0.4$ 为冯・卡曼常数，z 是离表面的高度。$\lambda_0=150$ m（Kim 和 Mahart，1992），为稳定度函数，表示垂直风切变。稳定性函数是梯度里查森数的函数。

对稳定自由大气（$Rig>0$）：

$$f_t(Rig)=\frac{1}{(1+5Rig)^2} \tag{6.77}$$

对中性和不稳定自由大气（$Rig\leqslant 0$）：

$$f_t(Rig)=1-\frac{8Rig}{(1+1.286\sqrt{-Rig})} \tag{6.78}$$

$$f_m(Rig)=1-\frac{8Rig}{(1+1.746\sqrt{-Rig})} \tag{6.79}$$

上式中里查森数的计算需要分云层和非云层两种情况。

在非云层：

$$Rig=\frac{g}{\theta_v}\left[\frac{\partial\theta_v/\partial z}{(\partial U/\partial z)^2}\right] \tag{6.80}$$

在云层：

$$Rig_c=\left(1+\frac{L_vq_v}{R_dT}\right)\left[Rig-\frac{g^2}{|\partial U/\partial z|^2}\frac{1}{c_pT}\frac{(A-B)}{(1+A)}\right] \tag{6.81}$$

式中$A=L_v^2q_v/c_pR_vT^2$, $B=L_vq_v/R_dT$ 。

3.边界层顶部夹卷层中垂直湍流涡旋扩散系数的计算

在不稳定边界层条件下，由于边界层湍流的强烈发展，湍流涡旋通量会穿透边界层顶并进入边界层顶部的夹卷层。YSU 方案中考虑了边界层顶部夹卷层中动量、热量和水汽湍流涡旋通量的参数化，即：

$$(\overline{w'\theta'})_h=w_e\Delta\theta|_h \tag{6.82}$$

$$(\overline{w'q'})_h=w_e\Delta q|_h \tag{6.83}$$

$$(\overline{w'u'})_h=Pr_hw_e\Delta u|h \tag{6.84}$$

$$(\overline{w'v'})_h=Pr_hw_e\Delta v|h \tag{6.85}$$

式中 $Pr_h = 1.0$，$w_e = \dfrac{(\overline{w'\theta'_v})_h}{\Delta\theta_v|_h}$ 表示边界层顶部夹卷层的夹卷率；$\Delta\theta_v|_h$、$\Delta q|_h$、$\Delta u|_h$、$\Delta v|_h$ 分别表示夹卷层厚度上下边界处位温、水汽、纬向风和经向风的差值。夹卷层的厚度（δ）可以表示为：

$$\delta = h \times (d_1 + d_2 \cdot Ri_{con}^{-1}) \tag{6.86}$$

式中 $d_1 = 0.02$，$d_2 = 0.05$，$Ri_{con} = [(g/\theta_{va})h\Delta\theta_{v\_ent}]/w_m^2$ 表示夹卷层中的里查森数。

在不稳定边界层条件下，考虑边界层湍流穿透边界层影响夹卷层时，垂直湍流涡旋扩散系数的计算可以表示为：

$$K_{t\_ent} = \frac{-(\overline{w'\theta'_v})_h}{(\partial\theta_v/\partial z)_h}\exp\left[-\frac{(z-h)^2}{\delta^2}\right] \tag{6.87}$$

$$K_{m\_ent} = Pr_h\frac{-(\overline{w'\theta'_v})_h}{(\partial\theta_v/\partial z)_h}\exp\left[-\frac{(z-h)^2}{\delta^2}\right] \tag{6.88}$$

式中 K_{t_ent} 表示位温和水汽的垂直湍流涡旋扩散系数，K_{m_ent} 则表示动量的垂直湍流涡旋扩散系数。

边界层顶部夹卷层中的垂直湍流涡旋通量不仅受该层本身湍流的影响，还会受到自由大气的影响（如自由大气中的垂直风切变对夹卷层的影响）。因此，边界层顶夹卷层内的垂直湍流涡旋扩散系数最终可表示为式（6.75）、（6.87）和（6.88）的几何平均值，并用以下公式表示：

$$K_{m,t} = (K_{m,t\_ent}K_{m,t\_loc})^{\frac{1}{2}} \tag{6.89}$$

4.YSU边界层方案的数值求解

以位温（θ）为例，网格尺度变量的预报方程（6.65）的有限差分方程可写为：

$$\begin{aligned}\frac{\theta_k^{n+1}-\theta_k^{n-1}}{2\delta t} =& \frac{1}{\delta\overline{Z}_k}\left[\frac{K_k}{\Delta\hat{Z}_k}(\theta_{k+1}^{n+1}-\theta_k^{n+1}+\Delta\hat{Z}_k\alpha)\right.\\ &\left.-\frac{K_{k-1}}{\Delta\hat{Z}_{k-1}}(\theta_k^{n+1}-\theta_{k-1}^{n+1}+\Delta\hat{Z}_{k-1}\alpha)\right]\end{aligned} \tag{6.90}$$

式中 $\alpha = [-\gamma_c - \overline{w'\theta'}_h(\frac{z}{h})^3K_c^{-1}]$，为简便起见，下标 c 在后文的讨论中省略。变量的分布如图 6.5 所示。

定义：

$$\gamma_{k-1} = \frac{2\Delta tK_{k-1}}{\Delta\hat{Z}_{k-1}}\frac{1}{\Delta\overline{Z}_k} \tag{6.91}$$

$$\delta_k = \frac{2\Delta t K_k}{\Delta \hat{Z}_k} \frac{1}{\Delta \overline{Z}_k} \tag{6.92}$$

$$\mu_k = \alpha \Delta \hat{Z}_k \tag{6.93}$$

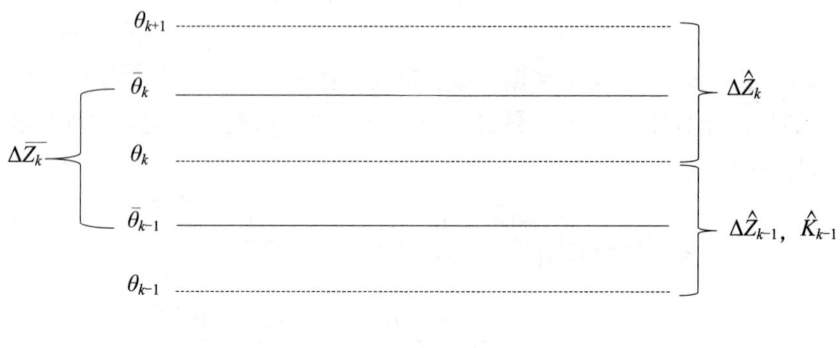

图 6.5 有限差分方程（6.90）中变量的分布

对于图 6.5 中上、下边界以外的模式层（$1 < k < kx$）而言，差分方程 (6.90) 可写为：

$$\theta_k^{n+1} = \theta_k^{n-1} + \delta_k(\theta_{k+1}^{n+1} - \theta_k^{n+1}) + \delta_k\mu_k - \gamma_{k-1}(\theta_k^{n+1} - \theta_{k-1}^{n+1}) - \gamma_{k-1}\mu_{k-1} \tag{6.94}$$

对于模式最高层（$k = kx$ ），上边界条件为 $K(\partial\theta/\partial Z) = 0$ ，则差分方程 (6.90) 可写为：

$$\frac{\theta_{kx}^{n+1} - \theta_{kx}^{n-1}}{2\Delta t} = \frac{1}{\Delta \overline{Z}_{kx}} \left[0 - \frac{K_{kx-1}}{\Delta \hat{Z}_{kx-1}} (\theta_{kx}^{n+1} - \theta_{kx-1}^{n+1} + \Delta \hat{Z}_{kx-1}\alpha) \right] \tag{6.95}$$

对于模式最低层（$k = 1$），上边界条件为：

$$K_1 \left(\frac{\partial\theta}{\partial Z} \right) = -\frac{H_0}{\rho c_p} = -(\overline{w'\theta'})_0 \tag{6.96}$$

式中 $-(\overline{w'\theta'})_0$ 来自于陆面参数化方案。

因此，差分方程 (6.90) 在模式最低层可写为：

$$\frac{\theta_1^{n+1} - \theta_1^{n-1}}{2\Delta t} = \frac{1}{\Delta \hat{Z}_1} \left[\frac{K_1}{\Delta \hat{Z}_1} (\theta_2^{n+1} - \theta_1^{n+1} + \alpha \Delta \hat{Z}_1) + H_0/(\rho c_p) \right] \tag{6.97}$$

由式 (6.95) 和 (6.97) 可得预报变量 θ 的上、下边界条件为：

$$\theta_{kx}^{n+1} = \theta_{kx}^{n-1} - \gamma_{kx-1}(\theta_{kx}^{n+1} - \theta_{kx-1}^{n+1}) - \gamma_{kx-1}\mu_{kx-1} \tag{6.98}$$

$$\theta_1^{n+1} = \theta_1^{n-1} - \delta_1(\theta_2^{n+1} - \theta_1^{n+1}) - \delta_1\mu_1 + \beta \tag{6.99}$$

式中 $\beta = 2\Delta t H_0/\Delta \overline{Z}_1 \rho c_p$。

整理方程 (6.94)、(6.98) 和 (6.99) 可得预报变量 θ 在全部模式层上的预报差分方程组：

$$-\gamma_{k-1}\theta_{k-1}^{n+1} + (1 + \delta_k + \gamma_{k-1})\theta_k^{n+1} - \delta_k\theta_{k+1}^{n+1} = \theta_k^{n+1} + \delta_k\mu_k - \gamma_{k-1}\mu_{k-1} \tag{6.100}$$

$$-\gamma_{kx-1}\theta_{kx-1}^{n+1} + (1 + \gamma_{kx-1})\theta_{kx}^{n-1} = \theta_{kx}^{n-1} - \gamma_{k-1}\mu_{kx-1} \tag{6.101}$$

$$(1 + \delta_1)\theta_1^{n+1} - \delta_1\theta_2^{n+1} = \theta_1^{n-1} + \delta_1\mu_1 + \beta \tag{6.102}$$

方程(6.100) — (6.102)可以进一步用三对角矩阵的形式（$\boldsymbol{A}\theta = \boldsymbol{F}$）表示为：

$$\begin{pmatrix} 1+\delta_1 & -\delta_1 & 0 & 0 \\ -\gamma_1 & 1+\delta_2+\gamma_1 & -\delta_2 & 0 \\ \cdots & \cdots & \cdots & \cdots \\ 0 & 0 & -\gamma_{kx-1} & 1+\gamma_{kx-1} \end{pmatrix} \begin{pmatrix} \theta_1 \\ \theta_2 \\ \cdots \\ \theta_{kx} \end{pmatrix}^{n+1} = \begin{pmatrix} \theta_1^{n+1} + \delta_1\mu_1 + \beta \\ \theta_2^{n-1} + \delta_2\mu_2 - \gamma_1\mu_1 \\ \cdots \\ \theta_{kx}^{n-1} - \gamma_{kx-1}\mu_{kx-1} \end{pmatrix} \tag{6.103}$$

式中系数矩阵 $\boldsymbol{A}$ 的主对角线定义为：

$$AD(k) = (1 + \delta_k + \gamma_{k-1}) \tag{6.104}$$

$$AD(1) = (1 + \delta_1) \tag{6.105}$$

$$AD(kx) = (1 + \gamma_{kx-1}) \tag{6.106}$$

而系数矩阵 $\boldsymbol{A}$ 的上、下对角线定义为：

$$AU(k) = -\delta_k \tag{6.107}$$

$$AL(k) = -\gamma_{k-1} \tag{6.108}$$

由方程 (6.103) — (6.108) 可知，预报变量 θ 可通过系数矩阵 $\boldsymbol{A}$ 和强迫项 $\boldsymbol{F}$ 求解得到。

6.4.2 SLAB陆面参数化方案

SLAB 方案将土壤分为 5 层，每层土壤均考虑向上、向下的热通量，并通过热平衡方程对每一层土壤进行预报。其初始条件通过地表温度（由大尺度背景场，如 T213、NCEP 等提供）与土壤深层温度（美国国家大气研究中心 NCAR 提供的气候平均值）经过简单的线性插值得到。但该陆面过程模式没有土壤湿度的预报。

由地表能量平衡方程：

$$C_g\frac{\partial T_g}{\partial t}=R_n-H_m-H_s-L_vE_s \tag{6.109}$$

式中 C_g 为土壤薄层的热容；R_n 为地面净辐射；H_m 为流入土壤深层的热量；H_s 为进入大气的感热通量；L_v 为蒸发潜热；E_s 为地表水汽通量。Blackadar 指出通过下列公式使薄层温度的振幅及位相与实际均匀的热导率 λ 及单位体积的热容 C_s 的土壤层的地表温度一致，C_g 为 λ、C_s 和地球角速度 Ω 的函数，即：

$$C_g=0.95(\frac{\lambda C_s}{2\Omega})^{\frac{1}{2}}$$

其中定义热惯性参数：

$$\chi=(\lambda C_s)^{\frac{1}{2}} \tag{6.110}$$

则：

$$C_g=3.293\times10^6\chi \tag{6.111}$$

在式（6.109）中，

$$R_n=Q_s+I_s \tag{6.112}$$

式中 Q_s 为净短波辐射通量；I_s 为净长波辐射通量，

$$I_s=c_1(GLW-c_2\sigma T_g^4) \tag{6.113}$$

H_m 为由分子传导而引起的传输热量，可由下式计算得到：

$$H_m=k_mC_g(T_g-T_m) \tag{6.114}$$

式中 k_m 为热量输送系数，$k_m=1.18\Omega$，T_m 为土壤底层的温度，这样则可求得地面温度倾向 $\partial T_g/\partial t$。

关于土壤模式部分，共分为 5 层，每层的厚度为 1 cm、2 cm、4 cm、8 cm 和 16 cm，在第 5 层底的土壤温度固定为一个气候平均值。定义 $ZS(k)$ 为第 k 个土壤层到地面的厚度，DZS 为每一层的厚度。

$$ZS(1)=\frac{1}{2}DZS(1) \tag{6.115}$$

$$ZS(k)=ZS(k-1)+\frac{1}{2}[DZS(k)+DZS(k-1)] \tag{6.116}$$

定义每层土壤的温度：

$$TS(k)=\frac{T_s[ZS(5)-ZS(k)]+T_m[ZS(k)-ZS(1)]}{ZS(5)-ZS(1)} \tag{6.117}$$

式中 T_s 为地面温度，T_m 为最低土壤层的土壤温度。

则模式各层的通量为：

$$\mathrm{flux}(k)=-\frac{\mathrm{difsl}\times C_g\times[TS(k)-TS(k-1)]}{ZS(k)-ZS(k-1)}\qquad(k\geqslant 2) \tag{6.118}$$

则地面以下各层的温度倾向为：

$$\frac{\partial TS(k)}{\partial t}=-\frac{\mathrm{flux}(k)-\mathrm{flux}(k-1)}{DZS(k-1)\times C_g} \tag{6.119}$$

式 (6.118) 中 $\mathrm{difsl}=5\times10^{-7}\ \mathrm{m}^2\cdot\mathrm{s}^{-1}$，为土壤扩散常数，这样可重新求得各层土壤的温度。

复习思考题

1. 什么是模式次网格尺度过程？
2. 为什么要进行参数化？
3. 模式中的物理参数化方案有哪些？
4. 为什么要进行积云对流参数化？
5. 边界层参数化中，何为显式方法？何为隐式方法？举例说明。
6. 试推导零阶闭合、一阶闭合、二阶闭合的大气运动方程组。
7. 试推导积云对流所产生的某物理量的垂直通量的表达式。

第 7 章　中尺度WRF模式及模拟试验举例

受观测资料等方面的限制，人们对天气、气候形成和变化机理的认识仍然十分有限。大气数值模拟技术为人们深入认识和理解天气、气候的形成规律和演变机理提供了有力的支撑。利用数值模拟或数值模式得到的再分析资料已成为国内外天气、气候研究和业务实践的不可或缺的手段。

作为当前最为流行的中尺度气象模式，WRF（Weather Research and Forecasting）是由美国国家大气研究中心（NCAR）、美国国家海洋和大气管理局（NOAA）、美国国家大气环境研究中心（NCEP）、美国地球系统研究实验室（ESRL）、美国海军研究实验室（NRL）、俄克拉何马大学强风暴预报中心（CAPS）和美国民航管理局（FAA）等多个部门共同研发的新一代中尺度预报模式。该模式具有可移植、易维护、可扩充、高效率、方便等诸多特性，模式应用端广泛，并具有便于进一步加强完善的灵活性，可以便捷地将不同行业的业务预测模式耦合衔接于该模式。该模式已被广泛应用于包括全球和区域的实时天气预报，区域气候降尺度模拟与预测，资料同化发展和研究，物理参数化过程的研究，空气质量评估，海气耦合以及包括大涡模拟、斜压波等的理想模拟研究等。

WRF模式主要由前处理部分（WPS）、资料同化部分（WRFDA）、数值求解部分（dynamic solver）和后处理及可视化部分（post-processing & visualization tools）组成。WRF模式的控制方程组是地形追随坐标下的通量形式的完全可压非静力方程组，目前模式支持四种类型的地图投影，分别是兰勃特投影、墨卡托投影、极射赤面投影和等经纬度投影。在时间离散化的处理上，WRF 采用时间分离积分方案，即对低频（慢）过程采用较长时间步长的三阶龙格-库塔（Runge-Kutta）积分方案，而对高频（快）过程则采用较短时间步长的二阶龙格-库塔积分方案。为了保证模式积分的稳定性，上述时间分离积分方案同时都需要满足柯朗稳定性约束条件。WRF模式采用 Arakawa-C 跳点网格定义变量的分布，目前支持单向嵌套和双向嵌套两种方案，同时该模式还支持移动嵌套网格（moving nest），这对模拟台风、龙卷等天气具有极大的帮助。WRF模式中支持三维变分、四维变分、混合同化、动力张弛逼近（nudging）等同化方法。上边界采用固定边界条件（如设定气压为 5 hPa），下边界条件由陆面过程参数化方案和海洋模式提供。水平侧边界条件有周期边界条件、辐射边界条件、对称边界条件和动力松弛边界条件（Davies 和Turner，1977），前三类边界条件主要用于理想试验，最后一个边界条件主要用于实际个例的模拟。WRF模式包含的物理过程参数化方案有：长短波辐射方案、陆面过程方案、行星边界层方案（需要和近地层方案配套）、积云对流方案和云微物理方案。

本章以新一代中尺度 WRF 模式为例，介绍该模式的基本框架、各部分的关系以及该模式在 Linux 平台下的编译、运行的基本步骤和方法。在此基础上，针对一次暴雨事件进行雷达资料的同化模拟试验，给出不同试验的模拟结果与分析。

§ 7.1　WRF模式安装

WRF模式的安装与运行需要在 Linux/Unix 平台下完成，本节主要介绍WRF安装所需的库文件、环境变量设置和安装步骤等。

7.1.1　库文件安装及环境变量设置

WRF 模式安装之前，需要安装如下库文件并设置 Linux 环境变量。

1.安装 Fortran 和 C 语言编译器（以 PGI 为例）

- 下载最新版 PGI 编译器（https://www.pgroup.com/index.htm）
- 执行sudo tar -zxvf pgi_linux.tar.gz
- 执行./install
- 执行./pgi_linux64_patcher
- 把 license.dat 文件复制到 PGI 编译器的安装路径下
- 设定环境变量，在 ~/.bashrc 文件中添加如下语句：
  - export PGI=/pgi_install_directory
  - export PATH=$PGI/linux86-64/bin:$PATH
  - export LM_LICENSE_FILE=$PGI/license.dat
- 对 $linux86-64/EXAMPLES 目录中的程序进行编译，测试 PGI 编译器是否安装成功

2.安装 NetCDF 库文件

- 下载最新版 NetCDF（https://www.unidata.ucar.edu/downloads/netcdf）
- 执行tar -zxvf netcdf.tar.gz
- 执行./configure −−prefix=/netcdf_intall_directory FC=pgf90 CC=pgcc
- 执行make

- 执行make install
- 设置环境变量，在 ~/.bashrc 文件中添加如下语句：
  - export NETCDF=/netcdf_intall_directory
  - export NETCDF_LIB=$NETCDF/lib
  - export NETCDF_INC=$NETCDF/include
  - export PATH=$PATH:$NETCDF/bin

3.安装 MPI 并行计算库文件

- 下载最新版 MPICH（http://www.mpich.org/downloads/）
- 执行tar -zxvf mpich2.tar.gz
- 执行./configure --prefix=/mpich_intall_directory FC=pgf90 CC=pgcc
- 执行make
- 执行make install
- 设置环境变量，在 ~/.bashrc 文件中添加如下语句：
  - export MPICH2_HOME=/mpich_intall_directory
  - export PATH=$PATH:$MPICH2_HOME/bin
  - export LD_LIBRARY_PATH= $LD_LIBRARY_PATH:$ MPICH2_HOME /lib

4.安装 Jasper 库文件

- 下载最新版 Jasper（http://www.ece.uvic.ca/~frodo/jasper/#download）
- 执行tar -zxvf jasper.tar.gz
- 执行./configure --prefix=/jasper_intall_directory FC=pgf90 CC=pgcc
- 执行make
- 执行make install
- 设置环境变量，在 ~/.bashrc 文件中添加如下语句：
  - export JASPER=/jasper_intall_directory
  - export PATH=$PATH: $JASPER/bin
  - export JASPERLIB=$JASPER/lib
  - export JASPERINC=$JASPER/include

5.安装 zlib 库文件

- 下载最新版 zlib（http://www.zlib.net/）

- 执行tar -zxvf zlib.tar.gz
- 执行./configure −−prefix=/zlib_intall_directory FC=pgf90 CC=pgcc
- 执行make
- 执行make install
- 设置环境变量，在 ~/.bashrc 文件中添加如下语句：
  - export ZLIB=/zlib_intall_directory
  - export LIBPNG_LIB=$ZLIB/lib
  - export LIBPNG_INC=$ZLIB/include

6.安装 libpng 库文件

- 下载最新版 libpng（http://www.libpng.org/）
- 执行tar -zxvflib png.tar.gz
- 执行./configure −−prefix=/libpng_intall_directory FC=pgf90 CC=pgcc
- 执行make
- 执行make install
- 设置环境变量，在 ~/.bashrc 文件中添加如下语句：
  - export LIBPNG=/libpng_intall_directory
  - export PATH=$PATH:$LIBPNG/bin
  - export LIBPNG_LIB=$LIBPNG/lib
  - export LIBPNG_INC=$LIBPNG/include

运行 WRF 模式前处理模块 WPS 时，如果驱动数据是 grib2 格式，则必须安装 Jasper、zlib 和libpng 三个库文件。

7.安装 HDF5 库文件

- 下载最新版 HDF5（https://www.hdfgroup.org/）
- 执行tar -zxvf hdf.tar.gz
- 执行./configure –prefix=/hdf_intall_directory–with-zlib=/zlib_intall_directory FC=pgf90 CC=pgcc
- 执行make
- 执行make install
- 设置环境变量，在 ~/.bashrc 文件中添加如下语句：
  - export HDF5=/hdf_intall_directory
  - export LD_LIBRARY_PATH= $LD_LIBRARY_PATH:$HDF/lib

8.安装气象后处理软件（以 NCL 为例）

- 下载 precompile 版的 NCL（http://www.ncl.ucar.edu/）
- 执行tar -zxvf ncl.tar.gz
- 设置环境变量，在~/.bashrc文件中添加如下语句：
  - export NCARG_ROOT=/netcdf_decompression_directory
  - export PATH=$PATH:$NCARG_ROOT/bin
  - export NCARG_LIB=$NCARG_ROOT/lib
  - export NCARG_INC=$NCARG_ROOT/include

其他库文件，如 perl、Cshell 和 Bourne shell 等脚本语言，make、m4、sed 和 awk 等命令均包含在 Linux 系统中，不需要额外安装。

7.1.2 WRF模式安装

在成功安装完成上一节介绍的库文件后，可遵从以下步骤安装 WRF 模式。

1.下载WRF及其有关组件

从官方网站（http://www2.mmm.ucar.edu/wrf/users/download/get_source.html）下载 WRF、WPS 和 WRFDA 三个压缩文件并解压到安装目录下。

2.设置环境变量，在~/.bashrc文件中添加如下语句：

- export WRF_EM_CORE=1
- export WRF_NMM_CORE=0
- export WRFIO_NCD_LARGE_FILE_SUPPORT=1
- export BUFR=1
- export CRTM=1
- export RTTOV=/rttov_directory/gfortran

3.安装 WRF

- 执行cd WRF
- 执行./configure，根据编译器、并行库、平台等选择安装选项
- 执行./compile em_real，编译 WRF 使之适用于实际个例的模拟
- 执行ls -l main/*.exe，若存在 ndown.exe、real.exe 和 wrf.exe，则说明 WRF 安装成功

4.安装 WPS

- 执行cd WPS

- 执行./configure，根据编译器、并行库、平台等选择安装选项
- 执行./compile，进行 WPS 的编译
- 执行ls -l *.exe，若存在geogrid.exe、ungrib.exe 和metgrid.exe，则说明WPS 安装成功

5.安装 WRFDA（可选）

- 执行cd WRFDA
- 执行./configure wrfda，根据编译器、并行库、平台等选择安装选项
- 执行./compile all_wrfvar，进行 WRFDA 的编译
- 执行ls -l var/build/*exe var/obsproc/src/obsproc.exe，若完整地存在 44 个后缀名为 exe 的可执行文件，则说明 WRFDA 安装成功

§ 7.2　WRF 模式运行

由于 WRFDA 部分并非运行完成模式的必须过程，因此本节主要介绍运行 WRF 模式所需的资料，以及前处理部分（WPS）和数值求解部分，这两个模块运行的基本步骤和主要参数设置。其中，前处理（WPS）部分的主要功能可概括为：定义数值模拟区域；将地形、下垫面植被和土壤类型等静态数据插值到模拟区域的网格；对驱动 WRF 模式的格点数据（通常来自于大气环流模式的预报/模拟结果）进行解码，并将其插值到模拟区域的网格。动力内核（dynamic solver）部分作为 WRF 模式的核心部分，包括两种动力框架，分别是 ARW（advanced research WRF）和 NMM（nonhydrostatic mesoscale model），前者主要用于研究，后者主要用于业务。该部分的功能可概括为：利用 WPS 或 WRFDA 提供的初始场和边界场，通过求解通量形式的预报方程组实现未来时刻的模拟和预报。本章主要介绍 ARW 模块。WRFDA 运行过程中的基本步骤和主要参数设置可参考本章 7.3 节的讲解。

1.资料下载

- 驱动模式的背景场资料，该资料可以来自于大气环流模式的模拟结果（如 GFS、FNL、ERA-Interim、ETA40、JRA55、T639 等），也可以来自于区域模式的模拟结果（如NAM、AVN 等）
- 全球海温资料（可选），如果模式需要长时间积分，则须下载并在模式边界条件中更新
- 常规站点观测资料，如地面观测和探空观测（可选），主要用于 WRFDA 模块的同化部分，提高模式初始场的质量
- 非常规观测资料，如雷达资料和卫星资料（可选），主要用于 WRFDA 模块的同化部分，提高模式初始场的质量

- 全球地形、下垫面植被和土壤类型等静态数据，这部分资料只需要下载一次，模式运行过程中可重复使用

2.运行WPS

- 执行cd WPS
- 编辑 namelist.wps 文件（表 7.1），设置运行基本信息

表 7.1 namelist.wps文件中常用参数及描述

参数	参数说明
&Share	
wrf_core	WRF模式的动力框架，默认为ARW
max_dom	模拟的最大嵌套层数
start_date(max_dim)	各嵌套区域模拟的起始日期（UTC）
end_date(max_dim)	各嵌套区域模拟的结束日期（UTC）
interval_seconds	驱动模式的背景场资料时间间隔，单位为秒
io_form_geogrid	输出数据的格式
&geogrid	
parent_id(max_dim)	各模拟区域上一级嵌套层的标号
parent_grid_ratio(max_dim)	嵌套区域网格距的比例（如1:3:3）
i_parent_start(max_dim)	各嵌套层左下角东西方向上一层的相对位置
j_parent_start(max_dim)	各嵌套层左下角南北方向上一层的相对位置
e_we(max_dim)	各嵌套层东西方向的格点数
e_sn(max_dim)	各嵌套层南北方向的格点数
geog_data_res(max_dim)	各嵌套层下垫面静态数据及其水平分辨率
dx	模拟最外层区域东西方向上的网格距
dy	模拟最外层区域南北方向上的网格距
map_proj	地图投影方式
ref_lat	最外层嵌套区域中心点的纬度
ref_lon	最外层嵌套区域中心点的经度
truelat1	地图投影坐标下的标准纬度
truelat2	地图投影坐标下的标准纬度
stand_lon	通常设置为ref_lon参数相同的值
geog_data_path	下垫面静态数据的存放路径
&ungrib	
out_format	ungrib输出文件的格式，默认为WPS
prefix	ungrib输出文件的前缀，默认为FILE
&metgrid	
fg_name	ungrib输出文件的前缀字符串，需要与prefix参数一致
io_form_metgrid	metgrid输出文件的格式

- 执行./geogrid.exe，得到各模拟嵌套层的下垫面地形、植被和土壤等静态数据（geo_em.d0*）文件

- 检查输出日志文件，文件末尾出现如下信息则表明 geogrid.exe 运行成功：

  Successful completion of geogrid.exe
- 若采用 FNL 资料驱动模式，则执行如下命令：

  ln -sf ungrib/Variable_Tables/Vtable.GFS ./Vtable
- 执行./link_grib.csh/FNL_data_directory/fnl_* .
- 执行./ungrib.exe，得到驱动模式数据，气象场的解析、提取和插值后的数据（如FILE:_*）文件
- 检查输出日志文件，文件末尾出现如下信息则表明 ungrib.exe 运行成功：

  Successful completion of ungrib.exe
- 执行./metgrid.exe，得到各模拟嵌套层的网格数据（met_em.d0*）文件
- 检查输出日志文件，文件末尾出现如下信息则表明 metgrid.exe 运行成功：

  Successful completion of metgrid.exe

3.运行WRF

- 在运行完成WPS模块后，执行cd WRF/run
- 将WPS的输出文件链接到WRF模式运行目录下，执行如下命令：

  ln - sf /WPS_install_directory/met_em.d0* .
- 编辑namelist.input文件（表 7.2），设置运行基本信息

表 7.2 namelist.input文件中常用参数及描述
（注：表中括号内的max_dim表示该参数需要对每一层嵌套模拟区域进行设置）

参数	参数说明
&time	
run_hours(max_dim)	模式积分时长，单位为小时
start_year(max_dim)	模式积分起始年（四位整数）
start_month(max_dim)	模式积分起始月（两位整数）
start_day(max_dim)	模式积分起始日（两位整数）
start_hour(max_dim)	模式积分起始时（两位整数）
end_year(max_dim)	模式积分结束年（四位整数）
end_month(max_dim)	模式积分结束月（两位整数）
end_day(max_dim)	模式积分结束日（两位整数）
end_hour(max_dim)	模式积分结束时（两位整数）
interval_seconds	WPS输出文件（met_em.d0*）的时间间隔，单位为秒
history_interval(max_dim)	模式输出时间间隔，单位为分钟
io_form_history	指定输出文件格式，默认为NetCDF
&domains	
time_step	积分时间步长，单位为秒
max_dom	嵌套最大层数

续表

参数	参数说明
&domains	
s_we(max_dim)	与namelist.wps设置保持一致
e_we(max_dim)	与namelist.wps设置保持一致
s_sn(max_dim)	与namelist.wps设置保持一致
e_sn(max_dim)	与namelist.wps设置保持一致
e_vert(max_dim)	垂直方向的sigma总层数
p_top_requested	模式顶气压，单位为Pa
num_metgrid_levels	WPS输出文件（met_em.d0*）中的垂直层数
num_metgrid_soil_levels	WPS输出文件（met_em.d0*）中的土壤层数
dx(max_dim)	各嵌套层东西方向上的网格距
dy(max_dim)	各嵌套层南北方向上的网格距
grid_id(max_dim)	各嵌套区域编号，从1开始
parent_id(max_dim)	与namelist.wps设置保持一致
parent_grid_ratio(max_dim)	与namelist.wps设置保持一致
parent_time_step_ratio(max_dim)	与parent_grid_ratio参数设置一致
feedback	指定单向嵌套或双向嵌套
&physics	
sst_update	指定模拟过程中是否更新海温
mp_physics (max_dim)	指定微物理方案
ra_lw_physics(max_dim)	指定长波辐射方案
ra_sw_physics(max_dim)	指定短波辐射方案
radt(max_dim)	指定积分过程中调用辐射方案的时间间隔，单位为分钟
sf_sfclay_physics(max_dim)	指定近地层方案
sf_surface_physics(max_dim)	指定陆面过程方案
bl_pbl_physics(max_dim)	指定边界层方案，须与近地层方案搭配
bldt(max_dim)	指定积分过程中调用边界层方案的时间间隔，单位为分钟
cu_physics(max_dim)	指定积云对流方案
cudt(max_dim)	指定积分过程中调用积云对流方案的时间间隔，单位为分钟
ifsnow	指定模拟过程中是否考虑雪盖效应
icloud	指定模拟过程中是否考虑云的光学厚度
num_soil_layers	陆面过程方案中的土壤层数
num_land_cat	土地类型分类数目
sf_urban_physics(max_dim)	指定城市冠层方案
&dynamics	
hybrid_opt	采用σ坐标系或$\sigma-p$混合坐标系
w_damping	垂直速度阻尼因子值
diff_opt(max_dim)	水平湍流混合计算方案
dampcoef(max_dim)	大气高层的阻尼系数
non_hydrostatic	指定模式垂直方向上是否采用静力近似

续表

参数	参数说明
&bdy_control	
spec_bdy_width spec_zone relax_zone	详见ARW Technical Note中动力松弛边界条件的介绍
Specified(max_dim)	最外层区域设置为True，其内各嵌套层设置为False
nested(max_dim)	最外层区域设置为False，其内各嵌套层设置为True

- 执行./real.exe，对 WPS 得到的 met_em.d0* 文件垂直插值到各个模式层上，为模式模拟提供初始场和边界场（如 wrfinput_d0*、wrfbdy_d01）文件
- 检查输出日志文件，文件末尾出现如下信息则表明 real.exe 运行成功：

  real_em: SUCCESS COMPLETE REAL_EM INIT
- 执行./wrf.exe，实现模式的向前积分求解，得到如下模拟数据（如 wrfout_d0*）文件
- 检查输出日志文件，文件末尾出现如下信息则表明 wrf.exe 运行成功：

  wrf: SUCCESS COMPLETE WRF

  wrf.exe 运行成功后即完成了WRF模式模拟或预报。

图 7.1 概括了运行 WPS 和 WRF 的基本流程以及各可执行文件和输入、输出文件的关系。

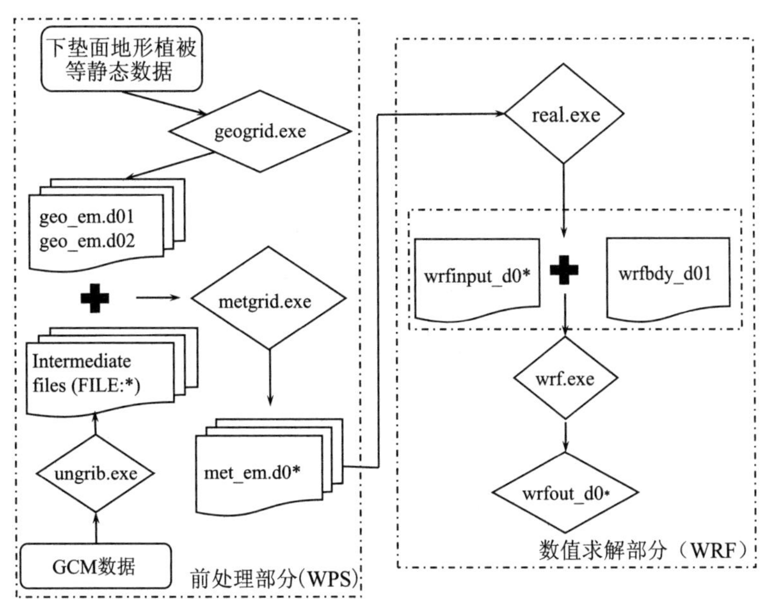

图 7.1 WPS和WRF运行基本流程以及各可执行文件和输入、输出文件的关系

§ 7.3 雷达资料同化及个例分析

WRF三维变分（3DVAR）可以同化多普勒雷达资料，包括雷达径向风速和反射率。本节对 WRF 3DVAR 同化雷达资料的步骤和方法进行介绍。

7.3.1 雷达观测数据文件的准备

WRFDA以基于文本的格式读取雷达观测数据，在同化之前需要对雷达观测资料进行预处理，通常包括质量控制（去除杂波和其他噪声、速度退模糊等）、插值、平滑、数据填充等和误差统计。在 WRF 3DVAR 系统中，雷达观测数据应该被命名为 ob.radar，下面是一个雷达观测数据格式的例子（图 7.2）。

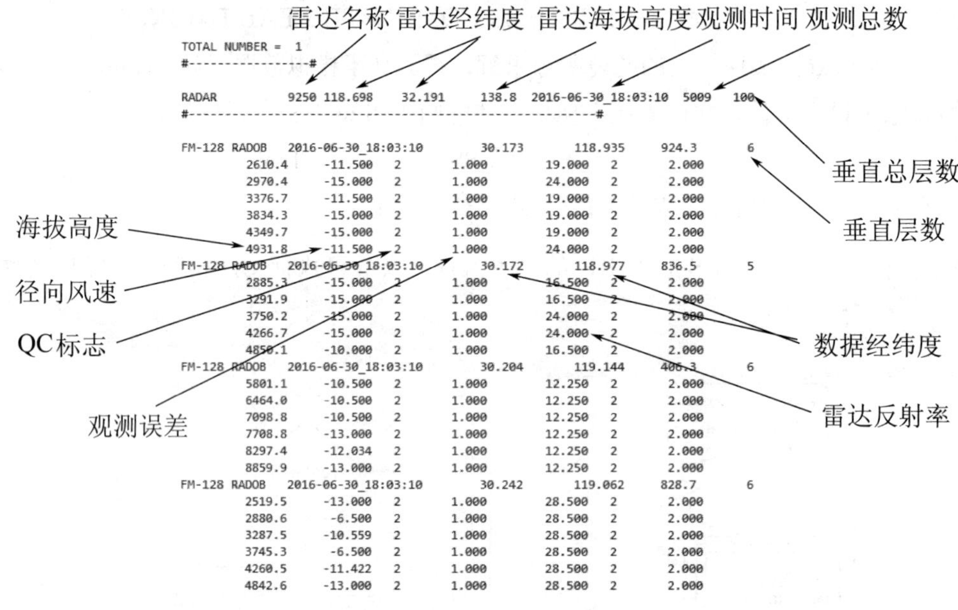

```
TOTAL NUMBER =  1
#-----------------#

RADAR         9250 118.698    32.191     138.8  2016-06-30_18:03:10  5009   100
#---------------------------------------------------------------#

FM-128 RADOB   2016-06-30_18:03:10        30.173       118.935     924.3       6
         2610.4     -11.500   2       1.000        19.000   2       2.000
         2970.4     -15.000   2       1.000        24.000   2       2.000
         3376.7     -11.500   2       1.000        19.000   2       2.000
         3834.3     -15.000   2       1.000        19.000   2       2.000
         4349.7     -15.000   2       1.000        19.000   2       2.000
         4931.8     -11.500   2       1.000        24.000   2       2.000
FM-128 RADOB   2016-06-30_18:03:10        30.172       118.977     836.5       5
         2885.3     -15.000   2       1.000        16.500   2       2.000
         3291.9     -15.000   2       1.000        16.500   2       2.000
         3750.2     -15.000   2       1.000        24.000   2       2.000
         4266.7     -15.000   2       1.000        24.000   2       2.000
         4850.1     -10.000   2       1.000        16.500   2       2.000
FM-128 RADOB   2016-06-30_18:03:10        30.204       119.144     406.3       6
         5801.1     -10.500   2       1.000        12.250   2       2.000
         6464.0     -10.500   2       1.000        12.250   2       2.000
         7098.8     -10.500   2       1.000        12.250   2       2.000
         7708.8     -13.000   2       1.000        12.250   2       2.000
         8297.4     -12.034   2       1.000        12.250   2       2.000
         8859.9     -13.000   2       1.000        12.250   2       2.000
FM-128 RADOB   2016-06-30_18:03:10        30.242       119.062     828.7       6
         2519.5     -13.000   2       1.000        28.500   2       2.000
         2880.6      -6.500   2       1.000        28.500   2       2.000
         3287.5     -10.559   2       1.000        28.500   2       2.000
         3745.3      -6.500   2       1.000        28.500   2       2.000
         4260.5     -11.422   2       1.000        28.500   2       2.000
         4842.6     -13.000   2       1.000        28.500   2       2.000
```


图 7.2 雷达观测数据格式示例

由于雷达资料有各种不同的格式，所以在同化之前需要把数据转换成上述的格式。

7.3.2 准备背景误差统计文件（BE）

WRFDA 中有四个选项来定义背景误差协方差（BE），分别为 CV3、CV5、CV6 和 CV7。每一种都有不同的性质，见表 7.3。

CV3 的控制变量在物理空间中，而 CV5、CV6 和 CV7 的控制变量在特征向量空间中。这两种BE的主要区别是垂直协方差的不同；CV3 使用垂直递归滤波器对垂直协方差进行建模，而其他的则使用经验正交函数（EOF）来表示垂直协方差。CV3 用于水平协方差建模的递归滤波器也与这些 BEs 不同。目前还没有对基于这些 BEs 的分析进行系统的比较。不过，CV3（即 WRFDA 系统提供的 BE 文件）是一个全球 BE，可以用于任何区域，而 CV5、CV6 和 CV7 的 BE 是依赖于模拟区域的，因此应该基于来自相同模拟区域的预报或集合数据生成。

如表 7.3 所示，CV5、CV6 和 CV7 使用的控制变量不同。CV5 的控制变量包括流函数（ψ）、不平衡速度势（χ_u）、不平衡温度（T_u）、伪相对湿度（RH_s）和不平衡表面压力（$P_{s,u}$），伪相对湿度定义为 $Q/Q_{b,s}$，其中 $Q_{b,s}$ 为背景场饱和比湿度。对于 CV6，湿度控制变量是伪相对湿度（RH_{su}）的不平衡部分。此外，CV6 在定义分析控制变量的平衡部分时引入了 6 个附加的相关系数。CV7 使用一组不同的控制变量：u、v、温度、伪相对湿度（RH_s）、表面压力（P_s）。

表 7.3 各CV选项背景误差协方差性质

CV选项	数据源	控制变量
CV3	be.dat文件	ψ，χ_u，T_u，q，P_{su}
CV5	GEN_BE	ψ，χ_u，T_u，RH_s，P_{su}
CV6	GEN_BE	ψ，χ_u，T_u，RH_s，u，P_{su}
CV7	GEN_BE	u，v，T，RH_s，P_s

7.3.3 运行WRFDA

当雷达观测数据（ob.radar）、BE文件（be.dat）已经准备好，就可以运行 WRFDA 了。同化雷达资料和同化其他常规观测一样，编辑 namelist.input（ 表7.4），主要更改与雷达资料同化相关的选项。

表 7.4 WRFDA namelist.input中与雷达资料同化相关的参数及其描述

&wrfvar4
use_radarobs = true ，WRFDA将读取雷达观测文件 use_radar_rv = true，同化径向风速观测 use_radar_rf = true ，利用总混合比同化雷达反射率 use_radar_rhv = true，同化雷达反射率反演的水凝物(qr、qs、qg) use_radar_rqv = true，从雷达反射率中同化估计的湿度(qv)
&wrfvar7
cloud_cv_options = 0 ，没有水凝物控制变量（默认：0）；= 1 ，使用总水量(水汽+云液态水+雨水)控制变量；= 3，使用单独的水凝物控制变量(仅仅use_radar_rhv = true时) use_cv_w = false，使用 ω（相对于压强的垂直速度）控制变量（默认：false）；=true，使用 w（相对于高度的垂直速度）为控制变量，仅仅当cloud_cv_options = 3 时

续表

&radar_da
radar_non_precip_opt = 0，没有null-echo同化（默认：0）；= 1 ，KNU null-echo方案
radar_non_precip_rf = -999.99 ，反射率标志值(dBZ)在观测文件中表示非降水回波（默认）
radar_non_precip_rh_w =95 ，相对于从Q_vapor (rqv) 反演的非降水水凝物的相对湿度（%）（默认）
radar_non_precip_rh_i = 85 ，相对于从rqv反演的非降水水凝物的相对湿度（%）（默认）
cloudbase_calc_opt ，计算云底高度的选项:在此高度以下，use_radar_rqv选项不会同化反演的湿度
radar_saturated_rf=25.0，用于表示rqv的降水的雷达反射率（默认）
radar_rqv_thresh1=40.0，用于按比例缩小反演rqv的雷达反射率（默认）
radar_rqv_thresh2=50.0，用于按比例缩小反演rqv的雷达反射率（默认）
radar_rqv_rh1=85， radar_saturated_rf <rf < radar_rqv_thresh1 的相对湿度（默认）
radar_rqv_rh2=95， radar_rqv_thresh1<rf < radar_rqv_thresh2 的相对湿度（默认）
radar_rqv_h_lbound=-999.0，同化rqv的高度下限（默认）
radar_rqv_h_ubound=-999.0，同化rqv的高度上限（默认）
注意：namelist中radar_rqv_h_lbound和radar_rqv_h_ubound必须设置为大于零才能产生影响

1.雷达反射率选项

同化雷达反射率数据有两种不同的选项。第一种（use_radar_rf）利用反射率算子直接同化观测到的反射率，将模式雨水混合比转换为反射率，总混合比作为控制变量（详见文献Xiao 和Sun（2007））。对于这个选项，使用文献中描述的暖雨方案对水凝物进行分区。

同化时使用的代价函数如下：

$$J(x) = J^b + J^o = \frac{1}{2}(x - x^b)^T B^{-1}(x - x^b) + \frac{1}{2}(H(x) - y^o)^T O^{-1}(H(x) - y^o) \tag{7.1}$$

式中 J^b 和 J^o 表示背景项和观测项，x 为大气状态变量，x^b 为背景场中的状态量，y^o 为观测资料，H 为 x 关于 y^o 的观测算子。在这里通过一个控制变量转换 $x - x^b = U_v$ 实现预处理，v 是控制矢量，$U = U_P U_v U_h$，U_P、U_v、U_h 分别表示将涉及的控制变量转换为模式变量增量的物理转换，通过经验正交函数分解法（EOF）的垂直转换和通过递归滤波的水平转换。在假设控制变量之间的误差不相关的前提下，这些控制变量的预处理是为了有效地计算 B^{-1}。通常采用共轭梯度法求解代价函数的最小梯度。

多普勒雷达反射率的观测算子（Sun 和Crook，1997）如下：

$$Z = 43.1 + 17.5 \lg \rho q_r \tag{7.2}$$

式中 Z 是反射率（dBZ），q_r 是雨水混合比。

第二种（use_radar_rh）是 Wang 等（2013）描述的一个方案，同化雷达反射率估算的雨水混合比，称之为“间接法”。第二个选项还包括一个选项（use_radar_rqv），使用 Wang 等（2013）描述的方法同化从反射率估算的云内湿度，还包括利用 Gao 和 Stensrud（2012）描述的公式同化从反射率转换的雪和霰。

use_radar_rqv 选项附带许多可调参数，反演用于同化的云湿度值。cloudbase_calc_opt（0 是之前的默认值，不推荐使用）指定的云底高度（低于此值的云湿度将不会被同化）有三种可能的选项。也有一些阈值可以按一定的量缩放计算的云湿度，以及用于同化云湿度的上下高度界限。

2.更新WRF边界条件

WRFDA 的最终目标是将 WRF 文件(wrfinput 或wrfout)与观测和误差信息结合在一起，产生大气状态的“最佳猜测”。这个“最佳猜测”将作为 WRF 预报的初始条件，更好的初始条件最终将提供更好的预报。WRF/WRFDA 用于研究或实时预报的步骤如下:

- 通过 WPS 和 real.exe 生成 WRF 的初始条件(wrfinput)；
- 在这个 wrfinput 上运行 WRFDA 以同化观测并生成一个 wrfvar_output 文件(一个新的、改善的 wrfinput)；
- 运行 da_update_bc.exe 更新第一步中创建的WRF侧边界条件文件(wrfbdy_d01)，使之与新的 wrfinput_d01 文件保持一致；
- 运行 wrf.exe 生成一个WRF预报。

7.3.4　雷达资料同化个例

2017 年 07 月 09 日江苏北部和淮北地区出现大到暴雨、局部大暴雨。以此次降水过程为例，研究 WRF 3DVAR（版本3.9.1）雷达资料同化对定量降水预报（quantitative precipitation forecasting，QPF）的影响，WRF 模式部分模拟参数见表 7.5。

表 7.5　模式设置

模式参数	方案设置
网格分辨率	400×400，4 km，垂直 27 层，顶层气压 50 hPa
长波辐射方案	RRTM 方案
短波辐射方案	Dudhia 方案
物理边界层方案	MRF 方案
微物理方案	WSM6 方案
积云参数化方案	无

1.数据来源

2017 年 07 月 08 日 18UTC 到 2017 年 07 月 10 日 00UTC FNL 资料，分辨率 $1^\circ \times 1^\circ$。

雷达观测：江苏省盐城（Z9515）、徐州（Z9516）、泰州（Z9523）三部雷达 2017 年 07 月 09 日 06UTC 到 2017 年 07 月 09 日 12UTC 的雷达观测资料。

降水观测：中国气象数据网中国自动站与 CMORPH 降水产品融合的逐时降水量网格数据集（1.0版）。

2.B矩阵和雷达资料同化方法

本试验中使用的背景误差协方差矩阵是 NMC 方法（Parrish 和 Derber，1992）生成的。利用 FNL 资料生成的 WRF 模式预报场计算背景误差协方差矩阵。

本试验同时同化雷达径向风和反射率资料，反射率采用 Wang 等（2013）描述的间接方法同化，将单独的水凝物作为控制变量，并且同化从反射率中估计的云内湿度。

考虑到 FNL 资料并不足以描述中尺度天气完整的初始状态，特别是缺乏降水预报至关重要的云的宏观与微观特征信息，中尺度模式积分开始的数小时内，模式大气要通过模式自身包含的云与降水物理过程从无到有地产生出云与降水的分布，即降水预报总是受到模式启动滞后（即 spin-up 问题）的困扰，因此从 2017 年 07 月 08 日 18UTC 使用 WRF 预报 12 h，将 2017 年 07 月 09 日 06UTC 的预报场作为 WRF 3DVAR 分析时的背景场。共设计两组试验。

控制试验 CTL：以 2017 年 07 月 09 日 06UTC 的预报场为初始场，不同化任何观测资料，直接进行数值预报。

同化试验 DA：以 2017 年 07 月 09 日 06UTC 的预报场为背景场，每小时同化一次雷达观测，以 2017 年 07 月 09 日 12UTC 的分析场作为 WRF 模式的初始场。同化流程如图 7.3 所示。两组试验均预报到 2017 年 07 月 10 日 00UTC，须强调两组试验均采用相同的动力、物理过程选项和相同的积分步长。

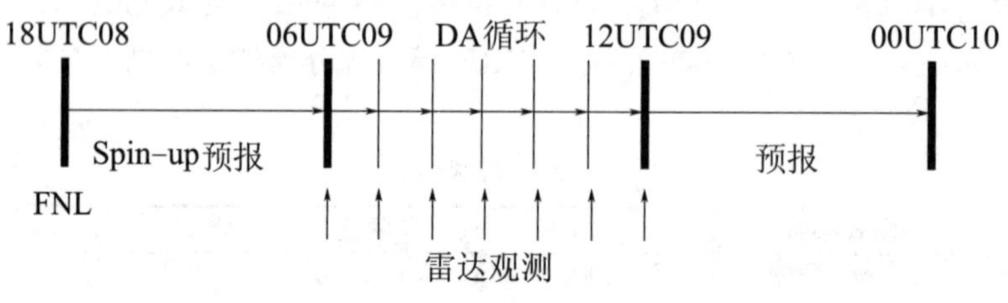

图 7.3 同化流程图

模式区域设置和雷达台站的位置如图 7.4 所示。

图 7.5 给出了两组试验预报的 3 h 降水与降水观测的对比图，从左至右分别是观测、CTL 试验、DA 试验；从上至下：2017 年 07 月 09 日 12—15UTC 累积降水量、2017 年 07 月 09 日 15—18UTC 累积降水量，可以看出在江苏省北部，DA 试验的 3 h 累积降水量相比 CTL 试验，与降水观测的形态和强度更加接近。

以上结果表明，WRF 中的 3DVAR 系统可以成功地从多个多普勒雷达中同化径向速度和反射率资料。当同时同化径向速度和反射率时，对风场和水凝物场均有调整。多次循环同化雷达观测可以有效地改进降水预报。

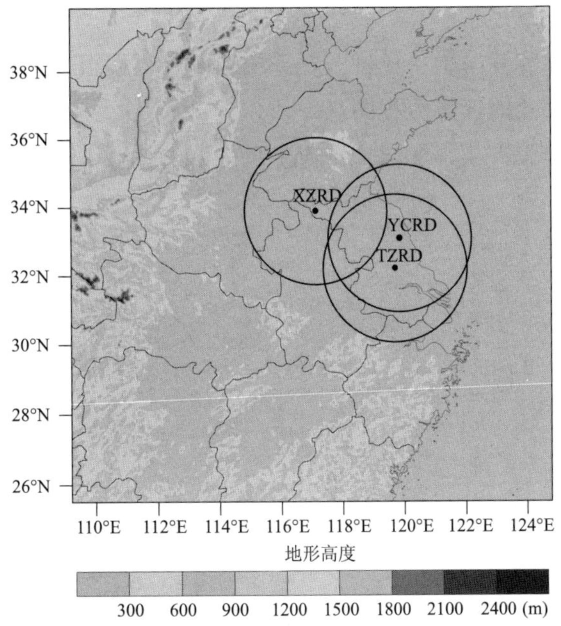

图 7.4 模式区域设置和三部雷达台站位置（附彩图，见封三）

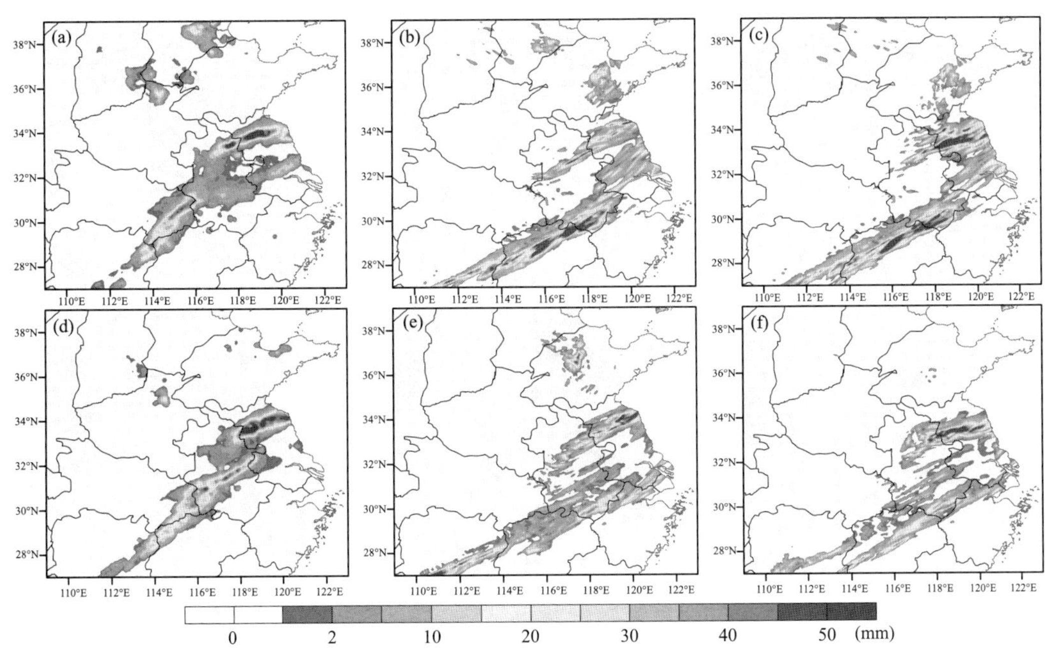

图 7.5 两组试验预报 3 h 累计降水和观测降水对比（从左至右：观测、CTL 试验、DA 试验；从上至下：2017 年07 月09 日12—15UTC、2017 年07 月09 日15—18UTC）（附彩图，见封三）

复习思考题

1. 试推导描述深厚和浅薄中小尺度天气系统的闭合方程组。
2. 试绘出 WRF 模式的计算流程图。
3. 试在 Linux 操作系统下，独立完成 WRF 模式的编译、运行与后处理分析。

参考文献

程麟生, 1994. 中尺度大气数值模式和模拟[M]. 北京: 气象出版社.

雷兆崇, 章基嘉, 1991. 数值模式中的谱方法[M]. 北京: 气象出版社.

廖洞贤, 王两铭, 1986. 数值天气预报原理及其应用[M]. 北京: 气象出版社.

刘宇迪, 周毅，韩月琪，等, 2016. 新编数值天气预报[M]. 北京: 气象出版社.

卢敬华, 1988. 数值天气预报引论[M]. 北京: 气象出版社.

邱崇践, 1993. 数值天气预报（油印本）[M]. 兰州: 兰州大学出版社.

邱崇践, 2002. 大气资料分析与同化（研究生讲义，油印本）[M]. 兰州: 兰州大学出版社.

沈桐立, 田永祥，葛孝贞，等, 2007. 数值天气预报[M]. 北京: 气象出版社.

吴迪, 2018.青藏高原对流性降水的湿物理过程参数化及动力学研究[D]. 兰州：兰州大学.

薛纪善, 陈德辉，等, 2008. 数值预报系统GRAPES的科学设计与应用[M]. 北京：科学出版社.

薛纪善, 庄世宇，朱国富，等, 2001. GRAPES 3D-Var系统的科学设计方案[Z]. 北京: 中国气象科学研究院数值预报研究中心技术档案.

游性恬, 张兴旺, 1993. 数值天气预报基础[M]. 北京: 气象出版社.

张玉玲, 吴辉碇, 王晓林, 1986. 数值天气预报[M]. 北京：科学出版社.

曾庆存, 1979. 数值天气预报的数学物理基础[M]. 北京: 科学出版社.

周毅, 侯志明, 刘宇迪, 2003. 数值天气预报基础[M]. 北京: 气象出版社.

朱抱真, 陈嘉滨, 1986. 数值天气预报概念[M]. 北京: 气象出版社.

Anderson E, Järvinen H, 1999. Variational quality control[J]. Quarterly Journal of the Royal Meteorological Society, 125(554): 697-722.

Arakawa A, Schubert W H, 1974. Interaction of a cumulus cloud ensemble with the large-scale environment, Part I[J]. Journal of the Atmospheric Sciences, 31(3): 674-701.

Barnes S L, 1964. A Technique for Maximizing Details in Numerical Weather Map Analysis[J]. Journal of Applied Meteorology, 3(4):396-409.

Barnes S L, 1978. Oklahoma Thunderstorms on 29 30 April 1970. Part I: Morphology of a Tornadic Storm[J]. Monthly Weather Review, 106(5):673-684.

Bergthörsson P, Döös B R, 1955. Numerical weather map analysis[J]. Tellus, 7(3): 329-340.

Bergthörsson P, Döös B, Fryklund S, et al, 1955. Routine Forecasting with the Barotropic Model[J]. Tellus, 7(2):272-274.

Betts A K, 1986. A new convective adjustment scheme. Part I: Observational and theoretical basis[J]. Quarterly Journal of the Royal Meteorological Society, 112(473): 677-691.

Bhumralkar C M, 1975. Numerical experiments on the computation of ground surface temperature in an atmospheric general circulation model[J]. Journal of Applied Meteorology, 14(7): 1246-1258.

Bjerknes V,1911. Dynamic Meteorology and Hydrograph, Part II[M]. New York: Kinematics,Cargnegie Institute, Gibson Bros.

Bonan G B, 1996. Land surface model (LSM version 1.0) for ecological, hydrological, and atmospheric studies: Technical description and users guide. Technical note[R]. National Center for Atmospheric Research, Boulder, CO (United States). Climate and Global Dynamics Div.

Bougeault P, 1985. A simple parameterization of the large-scale effects of cumulus convection[J]. Monthly Weather Review, 113(12):2108-2121.

Bouttier F, Courtier P, 1999. Data assimilation concepts and methods[R]. Training course notes of the European Centre for Medium-Range Weather Forecasts. Reading, UK, 9: 85.

Carslaw H S, Jaeger J C, 1959. Conduction of Heat in Solids[M]. 2nd ed. Oxford: Clarendon Press.

Charney J G, Fjörtoft R, Neumann J V, 1950. Numerical integration of the barotropic vorticity equation[J]. Tellus, 2(4):237-254.

Clapp R B, Hornberger G M, 1978. Empirical equations for some soil hydraulic properties[J]. Water resources research, 14(4): 601-604.

Collins W G, 1998. Complex quality control of significant level rawinsonde temperatures[J]. Journal of Atmospheric and Oceanic Technology, 15(1): 69-79.

Collins W G, 2001a. The operational complex quality control of radiosonde heights and temperatures at the National Centers for Environmental Prediction. Part I: Description of the method[J]. Journal of Applied Meteorology, 40(2): 137-151.

Collins W G, 2001b. The operational complex quality control of radiosonde heights and temperatures at the National Centers for Environmental Prediction. Part II: Examples of error diagnosis and correction from operational use[J]. Journal of Applied Meteorology, 40(2): 137-151.

Collins W G, Gandin L S, 1990. Comprehensive hydrostatic quality control at the National Meteorological Center[J]. Monthly Weather Review, 118(12): 2752-2767.

Daley R, 1993. Atmospheric Data Analysis[M]. Cambridge University Press.

Danard M B, Holl M M, Clark J R, 1968. Fields by correlation assembly—A numerical analysis technique[J]. Monthly Weather Review, 96(3): 141-149.

Davies H C, Turner R E, 1977. Updating prediction models by dynamical relaxation: An examination of the technique[J]. Quarterly Journal of the Royal Meteorological Society, 103(436): 225-245.

Deardorff J W, 1978. Efficient prediction of ground surface temperature and moisture, with inclusion of a layer of vegetation[J]. Journal of Geophysical Research: Oceans, 83(C4): 1889-1903.

Dehui C, Bougeault P, 1992. A simple prognostic closure assumption to deep convective parameterization: I[J]. Journal of Meteorological Research, 7(1): 1-18.

Dehui C, Bougeault P, 1993. A simple prognostic closure assumption to deep convective parameterization:II[J]. Journal of Meteorological Research,7(02):212-223.

Dickinson R E, 1986. Biosphere/atmosphere transfer scheme (BATS) for the NCAR community climate model[R]. Technical Report, NCAR.

Dudhia J, 1989. Numerical study of convection observed during winter monsoon experiment using a mesoscale two-dimensional model[J]. Journal of the Atmospheric Sciences, 46:3077-3107.

Dudhia J, 1996. A multi-layer soil temperature model for MM5 [R].The 6th PSU/NCAR Mesoscale Model Users Workshop. Boulder, CO, PSU/NCAR, 49-50.

Eliassen A, Sawyer J S, Smagorinsky J, 1954.Upper air network requirements for numerical weather prediction[R]. Technical Note No.29. Geneva: World Meteorological Organization.

Emanuel K A, Raymond D J, 1993. The Representation of Cumulus Convection in Numerical Models[M]. American Meteorological Society.

Fisher M, 1999.Background error statistics derived from an ensemble of analyses[R]. ECMWF Research Department Tech.Memo. 79, 12 pp.

Frank W M, Cohen C, 1987. Simulation of tropical convective systems. Part I: A cumulus parameterization[J]. Journal of the Atmospheric Sciences, 44(24): 3787-3799.

Fritsch J M, Chappell C F, 1980. Numerical prediction of convectively driven mesoscale pressure systems. Part I: Convective parameterization[J]. Journal of the Atmospheric Sciences, 37(8): 1722-1733.

Gandin L S, 1963. Objective analysis of meteorological field[J]. Gidrometeorologicheskoe Izdatelstvo, Leningrad. English translation by Israeli Program for Scientific Translations, Jerusalem, 1965.

Gao J, Stensrud D J, 2012. Assimilation of reflectivity data in a convective-scale, cycled 3DVAR framework with hydrometeor classification[J]. Journal of the Atmospheric Sciences, 69(3): 1054-1065.

Garratt J R, 1994. The atmospheric boundary layer[J]. Earth-Science Reviews, 37(1-2): 89-134.

Gilchrist B, Cressman G P, 1954. An experiment in objective analysis[J]. Tellus, 6(4): 309-318.

Hong S Y, Lim J O J, 2006. The WRF single-moment 6-class microphysics scheme (WSM6)[J]. Asia-Pacific Journal of Atmospheric Sciences, 42(2): 129-151.

Hong S Y, Noh Y , Dudhia J, 2006. A new vertical diffusion package with an explicit treatment of entrainment processes[J]. Monthly Weather Review,134: 2318-2341.

Huang X Y, Lynch P, 1993. Diabatic digital-filtering initialization: Application to the HIRLAM model[J]. Monthly Weather Review, 121(2):589-603.

Ingleby N B, Lorenc A C, 1993. Bayesian quality control using multivariate normal distributions[J]. Quarterly Journal of the Royal Meteorological Society, 119(513): 1195-1225.

Kalnay E, 2003. Atmospheric Modeling data Assimilation and Predictability[M]. Cambridge: Cambridge University Press.

Kim J, Mahrt L, 1992. Simple formulation of turbulent mixing in the stable free atmosphere and nocturnal boundary layer[J]. Tellus A, 44(5): 381-394.

Kreitzberg C W, Perkey D J, 1976. Release of potential instability: Part I. A sequential plume model within a hydrostatic primitive equation model[J]. Journal of the Atmospheric Sciences, 33(3): 456-475.

Krishnamurti T N, Low-Nam S, Pasch R, 1983. Cumulus parameterization and rainfall rates II[J]. Monthly Weather Review, 111(4): 815-828.

Kuo H L, 1965. On formation and intensification of tropical cyclones through latent heat release by cumulus convection[J]. Journal of the Atmospheric Sciences, 22(1): 40-63.

Kuo H L, 1974. Further studies of the parameterization of the influence of cumulus convection on large-scale flow[J]. Journal of the Atmospheric Sciences, 31(5): 1232-1240.

Lee M S, Barker D M, Kuo Y H, 2006.Background error statistics using WRF ensembles generated by randomizedcontrol variables[J]. J Kor Meteor Soc, 42: 153-167.

Lim K S S, Hong S Y, 2010 . Development of an effective double-moment cloud microphysics scheme with prognostic cloud condensation nuclei (CCN) for weather and climate Models[J]. Monthly Weather Review, 138(138):1587-1612.

Lorenc A C, 1981. A global three-dimensional multivariate statistical interpolation scheme[J]. Monthly Weather Review, 109(4): 701-721.

Lorenc A C, Hammon O, 1988. Objective quality control of observations using Bayesian methods. Theory, and a practical implementation[J]. Quarterly Journal of the Royal Meteorological Society, 114(480): 515-543.

Lorenz E N, 1955. Available Potential Energy and the Maintenance of the General Circulation[J]. Tellus, 7(2):157-167.

Lorenz E N, 1962. The statistical prediction of solutions of dynamic equations[J]. Symposium on Numerical Weather Prediction in Tokyo, 647:629-635.

Lorenz E N, 1963a. Deterministic Nonperiodic Flow[J]. Journal of Atmospheric Sciences, 20(2):130-141.

Lorenz E N, 1963b. Section of planetary sciences: The predictability of hydrodynamic flow[J]. Transactions of the New York Academy of Sciences, 25(4 Series II):409-432.

Lorenz E N, 1965. A study of the predictability of a 28-variable atmospheric model[J]. Tellus, 17(3):321-333.

Lorenz E N, 1969. The predictability of a flow which possesses many scales of motion[J]. Tellus, 21(3):289-307.

Lorenz E N, 1971. An N-cycle time-differencing scheme for stepwise numerical integration[J]. Monthly Weather Review, 99(8):644-648.

Louis J F, 1979. A parametric model of vertical eddy fluxes in the atmosphere[J]. Boundary-Layer Meteorology, 17(2): 187-202.

Lynch P, 1997. The Dolph-Chebyshev window: A simple optimal filter[J].Monthly Weather Review,125: 655-660.

Lynch P, Huang X Y, 1992. Initialization of the HIRLAM model using a digital filter[J]. Monthly Weather Review, 120(6):1019-1034.

Lynch P, Huang X Y, 1994. Diabatic initialization using recursive filters[J]. Tellus A, 46(5):583-597.

Manabe S, Smagorinsky J, Strickler R F, 1965. Simulated climatology of a general circulation model with a hydrologic cycle[J]. Monthly Weather Review, 93(12): 769-798.

McCaa J R, Rothstein M, Eaton B E, et al, 2004. User's guide to the NCAR Community Atmosphere Model (CAM 3.0)[Z]. Climate And Global Dynamics Division National Center For Atmospheric Research Boulder, Colorado, USA.

Milbrandt J A, Yau M K, 2005. A multimoment bulk microphysics parameterization. Part I: Analysis of the role of the spectral shape parameter[J]. Journal of the atmospheric sciences, 62(9): 3051-3064.

Nickerson E C, Smiley V E, 1975. Surface layer and energy budget parameterizations for mesoscale models[J]. Journal of Applied Meteorology, 14(3): 297-300.

Parrish D F, Derber J C, 1992. The National Meteorological Center's spectral statistical-interpolation analysis system[J]. Monthly Weather Review, 120(8): 1747-1763.

Panofsky R A, 1949. Objective weather-map analysis[J]. Journal of Meteorology, 6(6): 386-392.

Phillips N A, 1956. The general circulation of the atmosphere: A numerical experiment[J]. Quarterly Journal of the Royal Meteorological Society, 82(352): 123-164.

Phillips N A, 1957. A coordinate system having some special advantages for numerical forecasting[J]. Journal of Meteorology, 14(2): 184-185.

Phillips N A, 1959. An example of non-linear computational instability[J]. The atmosphere and the Sea in Motion, 501: 504.

Phillips N A, 1960. Numerical weather prediction[J]. Advances in Computers, 1: 43-90.

Phillips N A, 1963. Geostrophic motion[J]. Reviews of Geophysics, 1(2):123-176.

Phillips N A, 1966. The equations of motion for a shallow rotating atmosphere and the "traditional approximation" [J]. Journal of the Atmospheric Sciences, 23(5):626-628.

Phillips N A, 1973. Principles of large scale numerical weather prediction. Dynamic meteorology[M]. Springer, Dordrecht: 1-96.

Phillips N A, 1974. Application of Arakawa's energy-conserving layer model to operational numerical weather predictions[R]. Office Note 104, National Meteorological Center, NWS/NOAA, 40pp.

Phillips N A, 1979. The Nested Grid Model[R]. NOAA Tech. Rep, NWS 30, 80 pp.

Phillips N A, 1981. Variational Analysis and the Slow Manifold[J]. Monthly Weather Review, 109(12):2415-2426.

Phillips N A, 1982. On the completeness of multi-Variate optimum interpolation for large-scale meteorological analysis[J]. Monthly Weather Review, 110(10):1329-1334.

Phillips N A, 1986. The spatial statistics of random geostrophic modes and first-guess errors[J]. Tellus A, 38A (4):314-332.

Platzman G W, 1960. The spectral form of the vorticity equation[J]. Journal of Meteorology, 17(6): 635-644.

Platzman G W, 1961. An approximation to the product of discrete functions[J]. Journal of Meteorology, 18(1): 31-37.

Purser R J, 1984. A new approach to the optimal assimilation of meteorological data by iterative Bayesian analysis[R]. Conference on Weather Forecasting and Analysis, 10 th, Clearwater Beach, FL: 102-105.

Richardson L F, 1922. Weather prediction by numerical process[M]. Cambridge: Cambridge University Press. Reprinted by Dover (1965, New York) with a new introduction by Sydney Chapman.

Sellers P J, Mintz Y, Sud Y C, et al, 1986. A simple biosphere model (SiB) for use within general circulation models[J]. Journal of the Atmospheric Sciences, 43(6): 505-531.

Skamarock W C, Klemp J, Dudhia J, et al, 2008. A description of the advanced research WRF ersion 3[R].Technnical Report, 27: 3-27.

Stull R B, 1988. An Introduction to Boundary Layer Meteorology[M]. Dordrecht: Springer Netherlands.

Thompson P D, 1961a. Numerical weather analysis and prediction[M]. New York:The MacMillan Company.

Thompson P D, 1961b. A dynamical method of analyzing meteorological data[J]. Tellus, 13(3):334-349.

Trenberth K E, 1992. Climate System Modeling[M]. Cambridge:Cambridge University Press.

Troen I B, Mahrt L, 1986. A simple model of the atmospheric boundary layer; sensitivity to surface evaporation[J]. Boundary-Layer Meteorology, 37(1-2): 129-148.

Wang C , Yang K , 2018. A new scheme for considering soil water-heat transport coupling based on community land model: model description and preliminary validation[J]. Journal of Advances in Modeling Earth Systems, https://doi.org/10.1002/2017MS001148 .

Wang C H, Cheng G D, Deng A J, et al, 2008. Numerical simulation on climate effects of freezing-thawing processes using CCM3[J]. Science in Clod Arid Regions：1(1):68-79.

Wang C H, Cui Z Q,2018. Improvement of short-term climate prediction with indirect soil variables assimilation in China[J]. Journal of Climate, 31(4): 1399-1412.

Wang C, Wu D, Zhang F, 2019. Modification of the convective adjustment time scale in the kain-fritsch eta scheme for the case of weakly forced deep convection over the tibetan plateau region[J]. Quarterly Journal of the Royal Meteorological Society, 145(722): 1915-1932.

Wang H , Sun J , Fan S , et al, 2013. Indirect assimilation of radar reflectivity with WRF 3D-Var and its impact on prediction of four summertime convective events[J]. Journal of Applied Meteorology and Climatology, 52(4):889-902.

Winninghoff F J, 1968. On the adjustment toward a geostrophic balance in a simple primitive equation model with application to the problems of initialization and objective analysis[R]. Ph.D Thesis, University of California, Los Angeles, 161pp.

Woollen J R, 1991. New NMC operational OI Quality Control[R]. Preprints, Ninth Conf On Numerical Weather Prediction, Denver, CO. Amer Meteor Soc,24-27.

Wyngaard J C, 2004. Toward numerical modeling in the “Terra Incognita” [J]. Journal of the Atmospheric Sciences, 61(14): 1816-1826.

Xiao Q , Sun J, 2007. Multiple-Radar data assimilation and short-range quantitative precipitation forecasting of a squall line observed during IHOP_2002[J]. Monthly Weather Review, 135(10):3381-3404.

Yang K, Wang C H, Li S Y, 2018. Improved simulation of frozen-thawing process in land surface model (CLM4.5)[J]. Journal of Geophysical Research Atmospheres, 123(23), 13238-13258.

Yang Y, Qiu C, Gong J, 2006. Physical initialization applied in WRF-Var for assimilation of Doppler radar data[J]. Geophysical Research Letters, 33(22):L22807.

Zhang Z, Qiu C , Wang C, 2008. A piecewise-integration method for simulating the influence of external forcing on climate[J]. Progress in Natural Science, 18(10):59-67.

Zou X, Vandenberghe F, Pondeca M, et al, 1997. Introduction to adjoint techniques and the MM5 adjoint modeling system[R]. NCAR Tech. Note NCAR/TN-435-STR,110.